编审委员会

"十二五"国家重点图书出版规划项目

中国科学技术大学精品教材

无机化学实验

Wuji Huaxue Shiyan

中国科学技术大学无机化学实验课程组 编著

中国科学技术大学出版社

内 容 简 介

本书共分两个部分。第一部分介绍了化学实验基础实验知识，包括化学实验的一般知识、化学实验基本操作、无机化学实验数据处理、常用仪器的使用方法。第二部分为实验内容部分，选编了36个实验，分为无机物的制备与提纯、元素的性质和鉴定、物理化学参数的测定、化学原理的应用实验、综合实验。

本书可作为高等学校化学、化工类及相关专业的无机化学实验课教材和参考书。

图书在版编目(CIP)数据

无机化学实验/中国科学技术大学无机化学实验课程组编著.—合肥：中国科学技术大学出版社，2012.8(2018.8重印)

(中国科学技术大学精品教材)

"十二五"国家重点图书出版规划项目

ISBN 978-7-312-03092-5

Ⅰ.无… Ⅱ.中… Ⅲ.无机化学—化学实验—高等学校—教材 Ⅳ.O61-33

中国版本图书馆CIP数据核字(2012)第155201号

中国科学技术大学出版社出版发行

安徽省合肥市金寨路96号，230026

http://press.ustc.edu.cn

https://zgkxjsdxcbs.tmall.com

安徽省瑞隆印务有限公司印刷

全国新华书店经销

开本：787 mm×1092 mm 1/16 印张：15.75 插页：3 字数：385千

2012年8月第1版 2018年8月第2次印刷

定价：39.00元

总　　序

2008年，为庆祝中国科学技术大学建校五十周年，反映建校以来的办学理念和特色，集中展示教材建设的成果，学校决定组织编写出版代表中国科学技术大学教学水平的精品教材系列。在各方的共同努力下，共组织选题281种，经过多轮、严格的评审，最后确定50种入选精品教材系列。

五十周年校庆精品教材系列于2008年9月纪念建校五十周年之际陆续出版，共出书50种，在学生、教师、校友以及高校同行中引起了很好的反响，并整体进入国家新闻出版总署的"十一五"国家重点图书出版规划。为继续鼓励教师积极开展教学研究与教学建设，结合自己的教学与科研积累编写高水平的教材，学校决定，将精品教材出版作为常规工作，以《中国科学技术大学精品教材》系列的形式长期出版，并设立专项基金给予支持。国家新闻出版总署也将该精品教材系列继续列入"十二五"国家重点图书出版规划。

1958年学校成立之时，教员大部分来自中国科学院的各个研究所。作为各个研究所的科研人员，他们到学校后保持了教学的同时又作研究的传统。同时，根据"全院办校，所系结合"的原则，科学院各个研究所在科研第一线工作的杰出科学家也参与学校的教学，为本科生授课，将最新的科研成果融入到教学中。虽然现在外界环境和内在条件都发生了很大变化，但学校以教学为主、教学与科研相结合的方针没有变。正因为坚持了科学与技术相结合、理论与实践相结合、教学与科研相结合的方针，并形成了优良的传统，才培养出了一批又一批高质量的人才。

学校非常重视基础课和专业基础课教学的传统，也是她特别成功的原因之一。当今社会，科技发展突飞猛进、科技成果日新月异，没有扎实的基础知识，很难在科学技术研究中作出重大贡献。建校之初，华罗庚、吴有训、严济慈等老一辈科学家、教育家就身体力行，亲自为本科生讲授基础课。他们以渊博的学识、精湛的讲课艺术、高尚的师德，带出一批又一批杰出的年轻教员，培养了一届又一届优秀学生。入选精品教材系列的绝大部分是基础课或专业基础课的教材，其作者大多直接或间接受到过这些老一辈科学家、教育家的教诲和影响，因此在教材中也贯穿着这些先辈的教育教学理念与科学探索精神。

改革开放之初，学校最先选派青年骨干教师赴西方国家交流、学习，他们在带回先进科学技术的同时，也把西方先进的教育理念、教学方法、教学内容等带回到中国科学技术大学,并以极大的热情进行教学实践,使“科学与技术相结合、理论与实践相结合、教学与科研相结合”的方针得到进一步深化,取得了非常好的效果,培养的学生得到全社会的认可。这些教学改革影响深远,直到今天仍然受到学生的欢迎,并辐射到其他高校。在入选的精品教材中,这种理念与尝试也都有充分的体现。

中国科学技术大学自建校以来就形成的又一传统是根据学生的特点,用创新的精神编写教材。进入我校学习的都是基础扎实、学业优秀、求知欲强、勇于探索和追求的学生,针对他们的具体情况编写教材,才能更加有利于培养他们的创新精神。教师们坚持教学与科研的结合,根据自己的科研体会,借鉴目前国外相关专业有关课程的经验,注意理论与实际应用的结合,基础知识与最新发展的结合,课堂教学与课外实践的结合,精心组织材料、认真编写教材,使学生在掌握扎实的理论基础的同时,了解最新的研究方法,掌握实际应用的技术。

入选的这些精品教材,既是教学一线教师长期教学积累的成果,也是学校教学传统的体现,反映了中国科学技术大学的教学理念、教学特色和教学改革成果。希望该精品教材系列的出版,能对我们继续探索科教紧密结合培养拔尖创新人才,进一步提高教育教学质量有所帮助,为高等教育事业作出我们的贡献。

侯建国

中国科学技术大学校长
中国科学院院士
第三世界科学院院士

前　言

在化学教学中，实验教学占有相当重要的地位，其在培养化学专业学生的基础知识、实践能力和科学素质等方面起着不可替代的作用。随着科学技术的发展，社会对化学人才的基本素质培养提出了新的更高的要求，因而必须着力于化学实验教学的改革。教材是教学环节中重要的一环，教材要体现实验课程独立的教学体系，在教学内容和思维方式上应具有启发性和研究性，以适应实验教学体系改革的方向，充分反映近年来实验教学改革的成果。

本书是在中国科学技术大学徐菱和刘济红老师所编的《无机化学基础实验》讲义基础上，由多年从事无机化学实验的教师结合自己的教学经验，充分吸收近年来化学研究和实验教学改革的最新成果，参考国内外相关的化学实验教材及论著编写而成的。本书在内容安排上遵循由浅入深、由简单到复杂、由专题到综合循序渐进的原则，按照实验教学改革的要求更新实验教学内容，保留经典的重要实验并吸收同类实验教材的优点，同时结合编写教师的科研工作，设计了新的实验项目，以反映当今化学研究前沿领域的新进展、新技术，激发学生的兴趣和创造力。

本书的编写突出以下特点：

合理编排实验内容，注意各部分内容的内在联系和相互渗透，减少不必要的重复。对于部分具有多种方法的实验，文中介绍两种以上的实验方法并从原理和操作上进行比较，以强化基础理论和实验技能的训练。

注重启发性和研究性。每个实验项目安排“预习内容”部分以指导学生进行有效的预习，不断提高学生自主学习的能力。学生通过查阅资料，积极思考，对实验目的、原理、注意事项和数据处理做到心中有数。实验后的思考题引导学生进行总结，深入思考。

在一些实验后增加“实验知识拓展”内容，以拓宽、深化实验中获得的知识，激发学生的钻研之心，引导学生去研究问题。

本书主要由刘卫、黄微、刘济红、李婉、冯红艳编写，陈锴、汪红蕾、陶先刚也参加了部分编写工作，全书由刘卫统稿。本书在编写过程中得到了郑化桂教授的大力支持和具体指导，同时也得到了倪其道教授、高梅芳副教授、张祖德教授等许多老师的指导和帮助，在此表示衷心的感谢。

由于编写水平有限、编写时间仓促，本书尚存在错误和不妥之处，我们恳请有关专家和使用本书的老师和同学们提出批评和建议，以便再版时改进。

编　者

2012 年 7 月

目　　次

化学实验

化学实验基础知识

第1章　化学实验的一般知识

1.1　实验室规则

实验室规则主要有以下几点：

(1) 实验课前必须认真预习，明确实验目的和要求，了解实验基本原理、实验内容和注意事项。

(2) 遵守纪律，不迟到，不早退，保持实验室安静。进入实验室需穿实验服，禁止穿拖鞋、背心进入实验室，树立良好的风气。

(3) 实验前应按仪器清单清点所用仪器，如发现有破损或缺少，立即报告指导教师。

(4) 实验时应遵守操作规则，注意安全，爱护仪器和实验设备，注意节约使用水、电和药品。如损坏仪器，须及时向指导教师报告，并自觉如实地填写实验仪器破损报告书，按规定赔偿和补领。

(5) 实验时必须认真地按照实验方法和步骤进行，仔细观察实验现象，积极思考，做好实验现象和原始数据的记录。原始记录要用钢笔或圆珠笔书写，不能随意涂改，若需涂改，须经过指导教师签字。

(6) 实验过程中，随时注意保持实验室的整洁。火柴梗、废纸屑、残渣等固体废弃物应丢入废物桶内，废液应倒入指定的废液缸中，严禁倒入水槽内，以防水槽和水管发生堵塞或腐蚀。

(7) 实验完毕后，必须将玻璃仪器洗涤干净，放回原处，将实验台整理干净。值日生应整理好公用实验仪器和药品架，搞好实验台面、地面、水槽和周边的清洁卫生。最后协助教师检查水、电、煤气和门窗是否关好。得到指导教师签字和允许后，方可离开实验室。

(8) 实验课后，根据原始记录，认真处理数据，分析问题，写出实验报告，并按时交给老师批阅。

1.2　实验室的安全知识

在化学实验中，经常要使用水、电、煤气并会遇到一些易燃、易爆或有毒、腐蚀性的物质，稍不注意就会引起火灾、爆炸或中毒等事故。因此，在进行化学实验时，安全是一个十分重要的问题，决不能麻痹大意。在实验前应了解仪器的性能和药品的性质以及实验中的安全注意事项，在实验过程中应集中思想，严格按操作规程操作，以免发生事故。

为保证实验的顺利进行，应注意以下安全措施：

(1) 必须熟悉实验室及其周围环境中水阀、电闸、煤气阀和灭火器的位置。

(2) 煤气用毕或遇煤气临时中断时，应立即关闭煤气阀。如发现煤气泄漏或煤气阀失灵，应停止实验并禁止室内保持火种，立即检查并修复，待实验室通风一段时间后再恢复实验。

(3) 使用电器时，要谨防触电。不要用湿的手接触电器和电插座。应避免电线靠近热源，防止电线被烤坏而造成危险。实验结束后应及时拔下插头，切断电源。

(4) 制备具有刺激性、恶臭和有毒的气体或进行可能产生这些气体的反应时，都应在通风橱内进行。

(5) 绝对不允许将各种化学药品任意混合，以免发生事故。自行设计的实验须和教师讨论并征得同意后方可进行。

(6) 取用药品时，应按规定的量取用，注意节约药品，一经取出的药品不得倒回到原试剂瓶中。严禁用手接触化学药品，取用一些强腐蚀性的药品(如氢氟酸、溴水等)时，必须戴上橡皮手套。公用试剂和药品不得拿到自己的实验台面上。

(7) 易燃物(如乙醇、丙酮、乙醚等)、易爆物(如氯酸钾)使用时要远离明火，用完后应及时盖紧瓶塞，放在阴凉的地方。

(8) 酸碱是实验室常用的试剂，浓的酸碱具有强烈腐蚀性，应小心取用，避免洒在衣服或皮肤上。如不小心沾到皮肤上应立即报告教师，及时采取急救处理措施。

(9) 严禁在实验室内饮食，严禁将食品、餐具及水杯等带入实验室，严禁品尝药品的味道。实验完毕后须将手洗净，实验室内的一切药品不得带离实验室。

(10) 实验结束后，值日生和最后离开实验室的工作人员应负责检查水阀、电闸、煤气阀、门窗是否全部关闭。

1.3 化学危险品的分类

根据危险品的性质，可把常用的一些化学药品大致分为易燃、易爆和有毒三大类。

1. 易燃化学药品

(1) 可燃气体有：NH_3、$CH_3CH_2NH_2$、Cl_2、CH_3CH_2Cl、C_2H_2、H_2、H_2S、CH_4、CH_3Cl、O_2、SO_2 和煤气等。

(2) 易燃液体可分为一级、二级、三级。一级易燃液体有：丙酮、乙醚、汽油、环氧丙烷、环氧乙烷等；二级易燃液体有：甲醇、乙醇、吡啶、甲苯、二甲苯、正丙醇、异丙醇、二氯乙烯、丙酸戊酯等；三级易燃液体有：煤油、松节油等。

(3) 易燃固体可分为无机物和有机物两大类,无机物类有:红磷、硫磺、P_2S_3、镁粉和铝粉等;有机物类有:硝化纤维、樟脑等。

(4) 自燃物质有:白磷。

(5) 遇水燃烧的物质有:K、Na、CaC_2 等。

2. 易爆化学药品

(1) H_2、C_2H_2、CS_2、乙醚及汽油的蒸气与空气或 O_2 混合,皆可因火花产生爆炸。

(2) 单独可爆炸的有:硝酸铵、雷酸铵、三硝基甲苯、硝化纤维、苦味酸等。

(3) 混合发生爆炸的有:C_2H_5OH 加浓 HNO_3、$KMnO_4$ 加甘油、$KMnO_4$ 加 S、HNO_3 加 Mg 和 HI、NH_4NO_3 加锌粉和水滴、硝酸盐加 $SnCl_2$、过氧化物加 Al 和 H_2O、S 加 HgO、Na 或 K 加 H_2O 等。

(4) 氧化剂与有机物接触,极易引起爆炸,故在使用 HNO_3、$HClO_4$、H_2O_2 等时必须注意。

3. 有毒化学药品

(1) Br_2、Cl_2、F_2、HBr、HCl、HF、SO_2、H_2S、$COCl_2$、NH_3、NO_2、PH_3、HCN、CO、O_3 和 BF_3 等均为有毒气体,具有刺激性,使人窒息。

(2) 强酸和强碱均会刺激皮肤,有腐蚀作用,会造成化学烧伤。强酸、强碱可烧伤眼角膜,其中强碱烧伤后 5 min,即可使眼角膜完全毁坏。HF、PCl_3、CCl_3COOH 等也有强腐蚀性。

(3) 高毒性固体有:无机氰化物、As_2O_3 等砷化物、$HgCl_2$ 等可溶性汞化合物、可溶性钡盐、铊盐、Se 及其化合物、磷及铍的化合物、V_2O_5 等。

(4) 有毒有机物有:苯、甲醇、CS_2 等有机溶剂;丙烯腈、芳香硝基化合物、苯酚、硫酸二甲酯、苯胺及其衍生物等。

(5) 具有长期积累效应的毒物有:苯;铅化合物,特别是有机铅化合物;汞、二价汞盐和液态的有机汞化合物等。

1.4 易燃、易爆和腐蚀性药品的使用规则

易燃、易爆和腐蚀性药品的使用规则,具体如下:

(1) 使用氢气时,要严禁烟火。点燃氢气前,必须检查氢气的纯度。进行有大量氢气产生的实验时,应把废气通至室外,且保持室内通风。

(2) 可燃性试剂均不能用明火加热,必须用水浴、油浴、沙浴或可调电压的电热套加热。使用和处理可燃性试剂时,必须在没有火源并且通风的实验室中进行,试剂用毕要立即盖紧瓶塞。

(3) 浓酸和浓碱具有腐蚀性,要避免沾到皮肤和衣物上。废酸应倒入废酸缸中,但不能

往废酸缸中倒入碱液,以免酸碱中和放出大量的热而发生危险。浓氨水具有强烈的刺激性,一旦吸入较多氨气,可能导致头晕或昏倒;若氨水溅入眼内,严重时可能造成失明。所以,在炎热夏季取用浓氨水时,最好先用冷水浸泡氨水瓶使其降温后再开盖取用。

(4) 某些强氧化剂(如 $KClO_3$、KNO_3、$KMnO_4$ 等)或其混合物,不能研磨,否则将引起爆炸,保存及使用这些药品时,应注意安全。

(5) 银氨溶液久置后会变成氮化银而引起爆炸,因此用剩的银氨溶液必须酸化后再回收。

(6) 活泼金属钾、钠等勿与水接触或暴露在空气中,应将它们保存在煤油中,并用镊子取用。

(7) 白磷有剧毒并能灼伤皮肤,切勿让它与人体接触。白磷在空气中易自燃,应保存在水中,且应在水下进行切割,取用时也要用镊子。

(8) 下列实验应在通风橱内进行:

① 制备具有刺激性、恶臭和有毒的气体或进行可能产生这些气体的反应,必须在通风橱内进行,这些气体有氟化氢、硫化氢、氯气、一氧化碳、二氧化碳、二氧化硫、溴蒸气等。

② 加热或蒸发浓盐酸、硝酸或硫酸,必须在通风橱内进行。

1.5 有毒、有害药品的使用规则

有毒、有害药品的使用规则,具体如下:

(1) 铅盐、锑盐、镉盐、钡盐、可溶性汞盐、铬的化合物、砷的化合物、氰化物都有毒,不得进入口内或接触伤口,其废液也不能倒入下水道,应统一回收并处理。

(2) 金属汞易挥发,汞蒸气有剧毒,又无气味,吸入人体内具有积累性而造成慢性中毒,所以取用时要特别小心,不得把汞洒落在桌上或地上。一旦洒落,必须尽可能收集,并用硫磺粉盖在洒落汞的地方,使汞转变成不挥发的硫化汞,然后清除掉。

(3) 对一些有机溶剂如苯、甲醇、硫酸二甲酯等,使用时应特别注意。因这些有机溶剂均为脂溶性液体,不仅对皮肤及黏膜有刺激作用,而且对神经系统也有损伤。生物碱大多具有强烈毒性,皮肤亦可吸收,少量即可导致中毒甚至死亡。因此,均需穿上工作服、戴手套和口罩使用这些试剂。

(4) 必须了解哪些化学药品具有致癌作用,在取用这些药品时应特别注意,以免其侵入人体内。

1.6　事故的预防和处理

1. 事故的预防

(1) 防火

① 在操作易燃溶剂时，应远离火源，切勿将易燃溶剂放在敞口容器内用明火加热或放在密闭容器中加热。

② 在进行易燃物质实验时，应先将乙醇等易燃物质移开。

③ 蒸馏易燃物质时，装置不能漏气，接收器支管应与橡皮管相连，使余气通往水槽或室外。

④ 回流或蒸馏液体时应放入沸石，不要用火焰直接加热烧瓶，而应根据液体沸点高低使用石棉网、油浴、沙浴或水浴，冷凝水要保持畅通。

⑤ 切勿将易燃溶剂倒入废液缸中。倾倒易燃液体时应远离火源，最好在通风橱中进行。

⑥ 油浴加热时，应绝对避免水滴溅入热油中。

(2) 爆炸的预防

① 蒸馏装置必须安装正确。常压操作时，切勿造成密闭体系；减压蒸馏时，要用圆底烧瓶或吸滤瓶作接收器，不可用锥形瓶代替，否则可能会发生爆炸。

② 使用易燃、易爆气体如氢气、乙炔等时，要保持室内空气畅通，严禁明火，并应防止一切火星的发生。有机溶剂如乙醚和汽油等的蒸气与空气相混时极为危险，可能会由一个热的表面或者一个火花、电花而引起爆炸，应特别注意。

③ 使用乙醚时，必须检查有无过氧化物存在，如果发现有过氧化物，应立即用 $FeSO_4$ 除去过氧化物后才能使用。

④ 对于易爆炸的固体，或遇氧化剂会发生猛烈爆炸或燃烧的化合物，或可能生成有危险性化合物的实验，都应事先了解其性质、特点及注意事项，操作时应特别小心。

⑤ 开启贮有挥发性液体的试剂瓶时，应先充分冷却，开启时瓶口必须指向无人处，以免液体喷溅而导致伤害。当瓶塞不易开启时，必须注意瓶内贮物的性质，切不可贸然用火加热或乱敲瓶塞等。

(3) 中毒的预防

① 对有毒药品应小心操作，妥为保管，不许乱放。实验中所用的剧毒物质应有专人负责收发，并向使用者指出必须遵守的操作规程。对实验后的有毒残渣必须做妥善有效的处理，不准乱丢。

② 有些有毒物质会渗入皮肤，因此，使用这些有毒物质时必须穿上工作服，戴上手套，操作后立即洗手，切勿让有毒药品粘及五官或伤口。

③ 在反应过程中可能生成有毒或有腐蚀性气体的实验应在通风橱内进行。实验过程

中，不要把头伸进通风橱内，使用后的器皿应及时清洗。

(4) 触电的预防

使用电器时，应防止人体与电器导电部分直接接触，不能用湿的手或用手握湿的物体接触电插头。装置和设备的金属外壳等都应连接地线。实验后应切断电源，再将电器连接总电源的插头拔下。

2. 事故的处理

(1) 起火

灭火要根据起火的原因和火场周围的情况，采取不同的扑灭方法。起火后，不要慌乱，一般应立即采取以下措施：首先要防止火势的蔓延，关闭煤气阀或停止加热；停止通风以减少空气的流通；切断电源以免引燃电线；把一切可燃的物质(特别是有机物质和易爆炸的物质)移至远处。

灭火要针对起因选用合适的方法：

① 一般的小火可用湿布、石棉布或沙土覆盖燃烧物(实验室都应备有沙箱和石棉布，还要把它们放在固定的地方)。

② 火势大时可使用泡沫灭火器喷射起火处，泡末将燃烧的物体包住，使火焰熄灭。

③ 电器设备引起的火灾，切勿用水泼救或用泡沫灭火器灭火，以免触电。只能用四氯化碳灭火器和二氧化碳灭火器来扑灭，这是因为密度很大的四氯化碳和二氧化碳气体使燃烧物体与空气隔绝。当然这两种灭火器也适用于扑灭其他火灾。

④ 水能和某些化学药品(如金属钠)发生剧烈反应，因而会引起更大的火灾。在这种情况下，应该用沙土来灭火。

⑤ 若衣服着火，切勿惊慌乱跑，应赶快脱下衣服，或用石棉布覆盖着火处，或立即就地卧倒打滚，或迅速以大量水扑灭。

(2) 割伤

伤口不能用手触摸，也不能用水清洗。应先取出伤口中的玻璃碎片或固体物，用3% H_2O_2 洗后涂上紫药水或碘酒，再用绷带包扎。大伤口则应先按紧主血管以防大量出血，急送医务室。

(3) 烫伤

不要用水冲洗烫伤处。烫伤不重时，可涂抹甘油、红花油，或者用沾有酒精的棉花包扎伤处；烫伤较重时，立即用沾有饱和苦味酸溶液或饱和 $KMnO_4$ 溶液的棉花或纱布贴上，再送医务室处理。

(4) 酸或碱灼伤

酸灼伤时，应立即用水冲洗，再用3% $NaHCO_3$溶液或肥皂水处理；碱灼伤时，水洗后用1% HAc溶液或饱和 H_3BO_3溶液洗。

(5) 酸或碱溅入眼内

酸液溅入眼内时，立即用大量水冲洗眼睛，再用3% $NaHCO_3$溶液洗眼；碱液溅入眼内时，先用大量水冲洗眼睛，再用10% H_3BO_3溶液洗眼。最后均用蒸馏水将余酸或余碱洗净。

(6) 皮肤被溴或苯酚灼伤

应立即用大量有机溶剂如酒精或汽油洗去溴或苯酚，最后在受伤处涂抹甘油。

(7) 吸入刺激性或有毒的气体

吸入 Cl_2 或 HCl 气体时，可吸入少量乙醇和乙醚的混合蒸气使之解毒；吸入 H_2S 或 CO 气体而感到不适时，应立即到室外呼吸新鲜空气。应注意，Cl_2 或 Br_2 中毒时不可进行人工呼吸；CO 中毒时不可使用兴奋剂。

(8) 毒物进入口内

把 5～10 mL 5% $CuSO_4$ 溶液加到一杯温水中，内服后，把手指深入咽喉部，促使呕吐，吐出毒物，然后立即送医务室治疗。

(9) 触电

立即切断电源，尽快用绝缘物体(干燥的木棒、竹竿等)将触电者与电源隔离。当触电者脱离电源后，应立即检查触电者全身情况，发现呼吸、心跳停止时，应立即就地进行抢救。

第2章 化学实验基本操作

2.1 常用玻璃仪器的洗涤和干燥

2.1.1 仪器的洗涤

化学是一门实验性的学科，化学实验结果的准确性极其重要。化学实验中经常使用各种玻璃仪器和陶瓷器皿，如用不干净的仪器进行实验，污物和杂质的存在可能导致得不到准确的结果。因此，在进行化学实验时，首先要洗净所用的仪器。

洗涤仪器的方法很多，应当根据实验的要求、污物的性质及污染的程度来选择。附着在仪器上的污物有可溶性物质、尘土及其他不溶性物质、有机物质及油污等。根据对不同污物的判断，可选择以下几种洗涤方法。

1. 用水刷洗

在试管(或量筒)内，倒入约占总容量1/3的自来水，振摇片刻后倒掉。重复此操作1次后，用少量蒸馏水淋洗2～3次。

仪器内壁附有不易用水洗掉的物质时，可选用合适的毛刷刷洗。如用试管刷去洗烧杯，就不合适，因为试管刷太细，不易将烧杯底洗净。若毛刷顶端无毛，则不宜使用，否则易损坏玻璃器皿。每次刷洗的自来水不必太多，洗净后再用少量蒸馏水淋洗2～3次。

2. 用去污粉或合成洗涤剂刷洗

去污粉是由碳酸钠、白土和细沙等混合而成，具有去油污和摩擦作用，适宜用于一般油污及不溶物黏附较牢的器皿的刷洗。合成洗涤剂则适用于油污较多的器皿的刷洗。使用时先将仪器用少量水润湿，再用毛刷蘸取少量去污粉，刷洗仪器的内壁和外壁，刷过后用自来水连续冲洗数次，将残存的去污粉冲洗干净，再用少量蒸馏水或去离子水淋洗3次。用蒸馏水淋洗的目的是洗去附在仪器壁上的自来水中的Ca^{2+}、Mg^{2+}、Cl^-等离子。淋洗时要遵循“少量多次”的原则，即每次用量少，一般淋洗3次。

容量仪器如滴定管、容量瓶和移液管不能用去污粉洗刷内部，以免磨损器壁，使体积发生变化，也不能用碱性洗液洗涤，以免影响容积的准确性。

3. 还原性洗液

这类洗液有粗盐酸、草酸、过氧化氢、亚硫酸钠、酸性硫酸亚铁等。它们主要是用于洗一些不溶性的固体氧化剂如MnO_2等。

4. 铬酸洗液(简称为洗液)

洗液是重铬酸钾在浓硫酸中的饱和溶液,具体配制方法是:称取 10 g 研细的重铬酸钾(工业纯)固体倒入 20 mL 水中,加热溶解,待冷却后,边搅拌边缓慢地加入 180 mL 工业浓 H_2SO_4(切勿将溶液加入浓 H_2SO_4!),冷却后移入磨口瓶中保存。

这种洗液具有很强的氧化性和酸性,对有机物和油污的去污能力特别强。适宜于一些对洁净程度要求较高的定量器皿(如滴定管、容量瓶、移液管等)以及一些形状特殊或不能用刷子刷洗的仪器。

使用洗液的方法及注意点如下:

(1) 使用洗液前,应先用水刷去仪器外层污物,并用水冲洗内层污物,避免引入还原性物质。冲洗完毕后应尽量将仪器内残存的水倒掉,避免洗液被稀释,降低其氧化能力。

(2) 用洗液时,首先将洗液倒入仪器中 1/5~1/4 的容积,然后慢慢地将仪器倾斜旋转,让仪器的内壁全部为洗液润湿,反复操作 1~2 次,将洗液倒回贮存瓶中,将仪器倒置一会儿,让残存的洗液流尽,然后用自来水将附着在内壁的洗液冲洗干净;最后用少量蒸馏水淋洗 3 次。若仪器较脏,可将洗液充满整个仪器,浸泡一段时间,或用热的洗液洗涤,去污效果更好,但要注意安全,避免热洗液溅在皮肤上。

(3) 洗液可重复使用,直至洗液变绿色($Cr_2O_7^{2-}$ 被还原成 Cr^{3+})。

(4) 洗液变稀时,将会有重铬酸钾析出,氧化能力有所将低,但仍可使用,也可将其蒸浓后再用。

洗液具有很强的腐蚀性,会灼伤皮肤和损坏衣物。如不慎把洗液洒在衣物上,应立即用水冲洗;若洒在桌上,应立即用抹布揩去,抹布用水洗净。

(5) Cr(Ⅵ)有毒,对人体危害很大,应尽量少用,少排放。清洗残留在仪器上的洗液时,第一、第二遍水不要直接倒入下水道,应倒入废液缸中统一处理,以免污染环境。

5. 氢氧化钠-高锰酸钾洗涤液

此类洗液适宜用于洗油腻及有机物较多的仪器。配制方法是:称取 4 g 高锰酸钾溶于少量水中,缓慢地加入 100 mL 10% 氢氧化钠溶液。

此类洗液腐蚀玻璃,不宜洗定量精密仪器,且洗后会有二氧化锰沉淀,可用浓盐酸或亚硫酸钠溶液洗去。

将洗干净的仪器倒置过来,水会顺着器壁流下,器壁上只留下一层既薄又均匀的水膜,不挂水珠。因手上有汗或油脂,检查仪器是否洗净应捏上口边缘,否则仪器外壁易挂水珠。

洗干净的仪器不要用布或纸擦拭,以免布或纸的纤维留在器壁上。

2.1.2 仪器的干燥

仪器的干燥一般有以下几种方法:

1. 烘干

将洗净的仪器倒置或平放于搪瓷盘中,放入电热干燥箱(即烘箱)中烘干。最好同时鼓风,使烘干速度加快。

2. 烤干

将洗净的蒸发皿或烧杯之类大口器皿(耐热玻璃制作)在石棉网上用小火加热烤干。试

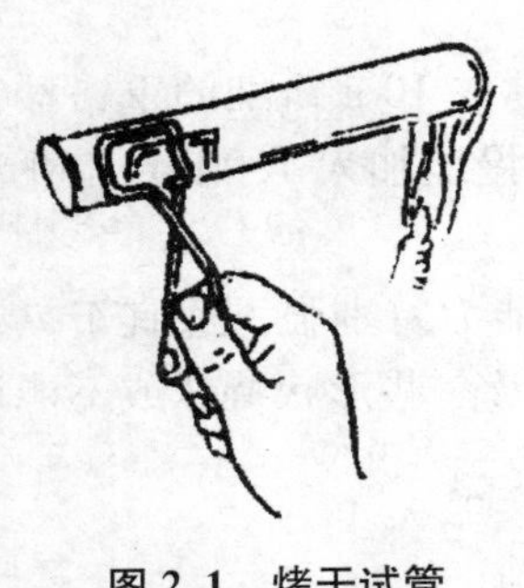

图 2.1　烤干试管

管可直接用小火来回移动烤干，但管口要比管底略低呈倾斜状(图 2.1)，防止回流水珠流入加热区而使试管破裂。

3. 晾干

将洗净的仪器倒置或平放于干净的实验柜内(最好放在干净的搪瓷盘中再放入柜内)或仪器架上晾干。

4. 吹干

用吹风机将洗净的仪器吹干。有时为了加快吹干速度，先用少量酒精或丙酮与仪器内水互溶，倒出，然后用冷风吹干。由于丙酮与酒精沸点较低，挥发快，易吹干。

2.2　基本度量仪器及其使用方法

2.2.1　液体体积的度量仪器

1. 量杯和量筒

量杯和量筒是一种精度要求不太高的量取液体体积的度量仪器。一般容量有 5 mL、10 mL、25 mL、50 mL、100 mL、250 mL、500 mL、1 000 mL 等，可根据需要选用，切勿用大容量的量杯或量筒量取小体积溶液，这样会使精度下降。

量取液体时，应让量筒放平稳，且停留 15 s 以上待液面平静后，使视线与量筒内液体的弯月面最低处保持水平，视线偏高或偏低都会因读数不准而造成较大的误差(图 2.2)。

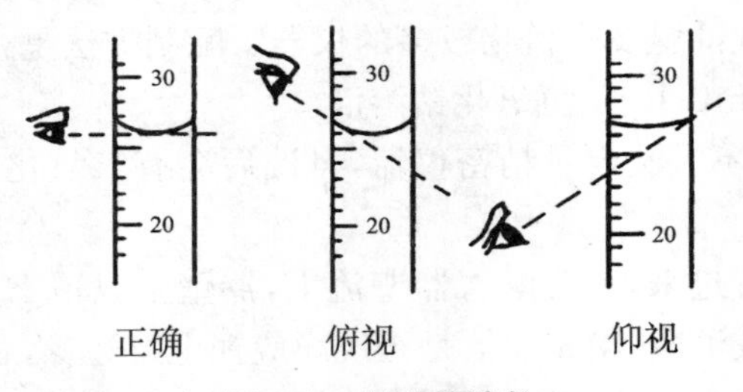

图 2.2　刻度的读数

一般来讲，量筒比量杯精度高一些。

如果不需要十分准确地量取试剂，不必每次都用量筒，要学会根据经验来估计从试剂瓶内倒出液体的量。如普通试管的体积是 20 mL，则 2 mL 液体占试管总容量的 1/10；使用滴管时，滴管每滴出 20 滴约为 1 mL，可以用计算滴数的方法估计所取试剂的体积。

2. 移液管和吸量管

移液管和吸量管都是准确量取一定体积液体的精密度量仪器。移液管是定容量的大肚管，只有一条刻度线，无分度刻度线，所以到了刻度线即为定温下的规定体积；一般容量有 1 mL、2 mL、5 mL、10 mL、20 mL、25 mL、50 mL、100 mL 等规格。吸量管是一种直线型的带分刻度的移液管，一般有 0.1 mL、0.2 mL、0.5 mL、1 mL、2 mL、5 mL、10 mL 等规格。例如 5 mL 吸量管，最大容量为 5.00 mL，其分刻度为 5.00，4.50，4.00，…，0，可移取 0～5 mL 内任意体积的液体，但准确度不如移液管。

移液管和吸量管的使用方法如图 2.3 所示。

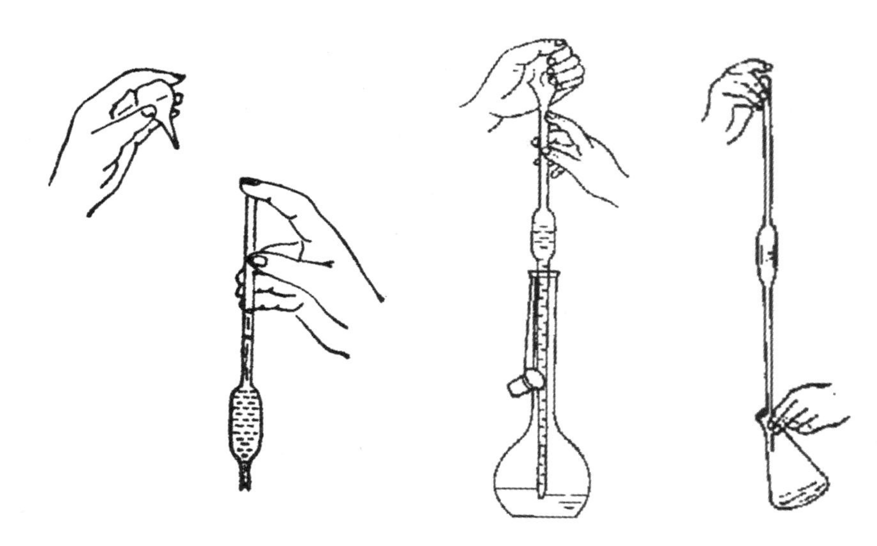

图 2.3　移液管的操作

(1) 首先用吸耳球吸取 1/4 移液管容量的铬酸洗液，然后用手按住，将移液管放平，两手托住转动让洗液润湿全部管壁，从上口倒出洗液。再用自来水洗去残存洗液，用蒸馏水洗数次后，用滤纸除去管尖端内外的水，最后用待移取的溶液洗 3 次，以保证待移取溶液的浓度不变。每次用量为吸取溶液刚至移液管球部即可。

(2) 将移液管尖端插入待移取的溶液内，右手的拇指及中指拿住管颈标线以上的地方，左手拿吸耳球，用吸耳球将溶液吸入管内至标线以上，拿开吸耳球，迅速以右手食指按紧管口，左手拿起盛放待移取溶液的烧杯(或容量瓶)，使烧杯倾斜约 45°，右手垂直提起移液管使其尖端出口靠在液面以上的杯壁，视线与管颈标线成水平，微微抬起按住管口的食指，使液面缓慢又平稳地下降，直至液体的弯月面最低点与标线相切，立即按紧管口，不再让液体流出。

(3) 将移液管尖端紧靠承接容器(如锥形瓶)内壁，并使容器倾斜、移液管直立。微微松开食指，让液体流出，待液体流尽后，停 15 s 再取出移液管。这时移液管的管尖还会残留少量液体，这部分液体在校准移液管体积时已被扣除，不要再用吸耳球吹入承接容器内(如吸量管上面标有“吹”字，表明要将管尖的液体吹出)。

如果实验要求更高的精度，还需要对移液管进行校正。

吸量管的使用方法同移液管，但移取溶液时应尽量避免使用尖端处的刻度。

3. 容量瓶

容量瓶是用来配制准确浓度的溶液或稀释一定量溶液到一定体积，瓶上标有使用的温度和容量。容量瓶颈部有一刻度线，一般容量有 10 mL、25 mL、50 mL、100 mL、200 mL、

250 mL、500 mL、1 000 mL、2 000 mL 等规格。

容量瓶使用方法如下：

(1) 容量瓶所配的塞子有磨口玻璃塞和塑料塞两种，洗涤前应检查是否漏水。在瓶中加入一定量水，塞好瓶塞，左手手指托住瓶底边缘，右手食指顶住瓶塞，将瓶倒立 2 min，观察瓶塞有无漏水或渗水现象。若不漏水，将瓶塞旋转 180°后塞紧，再检查是否漏水。瓶塞可以用细绳或橡皮筋系在瓶颈上，防止瓶塞打碎或和容量瓶不配套。

(2) 容量瓶用铬酸洗液洗至内壁不挂水珠，再用自来水、蒸馏水洗涤。

(3) 将准确称取的固体物质在烧杯中溶解，再将溶液定量转移到容量瓶中(图 2.4)。在转移过程中，将玻璃棒下端插入容量瓶瓶颈内壁，烧杯嘴紧靠玻璃棒，使溶液沿玻璃棒慢慢流入容量瓶。残留在烧杯中的溶液用少量蒸馏水洗涤 3～5 次，洗涤液合并至容量瓶中，继续加蒸馏水至容量瓶容积 3/4 左右时，摇动容量瓶使溶液初步混匀，再加水至接近刻度线 1 cm 左右处，等 1～2 min，使刻度线以上的水膜流下，用洗瓶或滴管滴加水至刻度线。塞紧瓶塞，用右手食指顶住瓶塞，左手托住瓶底，将瓶横放，倒转摇动多次，使瓶内溶液混合均匀(图 2.5)。

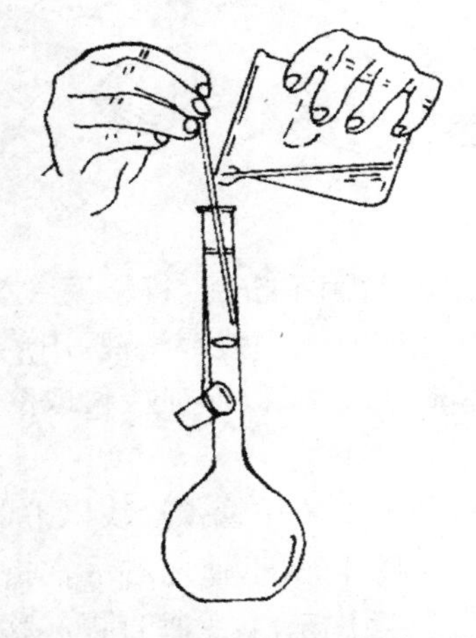

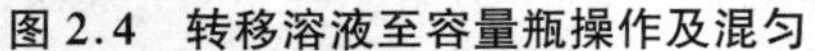

图 2.4　转移溶液至容量瓶操作及混匀

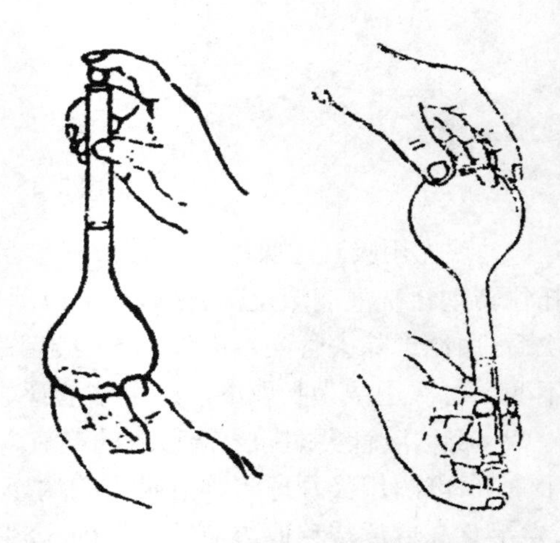

图 2.5　检查瓶塞是否漏水操作

热溶液应冷至室温才能转移至容量瓶。需避光的溶液要使用棕色容量瓶。必要时容量瓶体积应校正。

4. 滴定管

滴定管分酸式和碱式两种，除了碱溶液放在碱式滴定管中进行外，其他溶液都在酸式滴定管中进行。现在酸式、碱式滴定管逐渐被聚四氟乙烯活塞滴定管(酸碱通用)所取代，这种滴定管活塞采用聚四氟乙烯材料制成，具有耐酸、耐碱、耐强氧化剂腐蚀的功能，故所有的酸、碱和强氧化剂的滴定剂都可在聚四氟乙烯滴定管中进行滴定操作。

酸式滴定管下端带有磨口玻璃活塞，使用方法如下：

(1) 涂凡士林操作(图 2.6)

将活塞取下，用滤纸吸干，再揩干活塞槽；在活塞的两头涂上一层很薄的凡士林，在活塞上小孔两侧的垂直方向用手指各涂上两圈很薄的凡士林(切勿涂多，否则会堵塞小孔)，将活塞紧塞在活塞槽中，转动活塞，使活塞与塞槽接触处呈透明状态且活塞转动灵活。若接触处有不透明的拉丝，需要重新进行涂油。套上橡皮圈，保护活塞不滑出塞槽。

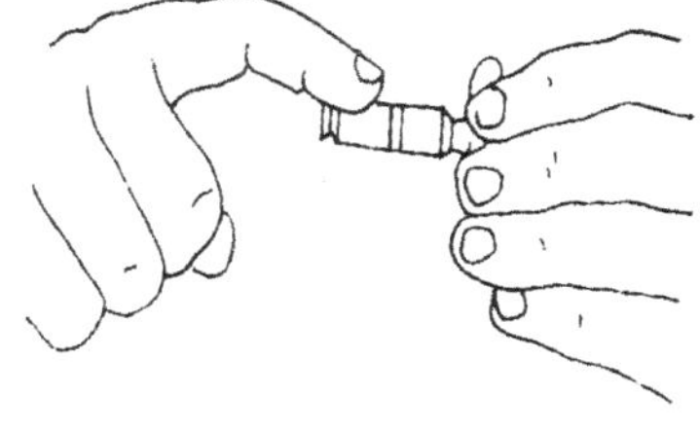

图 2.6　涂凡士林操作

（2）检查是否漏水

往滴定管中加水至零刻度附近，垂直架在滴定台上，观察滴定管口是否滴水，活塞与塞槽间隙处是否漏水。若不漏，将活塞旋转 180°后再进行检查，若不漏水即可进行下步操作，若漏水需重新涂凡士林后再检查。

（3）洗涤方法

倒入铬酸洗液约 1/4 容积，慢慢倾斜旋转滴定管，使管壁全部沾上洗液，然后打开活塞让洗液充满下端，再关闭活塞，将洗液从管口倒回贮存瓶；打开活塞，让下端洗液全部流入贮存瓶中。用自来水洗去残存洗液，用蒸馏水洗 3～4 次，最后用滴定液洗 3 次。

（4）装溶液及赶气泡

将滴定液加到零刻度以上，将活塞开到最大，放出一些溶液，赶去活塞下端气泡，关上活塞。若下端还有气泡，可重新打开活塞，将滴定管垂直向下用力一甩，即可赶去气泡。

（5）读数操作

滴定管是一种精密的液体度量仪器，因此，读数是一个非常重要的操作。

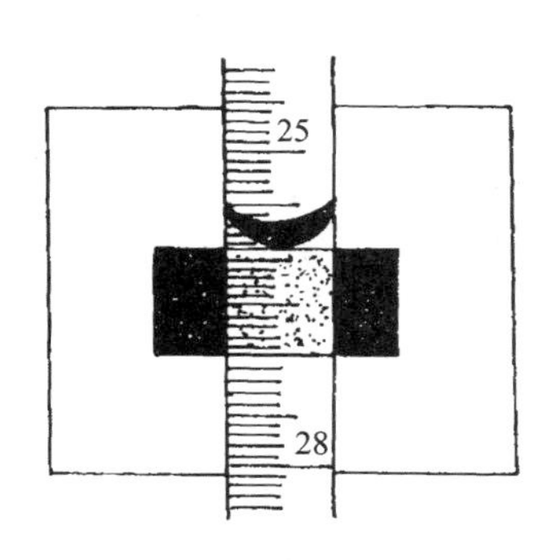

图 2.7　读数卡读数

滴定管应垂直架于滴定台上，读数时，视线应与液体弯月面最低点保持水平，偏高或偏低都会带来误差。若滴定台太高，可将滴定管取下，用一只手的拇指和食指轻轻捏住滴定管上部，让滴定管自然竖直，上下移动滴定管至弯月面最低点与视线水平时读数（图 2.7）。50 mL、25 mL 滴定管可读至小数点后二位。

为了便于读数，可制作"读数卡"。在一张白卡片中间贴一张 3 cm×1.5 cm 的黑纸（或用墨水涂黑）即成读数卡。读数时，手持读数卡放在滴定管背后，使黑色部分在弯月面下 1 mm 左右，弯月面被反射成黑色（图 2.7），读此弯月面的最低点。像高锰酸钾溶液这样的深色溶液，则读取液面的最高点。

目前还有一种蓝线滴定管，滴定管内有一整条白色不透明玻璃，中间有一条蓝线，则液体有两个弯月面相交于滴定管蓝线的某一点。读数时，视线应与此点处于同一水平面上。如为有色溶液，应使视线与液面两侧的最高点相切。

（6）滴定操作

滴定时，最好每次都从 0.00 mL 开始，或从接近 0.00 mL 的某一刻度开始，这样可减少滴定管刻度不均匀带来的误差。

滴定过程最好在锥形瓶中进行，必要时可在烧杯内进行。

滴定管垂直地夹在滴定管夹上，下端伸入到锥形瓶口以下 1 cm 左右，滴定姿势见图 2.8，左手控制滴定管活塞，大拇指在前，食指和中指在后，手指略微弯曲，手心空握，防止顶出活塞；手指轻轻向内扣住开启活塞，以免活塞松动。右手握持锥形瓶，边滴边摇动，且向一方向作圆周旋转，不能前后或上下振动，以免溶液溅出。开始滴定速度可快些，一般控制在每分钟 10 mL 左右，每秒 3～4 滴，即一滴接着一滴，或成滴不成线。临近滴定终点时，应一滴或半滴地加入，即加入一滴或半滴后用洗瓶吹入少量水洗锥形瓶壁，摇匀，再加入一滴或半滴，摇匀，直至指示剂变色且半分钟内不再变化为止，即可认为终点到达。

碱式滴定管下端接一橡皮管，内装一玻璃圆球，连一尖嘴小玻璃管，代替玻璃活塞。使用方法除以下几点不同外，其他均同酸式滴定管。

(1) 洗涤方法

由于橡皮会被氧化剂腐蚀，所以用洗液洗时，将滴定管上口倒置于盛有洗液的烧杯中，将尖嘴口接在抽水泵上。打开抽水泵，轻捏玻璃球，待洗液徐徐上升到接近橡皮管处放开玻璃球，待洗液浸泡一段时间后，脱离抽水泵，拔去橡皮管，让洗液流尽，然后用自来水冲洗，再用蒸馏水洗数次，装上橡皮管和洗净的玻璃球及尖嘴玻璃管，再用滴定液洗 3 次。

(2) 装液和赶气泡(图 2.9)

装入滴定液至零刻度以上，将橡皮管向上弯曲，轻轻捏玻璃球，使液体慢慢上升到连通器而赶走气泡，充满橡皮管和尖嘴玻璃管。

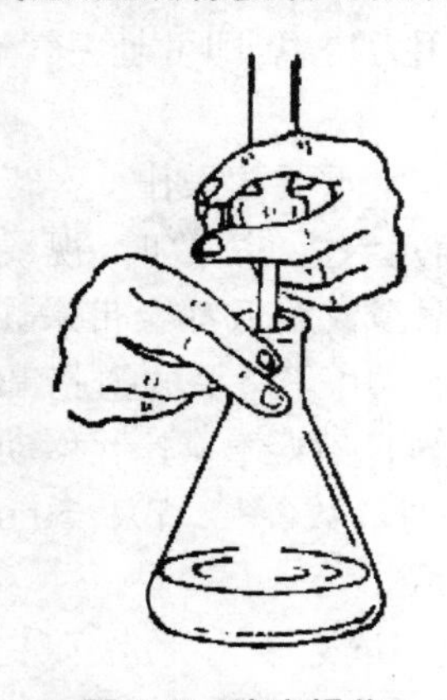

图 2.8 滴定操作

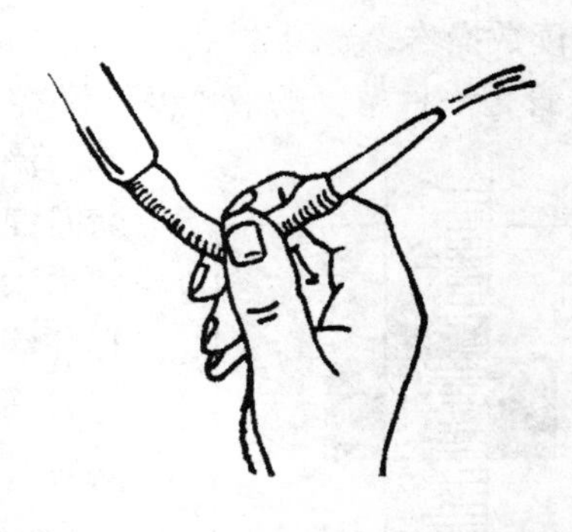

图 2.9 赶气泡操作

(3) 捏滴定管的姿势

左手拇指在前，食指在后，捏橡皮管中部玻璃球所在部位稍上一些的地方，向右捏挤橡皮管，使橡皮管与玻璃球之间形成一条缝隙，溶液即可流出。但注意不能捏挤玻璃球下的玻璃管，否则空气进入，易形成气泡。

2.2.2 温度计

实验室中常用的测量温度的仪器是水银温度计和酒精温度计。水银温度计有不同的测量范围，常用的为 0～100 ℃、0～250 ℃、0～360 ℃，其精度为 0.1 ℃；较精密的温度计刻度为 0.2 ℃或 0.1 ℃，常用规格为 0～50 ℃，可测准至 0.02 ℃或 0.01 ℃。测量时应根据测量范围与精度来选择合适的温度计，否则易损坏温度计或达不到要求的精度。

测量正在加热的液体的温度时，最好将水银温度计悬挂起来，并使水银球完全浸没在液体中。不要使水银球接触容器底部或壁上，更不能将水银温度计作为搅拌棒使用，以免把水银球碰破。

切勿将刚测量过高温的温度计放入冷水中或将刚测量过低温的温度计用热风近吹，否则都会使水银球炸裂。

温度计是玻璃制品，特别是水银球处玻璃较薄，所以要轻拿轻放，也不要甩动，以免敲碎。

如测量高温，可使用热电偶或高温计；测量精确的温度可使用伯克曼温度计。

2.2.3　秒表

秒表是用来准确测量时间的仪器，有机械秒表和电子秒表两种。

机械秒表的长针为秒针，短针为分针，分针转一圈为15 min，秒针转一圈为30 s；表面上相应地有两圈刻度，分别表示秒和分的数值。这种表可读准至0.01 s。

表的上端有一柄头，可用它旋紧发条，又可用它启动秒表、停止秒表和恢复零点。

具体使用方法如下：先顺时针用柄头旋紧发条，然后握住表体，用拇指或食指按柄头，按一下，表即走动。再按一下，秒针与分针全部停止，即可读数。第三次按柄头，秒针、分针均返回零点，恢复原状。有的秒表在柄头旁边有一拨动的暂停装置，推动暂停钮，秒针、分针均停走，退回暂停钮，秒针、分针继续走动，可连续计时。

一般机械秒表尚须注意以下事项：

(1) 使用前，需检查秒针是否在零点，若不在零点，需每次扣去此值。

(2) 按柄头时，从按下到听见"嗒"一声之间还有一段空隙时间，所以在启动或停止按钮时，必须先按紧，来减少这段空隙，降低计时误差。

(3) 秒表用完时，应让表继续走动，直至发条完全放松再保存，可延长使用期。

(4) 秒表是精密计时仪器，需轻拿轻放，避免由震动造成的损坏。不要与有腐蚀性的化学药品或磁性物质放在一起，应保存在干燥处。

2.3　试剂及其取用方法

化学试剂一般按杂质含量的多少而分为四个级别：

(1) 实验或工业试剂(Laborational Reagent，LR)，又称四级试剂；

(2) 化学纯试剂(Chemical Pure，CP)，又称三级试剂，一般瓶上用深蓝色标签；

(3) 分析纯试剂(Analytical Reagent，AR)，又称二级试剂，一般瓶上用红色标签；

(4) 优级纯试剂(Guarrantee Reagent，GR)，又称一级试剂，一般瓶上用绿色标签。

除了上述四个级别外，目前市场上还有：

基准试剂：专门作为基准物用，可直接配制标准溶液；

光谱纯试剂(Spetroscopic Pure，SP)，但由于有机物在光谱上显示不出，所以有时主成分达不到99.9%以上，使用时必须注意，特别是作基准物时，必须进行标定。

由于级别之差，化学试剂在价格上相差极大。因此，使用时应根据实验要求，选用合适的级别，以免浪费。

市售的固体化学试剂装在大口玻璃瓶或塑料瓶中；液体试剂装在细口瓶或塑料瓶中；见光易分解的试剂（如 $KMnO_4$、$AgNO_3$ 等）装在棕色瓶中；易潮解且易被氧化或还原的试剂（如 Na_2S）除装在密封瓶中，还要蜡封；碱性试剂（如 NaOH）装在塑料瓶中。

试剂的取用方法如下：

1. 固体试剂的取用方法

固体试剂一般用牛角匙或塑料匙取用。牛角匙或塑料匙的两端分别为大小两个匙，且随匙柄的长度不同，匙的大小也随着变化。取大量固体时用大匙，取少量固体时用小匙。

取用试剂时，牛角匙必须洗净擦干才能用，以免污染试剂。最好每种试剂配备一个专用牛角匙。

取用试剂时，一般是用多少取多少，取好后立即把瓶盖盖紧，瓶盖不能弄混，用完后随手将试剂瓶放回原处，瓶上的标签朝外。需要蜡封的，必须立即重新蜡封。

若要求称取一定量的固体试剂，可先在台秤盘上放称量纸或表面皿，使台秤平衡，然后将固体试剂放在称量纸上或表面皿上称量。易潮解或有腐蚀性的物质不能放在纸上，改用烧杯或锥形瓶称量。

若要求准确称取一定量的固体试剂作基准物或配制标准溶液，一般采用减量法或固定质量法在分析天平上称量。

固定质量法适用于不吸水、在空气中性质稳定的试剂，如纯锌屑、铜屑等。其操作方法如下：

先将容器（如小表面皿、小烧杯、铝箔、硫酸纸等）放在电子天平的称量盘上，按清零键，显示读数为稳定的 0.000 0 g。用食指轻轻地振动牛角匙，使试剂缓慢地撒入容器至所需量。

减量法适用于易吸水、易被氧化还原、易与二氧化碳反应的试剂，如无水碳酸钠、各类固体基准物等。其操作方法如下：

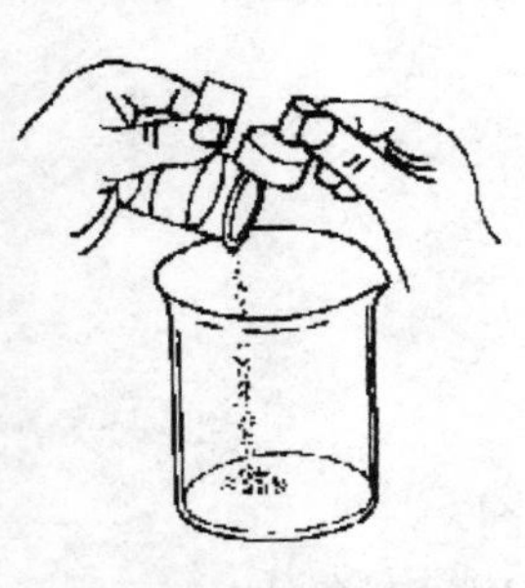

图 2.10　称量操作

将试剂装入称量瓶中，称取试剂和称量瓶的总质量 W_1（精确至 0.1 mg），用纸条套紧称量瓶从天平中取出（切勿用手，因手上有汗与油脂会污染称量瓶，引起误差），将它举在烧杯上方，用纸条夹住瓶盖头，打开瓶盖（切勿用手），使称量瓶倾斜，用瓶盖轻轻敲打瓶口上部，使试剂缓慢地落于烧杯中（图 2.10）。当倒出的试剂量差不多达到称量要求时，将称量瓶慢慢立起，并用瓶盖轻敲瓶口，使粘在瓶口的试剂落入瓶中，盖好盖子，放进天平称量，得 W_2，则倒出的试剂质量 $W_{试} = W_1 - W_2$。若 $W_{试}$ 少于要求量，可重复上述操作，直至 $W_{试}$ 达到要求的称量范围为止。切勿一次从称量瓶中敲出很多样品，否则易发生超量，超量后需倒掉样品，洗净烧杯后重新称量。

2. 液体试剂取用法

(1) 用倾析法取液体操作

打开试剂瓶盖，反放于桌上，以免瓶盖沾污造成试剂级别下降。用右手手掌对着标签握住试剂瓶，左手拿玻璃棒，使棒的下端紧靠容器内壁，将瓶口靠在玻璃棒上，缓慢地竖起试剂瓶，使液体试剂成细流沿着玻棒流入容器内（图 2.11）。试剂瓶切勿竖得太快，否则易造成液体试剂不是沿着玻棒流下而冲到容器外，造成浪费，有时还有危险。如直接往试管、量筒等容器倒入试剂，倒完后，应将试剂瓶口在容器上靠一下，再让试剂瓶竖直，可以避免残留在瓶口的试剂从瓶口流到试剂瓶的外壁。

易挥发的液体试剂（如浓 HCl），应在通风橱内取用。易燃烧、易挥发的物质（如乙醚等）应在周围无火种的地方移取。

反应容器的液体试剂加入量不得超过容器的 2/3 容积。在试管中进行实验时，试剂量最好不要超过 1/2 容积。

(2) 少量试剂的取用法

首先用倾析法将试剂转入滴瓶中，然后用滴管滴加，一般滴管每滴约 0.05 mL（图 2.12）。若需精确测量，可先将滴管每滴体积加以校正。方法是用滴管滴 20 滴于 5 mL 干燥量筒中，读出体积，算出每滴体积数。

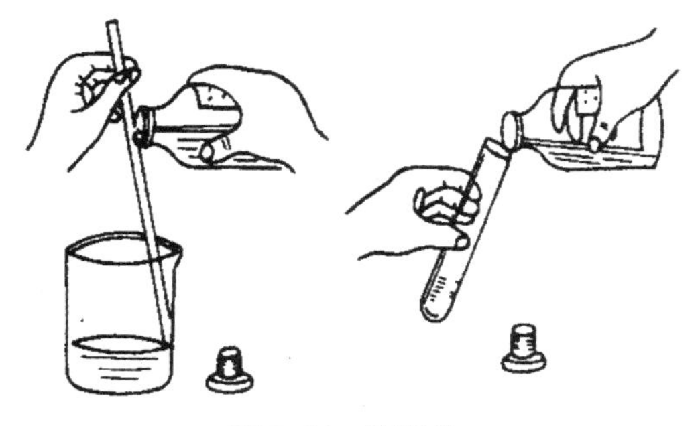

图 2.11 倾析法

图 2.12 滴加试剂

用滴管加入液体试剂时，滴管可垂直或倾斜滴加，禁止将滴管伸入试管等容器中，否则滴管的管端会碰到器壁而黏附其他溶液。如再将此滴管放回试剂瓶中，试剂将被污染，不能再使用。

滴瓶上的滴管只能专用，用完后应立即插回原滴瓶中，不能和其他滴瓶上的滴管混用。滴管从滴瓶中取出试剂后，应保持橡皮头朝上，不要平放或斜放，防止滴管中试剂流入橡皮头，腐蚀橡皮头，污染试剂。

2.4 加热的方法

2.4.1 加热器的类型

1. 煤气灯

煤气灯构造见图 2.13。主体是灯管和灯座，灯管下部内壁有螺纹，可与灯座相连，灯管下部还有几个圆孔，为空气的入口。旋转灯管，即可完全关闭或不同程度地开启圆孔，以调节空气的进入量。灯座的侧面有煤气的入口，可接橡皮管把煤气导入灯内，灯座另一侧（或下面)有一螺旋形针阀,用以调节煤气的进入量。

当灯管圆孔完全关闭时,点燃煤气灯,此时火焰呈黄色,这是因为煤气燃烧不完全,碳粒发光。此时火焰温度不高,还会熏黑加热容器。当逐渐开启圆孔,煤气的燃烧逐渐完全,火焰分成三层(图 2.14)。内层系煤气、空气混合物,并未燃烧,温度低,约为 300 ℃,故又称焰心;中层系煤气不完全燃烧火焰,并分解为含碳产物,所以这部分火焰具有还原性,故又称还原焰。此层温度较高,火焰呈淡蓝色;外层系煤气完全燃烧火焰层,过剩的空气使这部分火焰具有氧化性,故又称氧化焰,温度最高,900 ℃左右,火焰呈浅紫色。

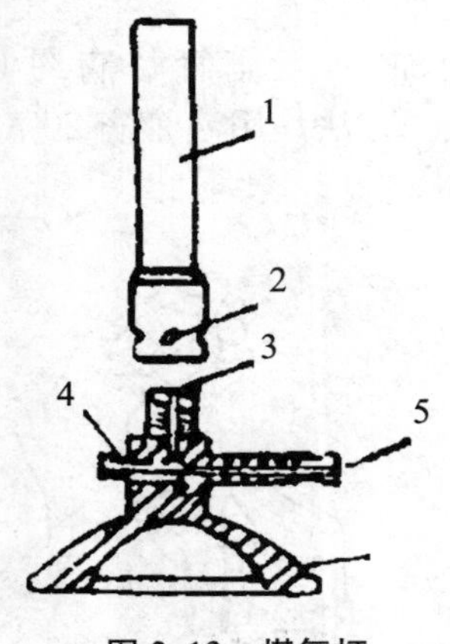

图 2.13　煤气灯

1. 灯管;2. 空气入口;3. 煤气出口;
4. 螺旋针;5. 煤气入口;6. 灯座

图 2.14　火焰分层图

火焰的高度、大小可通过调节煤气和空气进入量控制。但煤气和空气调节不适当时,会产生不正常的火焰(图 2.15)。当煤气和空气的进入量都很大时,火焰临空燃烧,称"临空火焰"。这种火焰不会持久,很快自行熄灭。当煤气进入量小、空气进入量很大时,煤气会在灯管内燃烧或灯座的煤气出口处燃烧,一般能听到特殊的"嘶嘶"声,且灯管口火焰呈细长或黄色火焰,又称"侵入火焰"。若侵入火焰燃烧一段时间,灯管很热,当心烫手。无论遇到临空火焰或侵入火焰均需关闭煤气阀门,重新调节,再打开煤气阀门,点燃。

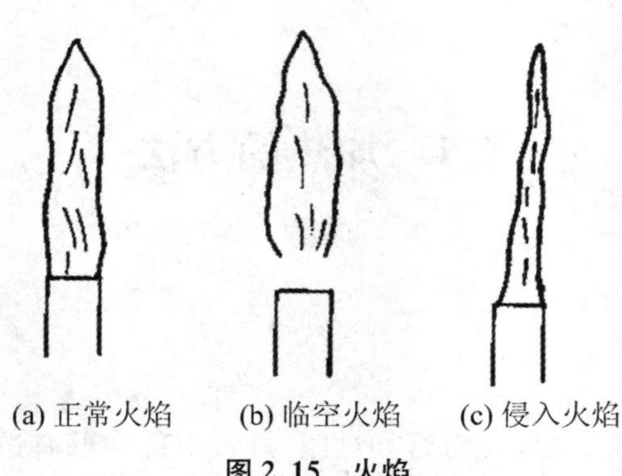

(a) 正常火焰　(b) 临空火焰　(c) 侵入火焰

图 2.15　火焰

2. 电加热器

实验室常用的电加热器有：电炉、电热套、管式炉、马弗炉。调节加热温度的高低一般通过调节外电阻或外电压来控制。

电热套主要用于蒸馏瓶、圆底烧瓶等加热，其保温性能好，热效高。一般规格是与烧瓶的容积相匹配的。

管式炉和马弗炉主要用于高温加热，最高可达 1 000～1 250 ℃。

3. 水浴、油浴和沙浴

若实验要求被加热物质受热均匀，且温度不超过 100 ℃用水浴；100 ℃以上用油浴或沙浴，油浴温度可达 250 ℃。

(1) 水浴

通常使用铜水浴锅(也可用铝锅或大烧杯代替)水浴和电热控温水浴。

在水浴锅中盛水(一般不超过容量的 2/3)，将盛有反应体系的容器浸入水中，利用水控温加热。若盛有反应体系的容器并不浸入水中，而是通过水蒸气来加热，则称之为水蒸气浴。

使用水浴加热时，应注意以下几点：

① 水浴中水量应经常保持在容量的 2/3 左右。特别在 90 ℃以上加热时，应注意经常加入适量热水，防止水浴锅烧干。

② 尽量保持水浴的严密，减少水的蒸发量。

③ 反应器的底部不能与电加热器相接触，避免容器受热不均匀而破裂。

(2) 油浴

以油代替水即油浴。油浴不宜烧沸，宜在通风橱中进行加热。应注意油温升高会产生油烟，达到燃点时会着火，此时应立刻撤去热源，用木板盖住油浴，不久火即可熄灭。也可用细沙慢慢投入油中来降低温度，但不能投掷沙子或泼水，否则非常危险。

(3) 沙浴

简易沙浴，只要在铁板或铁盘上放上一层均匀的细沙，然后用煤气灯或电炉加热即成。测量温度时，只要将温度计插入沙中，但不能碰到铁板或铁盘。

沙浴装置的成品为电热沙浴，温度有高、中、低三挡开关控制。

选择水浴、油浴或沙浴，主有是根据反应条件而定。

2.4.2　液体的加热

1. 水浴加热

适用于沸点低于 100 ℃的纯液体、在 100 ℃以上易变质的溶液或纯液体，要求在 100 ℃以下反应的溶液。低沸点的易燃液体一般都在电热水浴中加热。

2. 直接加热

适用于在较高温度下不分解的溶液或纯液体。此类溶液若装在烧杯、烧瓶中，一般应放在石棉网上直接用煤气灯、酒精灯或电炉加热。

试管中的液体，除了易分解溶液或控温反应外，一般在火焰上直接加热。但在火焰上直接加热时，应注意以下几点：

(1) 一般用试管夹夹在试管长度的 3/4 处左右进行加热;加热时,管口向上,略呈倾斜(图 2.16)。但不要把管口对着别人或自己,以防液体受热暴沸冲出,发生事故。

(2) 加热时,先由液体的中上部开始,慢慢下移,然后不时地上下移动,避免集中加热某一部分而引起暴沸。

2.4.3 固体的加热

固体试剂(或试样)可用煤气灯、酒精灯、管式炉或马弗炉直接加热,一般均将固体放在试管、蒸发皿、瓷舟、坩埚中进行加热。下面简单介绍一下加热装置及方法。

1. 在试管中加热

装置见图 2.17。试管稍稍向下倾斜,管口低于管底,目的是使固体反应产生的水或固体表面的湿存水遇热形成的蒸气扩散到管口过程中,遇冷又凝成水珠顺势滴出试管。

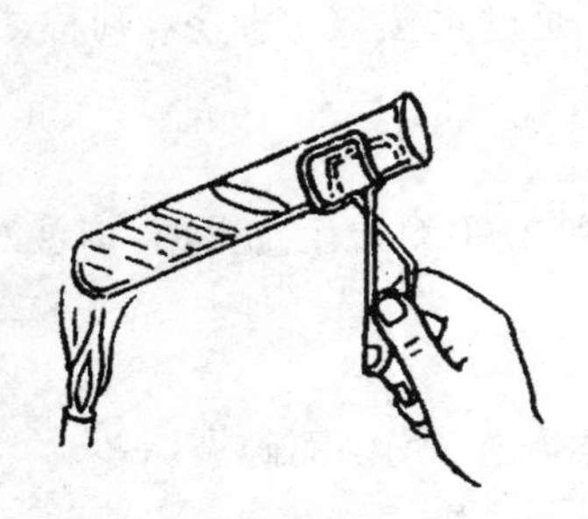

图 2.16 试管中溶液加热

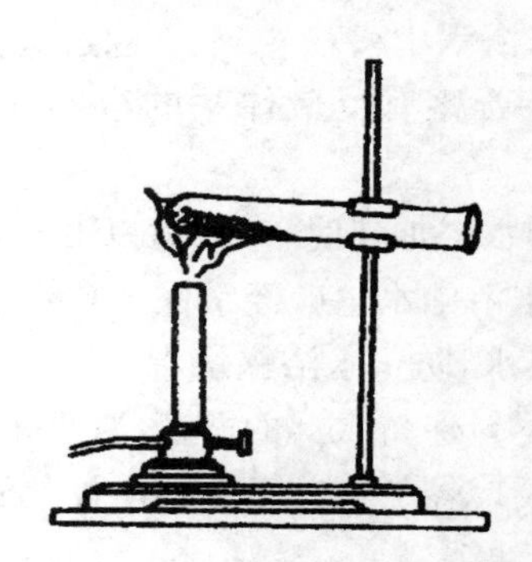

图 2.17 加热试管中的固体

若试管向上倾斜,则凝结的水珠流到加热区,灼热的玻璃突然遇冷而发生炸裂现象。加热时,首先将火焰由上到下均匀加热一下,然后再集中加热某一部位。

2. 在蒸发皿中加热

当加热较多的固体时,一般在蒸发皿中进行,可直接在火焰上加热,但要注意充分搅拌,使固体受热均匀。

3. 在坩埚中灼烧

固体需高温熔融、高温分解或灼烧时,一般在坩埚中进行(图 2.18)。若含有定量滤纸的沉淀灼烧,首先要在低温将滤纸灰化后,再用高温灼烧,以防滤纸燃烧带走沉淀,还可能发生高温还原反应,改变组成或破坏坩埚。

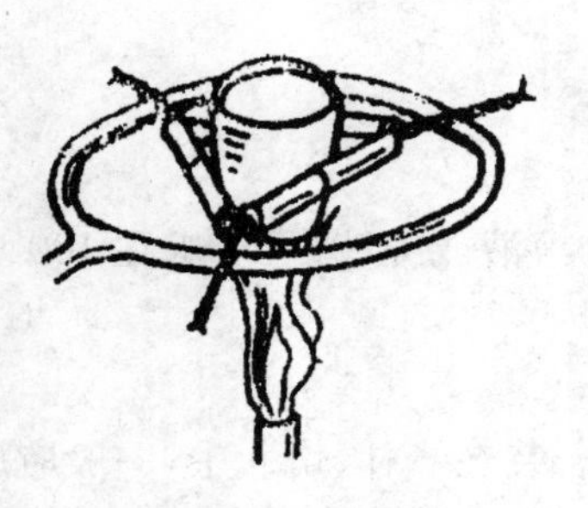

图 2.18 坩埚灼烧

高温灼烧可用煤气灯或酒精灯的氧化焰加热,不要用温度较低的还原焰接触坩埚底部。开始火不要太大,先让坩埚均匀受热,然后加大火焰,将坩埚烧至红热。灼烧好,停止加热,待坩埚在泥三角上稍冷后,用坩埚钳夹到保干器内。

注意:用坩埚钳夹高温坩埚时,坩埚钳必须在火焰上预热后才能去夹,否则会使坩埚变形,甚至造成破裂。坩埚钳用后应平放于石棉网上。

2.5　固液分离

常用的固、液分离方法有三种：倾析法、过滤法和离心分离法。

2.5.1　倾析法

当晶体的颗粒较大或沉淀的比重较大，静置后能沉降至容器底部时，可用倾析法进行沉淀的分离和洗涤。洗涤时，往盛有沉淀的容器内加入少量洗涤液，充分搅拌后静置、沉降，倾去洗涤液。如此重复操作2～3遍，即可洗净沉淀，使沉淀与溶液分离。对于无定形沉淀(即较小的沉淀)，当不要滤液时，经常采用倾析法洗涤沉淀，可使沉淀洗涤得较为干净且快一些。

如溶液中沉淀静置后能沉降至容器底部，为了加快过滤速度，将待滤溶液静置一段时间，让沉淀尽量沉降，然后将上层清液先行过滤，待清液滤完再倒入沉淀过滤。倾析的操作与转移溶液的操作同时进行，倾析法过滤的优点是避免前期沉淀堵塞滤纸的小孔而减慢过滤速度。

2.5.2　过滤法

过滤是最常用的分离方法。溶液的黏度、温度、过滤时的压力、过滤器孔隙的大小和沉淀的状态都会影响过滤的速度。溶液的黏度越大，过滤越慢；热的溶液比冷的溶液容易过滤。要根据过滤的要求选择合适的过滤方法和过滤器种类。过滤器的空隙要合适，太大时沉淀会透过，太小则易被沉淀堵塞。沉淀呈胶状时，需加热一段时间或滴加合适的电解液处理后方可过滤，否则沉淀会透过滤纸。

常用的三种过滤方法是常压过滤、减压过滤和热过滤。

1. 常压过滤

(1) 滤纸的折法

将圆形滤纸对折两次成扇形，放在漏斗中量一下，若比漏斗大，用剪刀剪成滤纸边缘比漏斗的圆锥体边缘低2～5 mm的扇形。将滤纸折一次并撕去一角(为扇形的1/4～1/3高度)，打开扇形成圆锥体，一边为三层(包含撕角的二层)，一边为单层，放入漏斗中(标准漏斗的角度为60°，这样滤纸可完全紧贴漏斗内壁。如果略大于或小于60°，则可将滤纸第二次折叠的角度放大或缩小即可)，用食指按住滤纸并和漏斗内壁密合，以少量水润湿滤纸四周，赶出滤纸和漏斗内壁之间的气泡，使滤纸与漏斗内壁紧贴。此时，漏斗颈内充满滤液，形成水柱，可加快过滤速度。

标准长颈漏斗的水柱是自然形成的，但一些不标准的漏斗可这样做水柱：

以手指将漏斗颈的下口堵住，加入半漏斗水，然后用手轻压滤纸贴紧，赶走气泡，让水自然漏下，水柱就做成了。

(2) 过滤操作(图 2.19)

将漏斗放在漏斗架上,承接滤液的容器内壁与漏斗斜口最下端紧靠,左手拿玻璃棒轻轻地靠在三层滤纸一边,右手握盛待过滤液的容器,容器口紧靠玻璃棒,慢慢地向上倾斜,让待过滤液成细流沿玻璃棒流下,当溶液已达滤纸 3/4 高度时暂停加入,待过滤完一部分,再重复加液操作。

若需要暂停加液操作,可将盛有待过滤液的容器口紧靠玻璃棒,一起脱离滤纸,然后将玻棒沿容器口向上提(不能脱开)直至提进容器内,这样就不会损失一滴待过滤液。

过滤时要先转移溶液,后转移沉淀。若需要洗涤沉淀,等溶液转移完后,往留有沉淀的容器中加入少量蒸馏水,充分搅拌并放置,待沉淀沉降后,将洗涤溶液转移入漏斗,如此重复操作 2~3 次,再将沉淀转移到滤纸上(图 2.20)。洗涤沉淀时要遵循少量多次、螺旋式洗涤的原则。检查滤液中的杂质,判断沉淀是否洗净。

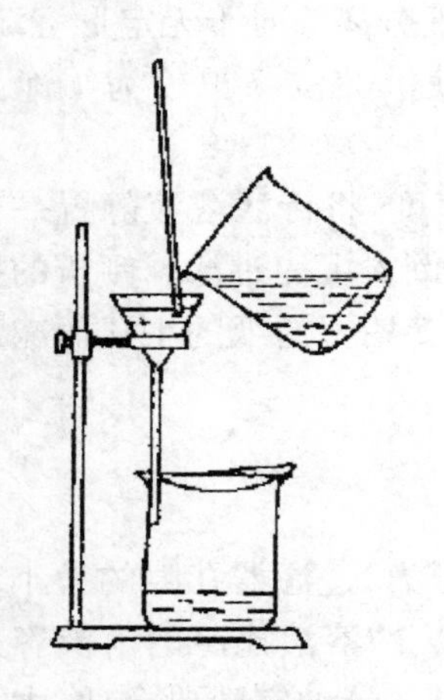

图 2.19　过滤操作

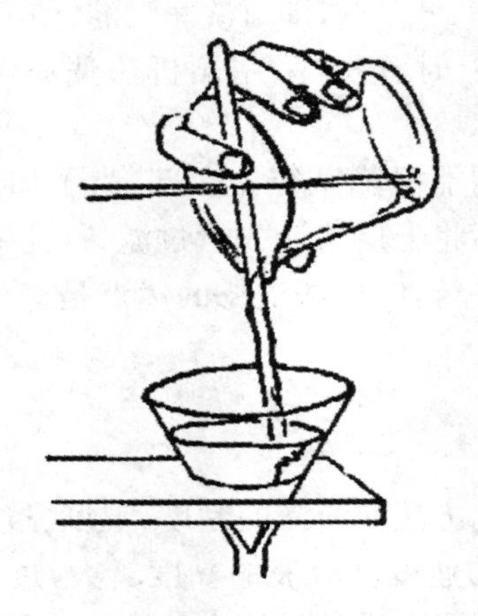

图 2.20　沉淀的吹洗转移及洗涤

2. 减压法过滤

减压法过滤(又称抽滤)是利用压力差来加快过滤速度的,它可以把沉淀抽吸得比较干燥,但是不适用于胶态沉淀和颗粒很细的沉淀的过滤。因为胶态沉淀在抽滤时会透过滤纸;细小沉淀会堵塞滤纸孔或在滤纸上形成一层密实的沉淀而减慢过滤速度。

(1) 减压过滤装置

布氏漏斗:上面有很多瓷孔,下端颈部装有橡皮塞。

吸滤瓶:用来承接滤液,并有支管与抽气系统相连。

循环水泵:起到带走吸滤瓶中空气使吸滤瓶中减压的作用。

安全瓶:当水泵水的流量突然加大或变小,或在滤完后不慎先关闭水阀时,由于吸滤瓶内压力低于外界压力而使自来水反吸入吸滤瓶,污染滤液。安全瓶的作用就在于能隔断吸滤瓶与水泵的直接联系,即使发生倒吸也不会污染滤液。若不要滤液,也可不接安全瓶。

(2) 减压过滤的操作过程

① 按图 2.21 接好装置,注意两点:一是安全瓶的长管接水泵,短管接吸滤瓶;二是布氏漏斗颈口的斜面对着吸滤瓶的支管,防止滤液进入支管被抽走。

② 将滤纸剪得比布氏漏斗内径略小一些，能将瓷孔全部盖住即可。用少量蒸馏水润湿滤纸，再开启水泵抽气，使滤纸紧贴在瓷板上，此时才能开始过滤。

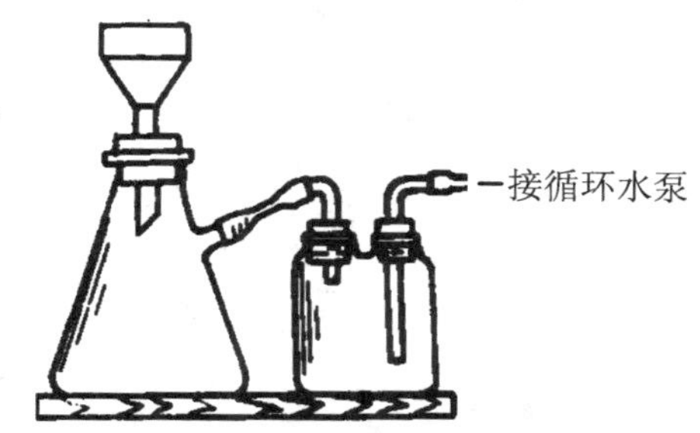

图 2.21　减压过滤的装置

③ 应用倾析法过滤，先将清液沿玻璃棒倒入漏斗，滤完后再将沉淀均匀地移入滤纸中间部分抽滤。

④ 当滤液液面接近于吸滤瓶支管的水平面时，应拔去吸滤瓶上的橡皮管，取下漏斗，将滤液从吸滤瓶的上口倒出。然后再安上漏斗，接好橡皮管，继续过滤。

⑤ 在抽滤过程中，不得突然关闭水泵。如欲取出滤液或停止抽滤，应先拔去吸滤瓶支管上的橡皮管，然后再关水泵，否则会发生倒吸。

⑥ 洗涤沉淀时，应先停止抽滤，让少量洗涤液缓慢通过沉淀，然后再抽滤。

⑦ 为了尽量抽干沉淀，最后可用平顶的玻璃瓶塞挤压沉淀。

⑧ 沉淀滤干后，拔去吸滤瓶支管上的橡皮管，将漏斗取下，颈口向上倒置，用塑料棒或木棒轻轻敲打漏斗边缘；或在颈口用吸耳球吹气，可使沉淀脱离漏斗，落入预先准备好的滤纸上或容器中。

若抽滤酸性、强碱性或强氧化性溶液，可用石棉纤维代替滤纸，具体操作如下：

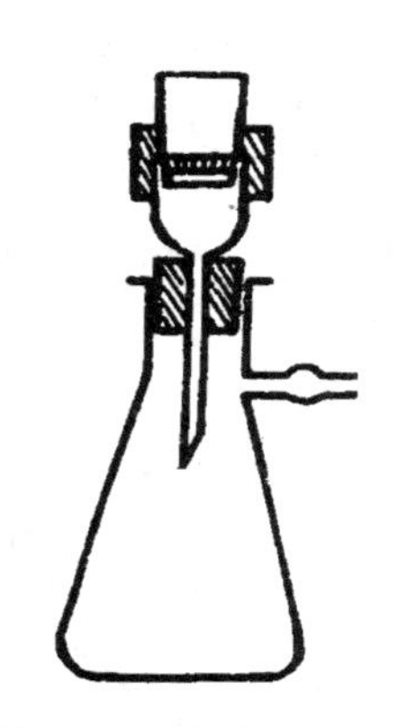

图 2.22　砂芯漏斗抽滤

先将石棉纤维在水中浸泡一段时间，然后将石棉纤维搅匀，倒入布氏漏斗中，减压抽滤，使石棉紧贴在瓷板上形成一层均匀的石棉层，若有小孔应补加石棉纤维，直至没有小孔为止。注意，石棉层不宜太厚，否则过滤速度太慢。由于用石棉层过滤，沉淀与石棉纤维混杂在一起，所以这种方法只适用于不保留沉淀的过滤。

若要过滤强酸性或强氧化性的溶液，可用砂芯漏斗（或称玻纤砂漏斗）。这种漏斗是在漏斗下部熔接一片微孔烧结玻璃片作底部取代滤纸。微孔烧结玻璃片（又称砂芯）的空隙规格有 1 号、2 号、3 号、4 号、5 号、6 号。1 号孔径最大，6 号最小，可根据沉淀颗粒不用来选用，最常用的是 3 号和 4 号。过滤操作与减压过滤相同，装置见图 2.22。

用砂芯漏斗过滤必须注意以下几点：

① 沉淀必须能用酸或氧化还原剂在常温下溶解，且不产生新的沉淀，否则会堵塞烧结玻璃片的微孔。

② 不宜过滤强碱性溶液，因强碱会腐蚀玻璃而堵塞微孔。

③ 过滤结束后，必须将沉淀处理掉，洗干净才能存放。

④ 1 号(G_1)和 2 号(G_2)相当于快速滤纸；3 号(G_3)和 4 号(G_4)相当于中速滤纸；5 号(G_5)和 6 号(G_6)相当于慢速滤纸。

(3) 热过滤

如果溶液中的某些溶质在温度下降时易大量结晶析出，常采用热过滤装置，即在短颈漏斗外套一个形状与漏斗一样的铜空心套,内装热水,且铜套有一个密封支管可供酒精灯或煤气灯加热用。如没有热过滤装置,也可在过滤前将短颈漏斗放在水浴上用蒸气加热后使用。

热过滤时选用的玻璃漏斗的颈部尽可能短而粗,以免过滤时溶液在漏斗颈内停留过久,晶体析出而堵塞漏斗。

2.5.3 离心分离法

如被分离的沉淀量很少或沉淀易堵塞滤纸,一般采用离心分离方法。

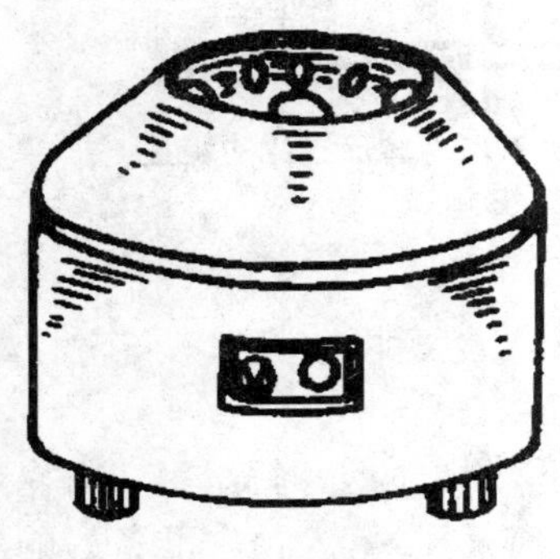

图 2.23 电动离心机

离心分离法是将待分离的沉淀和溶液装入离心试管后,置于离心机中高速旋转,利用高速旋转产生的离心力及沉淀物与溶液间存在的比重差使比重较大的沉淀集中在离心管底部,上层为清液。

实验室常用的离心机有手摇式、电动式(图 2.23)及高速电动式离心机。

电动式离心机操作过程如下:

(1) 把离心机放在水平稳定的实验台面上,用手轻摇一下离心机,看其是否放置平稳。

(2) 将待分离液装入离心管,打开离心机盖,检查塑料套管(或金属管)底部是否填衬有橡胶块,若没有可用少许棉花代替,但对称位置也要用棉花代替橡胶块。插入离心管,若是单个离心管,必须在对称位置插入用水代替分离液的离心管,以保持离心机旋转时平衡。放好离心管后,将转子体上的螺丝旋紧,盖上离心机机盖。

(3) 离心机启动前,先将变速开关放在最低挡,以后应一挡一挡慢慢地加速,绝不允许一下开到高速。

视沉淀物的性质选用适宜的转速和时间。结晶形和致密沉淀,约在每分钟 1 000 转,经 1～2 min 即可;无定形和疏松沉淀,约在每分钟 2 000 转,经 3～4 min 即可;若仍不能分离,可加热或加入适当的电解质使其加速凝聚,然后再离心分离。

(4) 离心机停止时,也应由高速一挡一挡慢慢地降速至停挡,且让它自然停转。切不可用外力强制它停止旋转,否则易损坏离心机,而且容易发生危险。

(5) 取出离心管,用左手斜握离心管,右手拿毛细滴管由上而下缓慢地吸出清液(图 2.24),当毛细管的末端接近沉淀时,操作要特别小心,以防吸入沉淀。

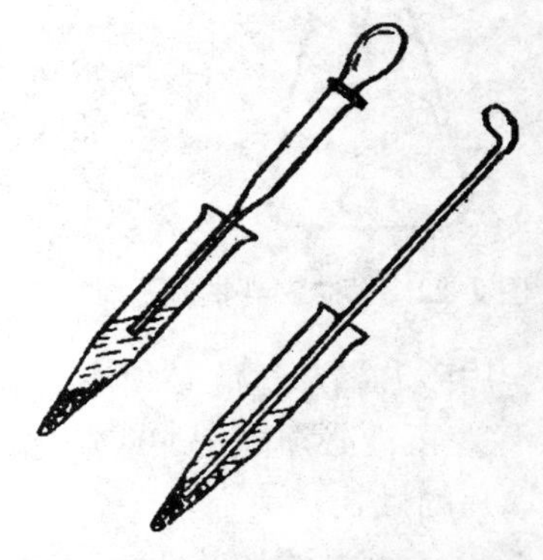

图 2.24 用毛细吸管吸出清液

沉淀和溶液分离后,一般在沉淀表面总残留一些溶液,需要经过洗涤才能得到纯净的沉淀。可在留有沉淀的离心管中加入适量蒸馏水或合适的电解质洗涤液,洗涤液的体积是沉淀体积的 2～3 倍。用玻璃棒充分搅拌后,离心分离,用毛细滴管将上层清液吸出;如此重复操作 2～3 次一般就可洗净沉淀表面的溶液了。

注意：毛细滴管的橡皮头应排除空气后再伸进溶液中吸液，不能在吸液时排气，这样会把已分离的溶液和沉淀搅混。用过的毛细管如需继续使用，应让毛细管稍低于橡皮头，且不要与桌面相碰，以防残留液进入橡皮头而污染毛细管。

2.6　蒸发和结晶

2.6.1　蒸发浓缩

当溶液较稀且溶质的溶解度较大时，常采用蒸发浓缩的方法结晶。蒸发浓缩一般是在蒸发皿中进行的。由于蒸发皿呈弧形，上口大、底小，所以蒸发面积大，蒸发速度快。蒸发皿不但可用水浴、蒸气浴加热，还可以直接用火焰加热，选用何种加热方法主要根据无机物的热稳定性来决定。

加入蒸发皿的溶液不宜超过其容积的2/3，若用火焰直接加热须注意蒸发皿底部不能潮湿，否则易烧裂，若底部潮湿可先用小火烤干。当蒸发至近沸时，应不断搅拌，且应调小火焰或暂时移开火源，以防暴沸。

至于浓缩到什么程度需视溶质的溶解度与结晶要求大小而定。如物质的溶解度较大，可浓缩到表面出现晶膜时停止；如溶解度较小或高温溶解度大而室温溶解度小，可浓缩一定程度，如吹气有晶膜出现或再稀一些即可，不必一定要到晶膜出现才停止。若要求快些结晶、晶体颗粒小一些，可浓缩至溶液浓一些。

2.6.2　重结晶

重结晶是提纯固体物质的重要手段之一，特别是与易溶性物质分离的重要手段。将待提纯的物质溶于适当的溶剂中，除去杂质离子、滤去不溶物后，蒸发浓缩，析出晶体。一般重结晶次数愈多，晶体纯度愈高，但得率也愈低。

在重结晶过程中，析出晶体的颗粒大小除了与在蒸发浓缩中讨论的因素有关外，还与结晶条件有关。当溶质的溶解度较大，溶液的浓度较高，冷却较快，且不断搅拌，摩擦器壁，则析出晶体快而小。若溶液浓度不高，自然冷却或温水浴逐步冷却，投入晶种（即纯溶质的小晶体）引种，静置，则析出晶体慢而大。

晶体的纯度与颗粒大小及均匀性有关。颗粒较大且均匀的晶体，挟带母液较少，比表面积小，易于洗涤，纯度较高。晶体太小且大小不均匀时，易形成糊状物，挟带母液较多，比表面积大不易洗涤，纯度较差。如果结晶很大，纯度也高，但残存母液较多，得率小，损失大，除特殊需要外，一般结晶颗粒不宜太大。

残存母液可继续浓缩再结晶，但此时由于易溶杂质离子浓度也增大，结晶时发生携带现象，晶体纯度较差一些。

2.7 其 他

2.7.1 干燥器的使用

干燥器(图2.25)的下部装有干燥剂,如变色硅胶、无水氯化钙、浓硫酸等,一般固体干燥剂直接放在下部,液体干燥剂放在烧杯内,上下部之间有一块带孔的圆形瓷板,以盛放容器。干燥器的口上和盖子下面都带有磨口,使用时,在磨口上涂一层薄薄的凡士林,使盖子密封,防止外界水汽进入干燥器内。干燥器长期没打开,有时凡士林会粘住,打不开盖子,可用吹风机吹热风烘热(注意吹风机不能靠在干燥器盖上吹,否则会发生破裂),再打开就容易了。

灼烧后的高温物体,须稍冷却后再放入干燥器内瓷板上,但无须冷至室温。

干燥器长期不用存放时,要用有机溶剂将磨口上的凡士林擦干净后保存。

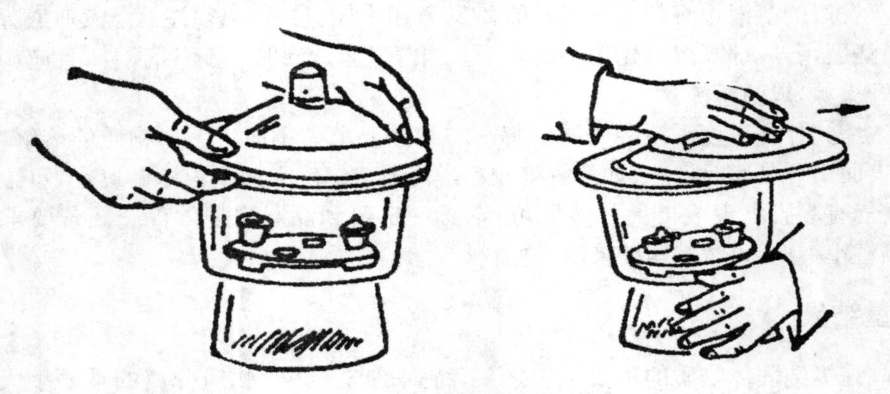

图2.25 干燥器的搬移和开启

2.7.2 点滴板的使用

点滴板分白色和黑色两种,均是上釉的瓷板,板上有若干个凹槽。

利用点滴板上凹槽做点滴反应,若观察反应过程中的颜色变化或有色沉淀用白色点滴板,观察白色沉淀用黑色点滴板,这样有利于观察和判断。

使用点滴板时,必须洗净,吹干或烘干,以免点滴反应进行时稀释溶液,影响灵敏度。

2.7.3 pH试纸及其他试纸的使用方法

1. pH试纸

pH试纸是检验溶液pH的一种试纸。一般分成两类:一类是广泛pH试纸,有pH=1~10、1~12、1~14等三种变色范围,是一种粗略检测溶液pH值的试;另一类是精密pH试纸,有pH=2.7~4.7、3.8~5.4、5.4~7.0、6.9~8.4、8.2~10.0、9.5~13.0等七种变色范围,检测的精度比广泛 pH 试纸高。

pH 试纸使用时要注意节约,应先剪成小块。将一小块试纸放在点滴板上,用玻璃棒伸入待测溶液中,在器壁上靠一下,将沾有待测溶液的玻璃棒点在试纸中部,试纸即被待测液润湿而变色,与标准色阶板比较,测出 pH 值或 pH 值范围。不要将待测溶液滴在试纸上,更不要将试纸浸在溶液中,否则会影响判断。

没用完的试纸应保存在密闭的容器中,以免被实验室内的一些气体污染。

2. 碘化钾-淀粉试纸

碘化钾-淀粉试纸是一种定性检验氧化性气体(如 Cl_2、O_3、Br_2 等)的简易方法。

试纸的制备方法:称取 3 g 淀粉用少量水润湿后,取 250 mL 沸水倒入淀粉杯中搅匀,冷却后,加 1 g KI 和 1 g Na_2CO_3,用水稀至 500 mL,搅匀。将滤纸浸湿于此液中,取出晾干,剪成合适的纸条保存在棕色试剂瓶中。注意:滤纸从溶液中取出后不要在阳光下晒干,以防 I^- 在光照下分解或被氧化成 I_2 使试纸变蓝。使用时,只需将试纸润湿后粘在干净的玻璃棒上,接触氧化性气体,如氯气,气体溶于水中与 KI 发生反应

$$2I^- + Cl_2 = 2Cl^- + I_2$$

I_2 遇到淀粉生成一种蓝色的复合物,使试纸由白色变为蓝色,即可判断有氧化性气体存在(有时呈蓝紫色)。

若氧化性很强的气体,且浓度较大,有可能将 I_2 继续氧化成 IO_3^-,而使试纸褪色,不要误认为没有变色,而得出错误结论,在使用时要仔细观察分析。

3. 醋酸铅试纸

醋酸铅试纸是一种检验 H_2S 气体的试纸。当湿润的试纸与 H_2S 气体接触时,发生反应

$$Pb(Ac)_2 + H_2S = PbS\downarrow + 2HAc$$

使试纸变黑且有金属光泽。

试纸的制备方法如下:将滤纸浸入 3%醋酸铅溶液中润湿取出,在没有 H_2S 气体的房间中晾干,剪成合适的纸条,保存在密封瓶中即可。

除了上述三种试纸,也有人利用有关化学反应制备特种试纸,检测一氧化碳、汞蒸气等。试纸除了做定性实验用以外,也在做定量分析实验中使用。

第3章　无机化学实验数据处理

3.1　无机化学实验中量的测定

无机化学实验是定量地研究因果关系、定律和原理的一门实验科学。在实验内容安排上涉及许多量的测定，如常数的测定、物质组成分析、溶液浓度的分析等。无机化学实验中安排一些量的测定，一方面让学生了解实验方法和化学量在化学发展中的作用，巩固和运用有关原理；另一方面训练一些基本操作，学会处理实验数据。测量与计算结果的准确性以及实验数据的处理，都会遇到误差和有效数字等有关问题。所以，正确理解误差及有效数字的概念，对掌握分析和处理实验数据是十分必要的。下面仅就有关问题介绍一些基础知识。

无机化学实验中要测量的量是多种多样的，例如样品质量、溶液体积、溶液浓度、实验温度以及物质吸光度等。相应地测定各种量方法也是多种多样的，但从测量的方式来讲，可分为直接测量法和间接测量法两类。

3.1.1　直接测量法

直接测量法可以分为直接读数法和比较法两种。当被测的量直接由测量仪器的读数决定，仪器的刻度就是被测量的尺度时，这种方法称为直接读数法，如用温度计测温度，用秒表记时，用酸度计测量溶液的 pH 等。当被测的量通过与这个量的度量比较才能决定时，这种方法叫做比较法，例如，用天平称量样品质量，用 U 形压差计测量系统压力等。

3.1.2　间接测量法

许多被测的量不能直接与标准的单位尺度进行比较，而要根据其他量的测量结果，通过应用一些原理、关系式，才能推算出来，这种测量就是间接测量法。例如醋酸电离常数的测定、活化能的测定、络离子稳定常数的测定等。

在上述测量方法中，直接读数法最为简单，但绝大多数测量问题都是通过间接手段加以解决。一个量究竟需要用直接法还是间接法测定，有时取决于实验过程中选用的仪器。例如，盐酸溶液的 pH 值测量，通过标准氢氧化钠溶液滴定就是间接测量法，但是用酸度计来测是直接测量法。

在量的测量过程中，被测的量有的不变，有的却在不断地变化着。这样，测量又分为静态测量和动态测量。例如，测定平衡体系的平衡常数（电离常数、溶度积等）时，在确定温度下的给定体系中测定各组分平衡浓度，它是不变的。但是在化学动力学实验中，对反应速度有影响的物质的浓度就是一个不断变化的量，若要跟踪该物质浓度的变化就是一个动态测量。

不管测量问题是直接测量还是间接测量，是属于动态法还是静态法，在测定某一量时，往往要求实验结果具有一定的准确度，否则，将导致错误的结论。由于分析方法、测量仪器、所用的试样和分析工作者主观条件等方面的限制，所得结果不可能绝对准确，总伴有一定的误差。例如，天平砝码和量器刻度精密度的限制，滴定管读数偏高或偏低，实验者对某种颜色的变化辨别不够敏锐等造成的误差。为了理想地解决这一问题，除选择科学精确的实验方案外，数据的处理也是一个十分重要的问题。

3.2 测量中的误差

在任何一种量测量中，无论所用测量仪器多么精密，测量方法多么完善，测量进行得多么精细，测量结果总是不可避免地带有误差，测量中的误差按其来源和性质可分为：系统误差、偶然误差和过失误差。下面仅简要介绍测量中出现的各种误差的来源、性质以及减少这些误差的方法。

1. 系统误差

系统误差的产生一般与测量仪器本身的不准确、测量方法的不完善以及环境条件等因素有关。在同一量的多次测量中，系统误差的绝对值和符号总保持恒定，或者在观测条件改变时，它按某一确定的规律变化。实验条件一经确定，系统误差就是一个客观的恒定值，采用多次测量的平均值不能减弱它对结果准确的影响。系统误差按其来源又可分述如下：

(1) 仪器误差

仪器误差是由于仪器、装置本身的精密度有限而产生的误差。仪器结构的不合理性，仪器、装置未调试到理想状态（如不垂直、不水平、定位不准，其中最常见的是零位没有调整好），这些因素都会引起误差。另外，仪器长期使用而发生磨损、装配状况变更等也必然产生误差。

虽然仪器设备不可能尽善尽美，但只要深入地研究仪器设备，不断地改进其设计与制造方法，细心地使用它，精心地维护它，适当地对它进行必要的调整，经常地加以校准，并在测量中引入相应的修正值，是可以使仪器误差尽可能地减小的。

另外，无机化学实验中，标准样品不纯、药品的纯度及标准溶液浓度不符合标称值等等引起的误差，其性质与仪器误差是类似的。

(2) 环境误差

实际的环境因素与实验要求的环境因素不相一致，或者是仪器使用时理想的环境因素（如温度、湿度、气压、震动、电流及电压波动等等）与校准时实际存在的因素不一致，这些情况下引起的误差，都属于环境误差。

(3) 人员误差

测量者个人的习惯和偏向引起的误差，称为人员误差。例如，测量者的读数偏高或偏低，计时秒表超前或推后，基本操作不够规范等。这类误差如果不是受特殊生理条件限制外，只要加强技术训练，是可以在一定程度上予以克服的。

(4) 方法误差

实验原理过于理想化，或者所用公式不够严格，以及公式中系数的近似值的取法不够合理等等，都会产生方法误差。

当系统误差没有被实验者察觉时是危险的，因此每个实验者在进行测量之前，都应探讨一下可能产生系统误差的所有原因，并设法消除它或者估计出它的大小。

2. 偶然误差

偶然误差是指在实际相同条件下多次测量同一量时，绝对值和符号都以不可预料的方式变化着的误差。这种误差是由实验过程中一系列随机性因素引起的。所谓随机性因素是指实验者不能严格控制的因素，例如外界条件(温度、湿度、振动、气压等)的随机扰动(瞬间微小变化)、测量者心理和生理状态的变化以及仪器的结构并不严格稳定等等。正因为这样，偶然误差在测量时是不可能消除或估计出来的。但是偶然误差对测量结果的影响通常遵守统计和概率理论，因此能用数理统计与概率论来处理。实践经验和概率论都证明了在实际相同条件下多次测量同一量时，偶然误差从多次测量整体来看，具有下列特点：

(1) 对称性

绝对值相等的正误差和负误差出现的概率大致相等。

(2) 单峰性

绝对值小的误差出现的机会比较多，而绝对值大的误差出现的概率比较少。

(3) 有界性

在一定测量条件下的有限次测量中，误差的绝对值不会超过某一界限。

(4) 抵偿性

在相同条件下对同一量进行多次测量时，随着测量次数 n 的增加，偶然误差(正误差和负误差)的代数和(即算术平均值)逐渐减小，并逐渐趋于零。抵偿性实际上是对称性的必然结果。不过，抵偿性仍可看作偶然误差最本质的统计特性，即凡具有抵偿性的误差原则上都可以按偶然误差处理。

由以上可见，在实验时可以通过增加测量次数和采用求算术平均值的方法来减小偶然误差。当然，还可以用改善实验条件等方法来减少偶然因素的影响。

3. 过失误差

过失误差是一种与事实显然不符的误差，它主要是由测量者的过失或错误引起的。确切地说，所谓的过失误差完全不是误差，而是错误。含有过失误差的测量值称为反常值，反常值是不可取的，应从结果中将它剔除。过失误差无规律可循，但只要工作仔细，加强责任心，是可以避免的。

3.3　测量中的误差处理方法

3.3.1　误差

绝对误差是指实验测定值与真值的差

$$E = x - \mu$$

相对误差有时用百分数来表示，称为百分误差

$$E_r = \frac{x - \mu}{\mu} \times 100$$

式中，E 为绝对误差，E_r 为相对误差，x 为测定值，μ 为真值。

一般来说，真值是未知的，但是在某些情况下，可以认为真值是已知的。例如一些通过纯物质或者基准物按照化学式理论计算得到的理论真值、一些相对原子质量和相对分子量等国际计量大会公认的计量学约定真值、通过标样局提供的样品获得的相对真值等等。实际上，各级计量机构都建立有基准器或标准器，当高一级的标准器的误差与低一级的标准器或普通仪器误差相比，为其 1/3 以下时，可以认为前者是后者的相对真值，由此推广下去，如果仪器 A 的精密度比仪器 B 高 3 倍以上，则可以认为仪器 A 比仪器 B 绝对准确。

3.3.2　偏差

除了理论真值、计量学约定真值和相对真值外，在实际中，有时用多次测量的算术平均值来代替真值

$$\overline{x} = \frac{x_1 + x_2 + x_3 + \cdots + x_n}{n}$$

绝对偏差是指某次测量值和算术平均值之差

$$d_i = x_i - \overline{x}$$

相对偏差有时用百分数来表示，称为百分偏差

$$d_{r_i} = \frac{d_i}{x} \times 100$$

式中，n 为测量次数，d_i 为第 i 个测量值的绝对偏差，d_{r_i} 为相对偏差。这里需要指出，误差与偏差具有不同的含义，但在实际工作中有时不严格区分误差和偏差，习惯上两者混用而不加区别。此时百分偏差实际使用中常称为百分误差。

d_i 值可正可负，对于整组测量来说，一组 d_i 一定显得很零乱，不能使人一目了然，为此引入绝对平均偏差和相对平均偏差的概念

$$\overline{d} = \frac{1}{n}\sum_{i=1}^{n} |x_i - \overline{x}|$$

$$\overline{d}_r = \frac{\overline{d}}{\overline{x}} \times 100$$

式中，$(x_i - \bar{x})$均取绝对值，否则会发生这样一种情况，即实验做得不好时，各次测量的偏差虽然很大，但由于正负偏差出现的概率相等，如果 n 很大，最后平均偏差可以接近或等于零，这显然不能反映出测量好坏的真实情况。有了绝对平均偏差就能较好地反映测量的好坏。

3.3.3 标准偏差

测量数据的波动情况也是衡量数据好坏的重要标志，这一问题在用数理统计方法处理数据中，常用 n 次测定结果的标准偏差(s)来表达，其计算式为

$$s = \sqrt{\frac{1}{n}\sum_{i=1}^{n}(x_i - \bar{x})^2}$$

用标准偏差比用平均偏差好，因为将每次测量的绝对偏差平方之后，较大的绝对偏差能更显著地反映出来，这样便能更好地说明数据的分散程度。

3.3.4 准确度和精密度

无机化学实验的定量分析测定中，对实验结果有一定的要求，通过准确度和精密度来衡量。准确度的高低常用误差来表示。准确度是指测定值与真实值之间的偏离程度，通常是用绝对误差和相对误差来表示。误差越小，表明测定值与真实值越接近，准确度越高。精密度表示各次测定结果互相接近的程度，通常是用偏差来衡量的。如果几次实验测定值彼此比较接近，就说明测定结果的精密度高；如果实验测定值彼此相差很多，则测定结果的精密度就很低。精密度低的准确度不可信。因为数据波动大，说明在每次测定过程中，引起误差的因素在起变化。所以，这样的准确度再好也使人难以置信的。显然，精密度是保证准确度的先决条件。但是，精密度高不一定准确度高，精密度与准确度是两个不同的概念，是实验结果好坏的主要标志。

例如实验 17 醋酸电离常数的测定实验中，甲、乙、丙三人同时用标准的 NaOH 溶液滴定 HAc 的浓度(相对真值为 $0.2125\ mol \cdot L^{-1}$)，测定 3 次，结果为

甲	0.2150	0.2146	0.2148
乙	0.2124	0.2154	0.2172
丙	0.2128	0.2125	0.2128
平均值	0.2148	0.2150	0.2127
真实值	0.2125	0.2125	0.2125
差 值	0.0023	0.0025	0.0002

甲的分析结果精密度高，但准确度较低，平均值与准确值相差太大；乙的分析结果精密度低，准确度也低；丙的分析结果准确度和精密度都比较高。可见，精密度高准确度不一定高，而准确度高精密度一定高。精密度是保证准确度的先决条件，因为精密度低时，测得的几个数据彼此相差很多，根本不可信，也就谈不上准确度了。所以，进行实验时，一定要严格控制条件，认真仔细地操作，以得出精密度高的数据。

3.4　提高实验准确度的方法

虽然误差在实验中总是客观存在的，但必须设法尽量减小它或估计它的大小。下面仅简单介绍一下在无机化学实验中常用的减少误差的方法。

3.4.1　选择合适的测定方法

各种测定方法的相对误差和灵敏度是不同的。有的方法相对误差小而灵敏度低，有的方法则相对误差大但灵敏度高。灵敏度是指实验仪器或实验方法能得到的量度下限。例如测定物质含量的实验方法很多，有重量法、滴定法、色阶比色法、分光光度法等。重量法的相对误差小灵敏度低，相对误差一般是千分之几，实验中能获得比较准确的结果；而色阶比色法的相对误差大灵敏度高，对于成分含量甚微，根本达不到质量法的灵敏度要求的实验，就应该选择色阶比色法。例如实验5工业硫酸铜的提纯及Fe的限量分析，提纯后的硫酸铜中的铁的含量很少，此时色阶比色法的高灵敏度，适合实验5中铁的限量分析，虽然实验结果的误差很大。

3.4.2　减小测量误差

无机化学实验测量主要有天平称重、容量仪器量取和仪器测定等。为了保证实验结果的准确，必须尽量减小测量误差。

称重时，一般分析天平的称量误差为0.000 2 g，为了使测量时的相对误差在0.1%以下，试样质量就不能太小，试样重必须在0.2 g以上。也就是说用分析天平称量0.2 g以下的样品是不能够保证称量误差的。

在使用容量仪器的实验中，例如实验27三草酸合铁(Ⅲ)酸钾的制备及成分分析，在实验的过程中涉及滴定分析，滴定管读数常有±0.01 mL的误差，在一次滴定中，需要读数两次。这样，最大可能造成±0.02 mL的误差。所以，为了使测量时的相对误差小于0.1%，消耗滴定剂的体积必须在20 mL以上，经常是要在30 mL左右。

应该指出，不同的实验要求不同的准确度，所以应根据具体要求，控制各测量步骤的误差，使之适应不同的要求。比如上面实验5提到的色阶比色法测铁的含量，方法的相对误差为2%，称取试样的质量0.5 g，则试样的称量误差不大于0.01 g就可以了，此时没有必要强调用分析天平称准至±0.000 1 g，否则说明对相对误差的概念没有真正地掌握。

3.4.3　减小误差的方法

检验系统误差的有效方法是做对照试验。进行对照试验时，常用已知结果的试祥与被测试样一起进行对照试验或用其他可靠的分析方法进行对照试验，也可由不同人员、不同单位进行对照试验。减小系统误差的常用方法是空白试验。所谓空白试验，就是在不加试样的情况下，进行与测定试样相同的操作步骤和条件实验，实验所得结果称为空白值。从试样分析结果中扣除空白值就得到比较可靠的分析结果。

对于仪器不准引起的系统误差，可以通过校准仪器来减小其影响。例如砝码、滴定管和移液管等，在精确测量中必须事先校准，并在计算结果时采用校正值。

由于某些偶然的因素，如测定时环境的温度、湿度和气压的微小波动和仪器性能的微小变化等所引起的误差，其影响时大时小，时正时负。偶然误差难以察觉，但有规律可循。大小相等的正负误差出现的概率相等。小误差出现的概率多，大误差出现的概率少，特别大的误差出现的概率非常非常小。通常在同一系统误差很小的前提下，正确地增加平行测定的次数，次数越多，其平均值越接近真值，从而达到减小偶然误差的目的。但是在无机化学实验中一般须平行测定 2～4 次就完全可以达到准确的要求，过多地增加测定次数将耗时太多，造成各方面的浪费。

此外，有时还可能有由于实验者的粗心大意或不按操作规程操作所造成的误差。例如，滴定时，滴定管活塞松动，溶液溅失，加错试剂，读数、记录和计算错误等等，这些都是不应有的过失。只要在操作中认真细心，严格遵守操作规程，这些错误都是可以避免的。在实验数据分析工作中出现较大误差时，应查明原因，如是由过失所引起的错误，则应将该次测定结果弃去不用。

3.5 有效数字及计算规则

3.5.1 有效数字概念

有效数字在无机化学实验中的应用主要体现在测量记录，包括称量质量、量取体积和仪器读数等。测量记录要求能如实地反映出误差的大小，同时在实验报告中实验数据的分析处理也要用到有效数字。

实验中使用的仪器所标出刻度的精确程度总是有限的，在记录实验数据的时候要在最小刻度之间估读一位，估读的数字是不准确的，通常把只保留最后一位不准确数字，而其余数字均为准确数字的这种数字称为有效数字。有效数字是实际上能测出来的数字。例如在练习称量 0.3 g 左右的石英砂中，使用台秤粗称石英砂质量时，台秤的最小刻度为 1 g，在两刻度间可再估计一位，所以，实际测量读数能读至 0.1 g，读数为 0.3 g。使用分析天平精称石英砂的质量时，分析天平的最小刻度为 0.001 g，再估计一位，刻可读至 0.000 1 g，如 0.322 4 g。数据 0.3 g 和 0.322 4 g 的最后一位是估计出来的，是分别使用台秤和分析天平记录得到的有效数字。

表 3.1 是无机化学实验常用仪器精确度表格。有效数字还表示测量误差，在记录测量数据时，不能随意编写，不然就会夸大或缩小准确度。

表3.1　无机化学实验常用仪器精确度

仪器名称	仪器精确度	数据示例	有效位数
分析天平	0.000 1 g	0.322 4 g	4
台秤(200 g)	0.1g	0.3	1
分光光度计(721型)	0.1%(T)	60.5	3
酸度计(PHSJ－3F型)	0.01	9.18	2
量筒(10 mL)	0.1 mL	8.3	2
滴定管	0.01 mL	8.32	3
移液管	0.01 mL	10.00	4
容量瓶	0.01 mL	100.00	5

记录实验数据应保留几位数字是一件很重要的事，对原始数据的要求有：

(1) 原始数据要及时记录在报告本上，同时注意有效位数要和使用的仪器或方法一致。

(2) 原始数据不能用铅笔记录。

(3) 原始数据的涂改需要实验指导教师签字。

(4) 原始数据要完整保留，附在实验报告上。

在没有搞清有效数字意义之前，有些人可能认为小数点后的位数愈多精密度愈高。其实两者之间并无联系，小数点的位置只与单位有关，例如0.322 4 g也可写为322.4 mg，两者的精密度完全相同，都是四位有效数字。对于有效数字的确定，还有以下几点需要指出：

(1) 首位数字＞8的数据运算时，其有效数字的位数可多算1位，如9.28可看成4位有效数字。

(2) 常数、系数等有效数字的位数没有限制。

(3) 0在数字中是否是有效数字，与0在数字中的位置有关。0在数字后或在数字中间，都表示一定的数值，都是有效数字；0在数字之前，只表示小数点的位置(仅起定位作用)。如3.000 5是5位有效数字，25 000也是5位有效数字，而0.000 25是2位有效数字。

(4) 对于很大或很小的数字，如2 500 000或0.000 002 5，用指数表示法更简便，分别写成2.5×10^{5}和2.5×10^{-5}。另外，还应该注意，像2 500 000这样的数字，有效数字不好确定，这时只能按照实际测量的精密程度来确定，如上面2.5×10^{5}的写法是两位有效数字，三位有效数字写成2.50×10^{5}，四位有效数字写成2.500×10^{5}，五位有效数字写成$2.500\,0\times10^{5}$，其中10不是有效数字。

3.5.2　有效数字的运算规则

有效数字的运算规则有以下几点：

1. 最后一位不确定的原则

有效数字的运算结果要求和记录一样，要求计算结果所得的数值只保留1位可疑数字。

2. 数字修约规则

在同一次实验中测得的各数据可能有效数字的位数不同，在处理时需按运算规则确定各测得值的有效数字位数，并将有些测得位数多余的数字舍去。舍弃多余数字的过程称为数字修约，它所遵循的规则称为数字修约规则。现在通用的是按照中国国家科学委员会正式颁布的《数字修约规则》进行修约。当有效数字的位数确定之后，其数字修约规则之一是：四舍六入五成双，即有效数字后面第一位数字为5，而5之后的数不全为0，则在5的前一位数字上增加1；若5之后的数字全为0，而5的前一位数字又是奇数，则在5的前一位数字上增加1；若5之后的数字全为0，而5的前一位数字又是偶数，则舍去不计。

3．加减法运算规则

在计算几个数字相加或相减时，所得和或差的有效数字的位数，应以小数点后位数最少的数为准。如将20.12、0.368及3.2三数相加，简单相加的结果为23.688。根据有效数字的意义，数字3.2的最后一位是不准确数字，再根据“四舍六入五成双”的修约规则，最终得到的结果为23.7。再多保留几位已无意义，也不符合有效数字只有最后1位不确定的原则。

4．乘除法运算规则

进行乘除法运算时，所得积或商有效数字的位数则与各数中有效数字位数最少的数据相关，而与小数点后的位数无关。例如：$2.581\times3.3\div0.331=25.732$，应取26。在进行加减乘除运算的时候，也可以只以有效数字位数最少的数为准，先修约再运算，运算过程中，各数据可以暂时多保留1位有效数字，而最后结果应取运算规则所允许的位数。在运算中，特别是乘除运算中，常会遇到第一位有效数字为8或9的数据，可将其有效数字的位数多算1位，如8.87，0.923等，通常将它们当作4位有效数字来处理。

5．乘方、开方运算规则

乘方、开方运算中，有效数字位数与其底数相同。

6．对数运算规则

无机化学实验中还经常遇到的pH、lg K（配合物稳定常数等）等对数数值，在对数运算中这些数据有效数字的位数仅取决于小数部分的数字位数，因为整数部分是说明对应数据的方次，比如pH=3.25的有效数字有2位。

3.6 数据处理方法

数据处理是指从获得原始实验数据到对实验数据结果进行加工的过程，包括记录、整理、计算、分析等处理方法。正确处理实验数据是实验能力的基本训练之一。无机化学实验的数据处理方法比较简单，根据不同的实验内容、不同的要求，可采用不同的数据处理方法。常用的主要是列表法和作图法。

3.6.1 列表法

获得数据后的第一项工作就是记录，欲使测量数据结果一目了然，避免混乱，避免丢失，便于查对和比较，常使用列表法。制作一份适当的表格，把数据名称和测量的数据一一对应地排列在表中，就是列表法。

1. 列表法的优点

(1) 能够简单地反映出相关量之间的对应关系，清楚明了地显示出测量数值的变化情况。

(2) 能较容易地从排列的数据中发现个别有错误的数据。

(3) 为进一步用其他方法处理数据创造了有利条件。

2. 列表规则

(1) 表格的制作，力求合理。手写制表，还要求工整，用直尺画线。

(2) 对应关系清楚简洁，行列整齐，一目了然。

(3) 表中所列的数据应为纯数，因此表的栏头用数据名称的量符号除以单位的符号，例如：m/g、V/cm^3等，其中量的符号用斜体字，单位的符号用正体字。为避免正斜体混乱，有时量用汉字表示，例如：质量/g、浓度/($mol \cdot L^{-1}$)。

(4) 列表法还可用于数据计算，此时应预留相应的格位，必要时写出计算公式。

(5) 表格中还应提供必要的说明和参数，包括表格名称、主要测量仪器的规格，比如型号、量程、准确度级别或最大允许误差等；有关的环境参数，如温度、湿度等；引用的常量和物理量等。列表法示例如表3.2所示，内容为实验4硫代硫酸钠的制备中的数据表格。

表3.2　硫代硫酸钠的制备

硫粉质量 m(S)/g	
亚硫酸钠质量 $m(Na_2SO_3)$/g	
反应时间 t/min	
蒸发浓缩后体积 V/cm^3	
干燥硫代硫酸钠质量 $m(NaS_2O_3 \cdot 5H_2O)$/g	
产率/%	

列表法是最基本的数据处理方法，一个好的数据处理表格，往往就是一份简明的实验报告，因此，在表格设计上要舍得下工夫，一般要在实验预习中完成。

3.6.2　作图法

在研究两个量之间的关系时，把测得的一系列相互对应的数据及变化的情况用曲线表示出来，这就是作图法。

1. 作图法的优点

(1) 能够形象、直观、简便地显示出量的相互关系以及关系曲线的极值、拐点、突变等特征。

(2) 具有取平均的效果。因为每个数据都存在测量不确定度，所以曲线不可能通过每一个测量点。但对于曲线，测量点可以靠近和匀称分布于曲线两侧，故曲线具有多次测量取平均的效果。

(3) 有助于发现测量中的个别错误数据。虽然曲线不可能通过所有的数据点，但不在曲线上的点都应靠近曲线才合理。如果某一个点离曲线明显地远了，说明这个数据错了，要分析产生错误的原因，必要时可重新测量或剔除该测量点的数据。

(4) 作图法是一种基本的数据处理方法，不仅可以用于分析量之间的关系，求经验公式，还可以求量的值。但因受图纸大小的限制，一般只有 3～4 位有效数字，且连线具有较大的主观性。所以用作图法求值时，一般不再计算不确定度。

在实验报告中，实验结果用一条正确的曲线往往胜过百个文字的描述，它能使实验中各量间的关系一目了然，所以只要有可能，实验结果就要用曲线表达出来。

2. 作图规则

(1) 列表。按列表规则，将作图的有关数据列成完整的表格，注意名称、符号及有效数字的规范使用。

(2) 选择坐标纸。作图必须用坐标纸。根据量的函数关系选择合适的坐标纸，最常用的是直角坐标纸，此外还有对数坐标纸、半对数坐标纸、极坐标纸等。坐标纸的大小要根据测量数据的有效位数和实验结果的要求来决定，原则是以不损失实验数据的有效数字和能包括全部实验点作为最低要求，即坐标纸的最小分格与实验数据的最后一位准确数字相当。在某些情况下例如数据的有效位数太少使得图形太小，还要适当放大以便于观察，同时也有利于避免由于作图而引入附加的误差；若有效数字位数多，又不宜把坐标轴取得过长，则应适当牺牲有效位数，以求纵横比适度。

(3) 标出名称和标度。通常的横轴代表自变量，纵轴代表因变量，在坐标轴上表明所代表量的名称和单位，标注方法与表的栏头标注方法相同，即量的符号除以单位的符号，也可以用汉字。横轴和纵轴的标度比例可以不同，其交点的标度值不一定是零。选择原点的标度值来调整图形的位置，使曲线不偏于坐标的一边或一角；选择适当的分度比例来调整图形的大小，使图形充满坐标纸。分度比例要便于换算和描点，例如，不要用 4 个格代表 1 个单位或用 1 格代表 3 个单位。间隔不要太稀或太密，以便于读数，一般取 1、2、5、10 等标度值按整数等间距，标在坐标纸上。

(4) 描点和连线。根据测量数据，用削尖的铅笔在坐标图纸上用“+”或“×”标出各测量点，使各测量数据坐落在+或×的交叉点上。同一图上的不同曲线应当用不同的符号，如×、+、⊙、△、□等。

用透明的直尺或曲线板把数据点连成直线或光滑曲线。连线应反映出两量关系的变化趋势，而不应强求通过每一个数据点，但应使在曲线两旁的点有较匀称的分布，使曲线有取平均的作用。

(5) 图名与标注。在图上空旷位置处，写出完整的图名、绘制人姓名及绘制日期。

此外，随着计算机的普遍应用，列表和作图也可以通过一些常用的数据处理软件来完成。如 Excel 软件，电子表格 Excel 具有强大的绘制表格功能和数据计算功能，并且具有绘制图表和简单数据库的功能。另一款常用的数据处理软件是 Origin 软件，Origin 是在 Windows 平台下用于数学分析和工程绘图的软件，功能强大，应用很广。电子表格 Excel 和 Origin 软件简单易学，不需要学习计算机语言和编程，无机化学实验的大部分实验数据都可以使用 Excel 软件和 Origin 软件进行处理。

3.7 实验预习与实验记录

无机化学实验要求每个学生必须准备一本实验记录本，并对记录本进行页码编号，不能用活页本或者零星的纸张代替。实验记录本不准用铅笔书写记录，不准撕下记录本的任何一页。如果写错了，可以用笔勾掉，但是不准涂抹或用橡皮擦掉。文字要简练明确，字迹要工整清楚。写好实验记录本是从事科学实验的一项重要的基本训练。

在实验记录本上做预习笔记、实验记录和总结讨论。实验完成后将实验记录本和产物（合成实验）交给老师评阅，不必另外抄写实验报告。

3.7.1 预习笔记

实验前做好充分的准备工作是十分重要的。在做一个实验之前学生必须仔细阅读相关教材（实验原理、实验步骤和用到的实验技术），查阅相关的手册和参考书。要做到：弄懂这次实验要做什么，怎么做，为什么这样做，不这样做行不行，还有没有其他的什么方法。对于要用到的仪器，要清楚仪器的名称、原理、用途和正确的操作方法，可否用其他的仪器代替。对于用到的药品以及产物（合成实验），要了解这些化学药品的基本物理性质和化学性质，特别是和本次实验相关的物理性质和化学性质。在实验记录本上写好预习笔记。预习笔记的内容大致如下：

(1) 实验目的。

(2) 实验原理（合成实验中涉及的化学反应方程式，验证实验中的重要原理公式）。

(3) 实验中涉及的化学药品和产物的物理常数。

(4) 药品用量（克、毫升、摩尔），计算过量试剂的过量百分数，计算理论产量。

(5) 用图表形式表示整个实验步骤的流程。

3.7.2 实验记录

在实验过程中，实验者必须养成一边进行实验一边直接在记录本上做记录的习惯，不许事后凭记忆补写，或者以零星的纸条暂记再转抄。记录的内容包括实验的全过程，如加入的药品的数量，仪器装置的调试使用，每一步操作的时间、内容和所观察到的现象（包括温度、颜色、体积或质量的数据等）。记录要实事求是，准确反映真实的情况。

第 4 章　常用实验仪器的使用方法

4.1　电 子 天 平

1. 基本原理

电子天平是最新发展的一种称量仪器，实验室常用的电子天平外观结构示意图如图 4.1 所示。一般电子天平都装有小电脑，具有数字显示、自动调零、自动校正、扣除皮重、输出打印等功能，有些产品还具备数据贮存与处理功能。近年来，我国已经生产了多种型号的电子天平，有顶部承载式（吊挂单盘）和底部承载式（上皿式）两种结构。

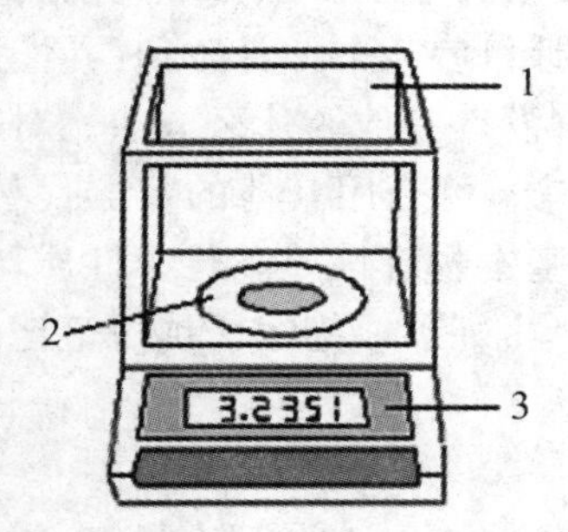

图 4.1　电子天平结构示意图

1. 防尘罩；2. 称量盘；3. 显示屏

根据中心组件传感器的原理不同，电子天平分为应变片式和电磁力式两大类。电磁力式是基于电磁学原理制造的，在图 4.2 中，通电线圈 5 在永磁铁 6 的磁场中做切割磁力线运动，将产生电磁力。位置传感器 7 采集由称盘 1 上放重物而引起的杠杆 4 的位置变化数据，将其转化成电信号，并经伺服放大器 8，加在线圈 5 上，因此产生的电磁力必与被称物体的重力相平衡。线圈 5 中的电流强度与精密电阻 9 的电流强度相等。因此电阻 9 上的电压值与被称物体的质量有确定的对应关系。采集该电压信号并经模/数转换和微处理器处理即可在显示器上显示出秤盘上被称物体的质量。

2. 操作过程

电子天平操作简单，称量速度很快。图 4.3 是电子天平的前面板示意图，赛多利斯 CPA224S 电子天平的称量程序如下：

(1) 打开电源，预热 30 min，待天平显示屏出现稳定的 0.000 0 g 即可进行称量。

(2) 打开天平门，将样品瓶或者称量纸放入天平的称量盘中，关上天平门，待读数稳定后记录显示的数据。如需进行“去皮”称量，则按下“TARE”键，使其显示读数为稳定的 0.000 0 g。

(3) 按相应的称量方法进行称量，当显示器出现稳定标记的质量单位“g”或其他选定的单位时，读出质量数值，并记下相应的单位。

(4) 在一次实验中，同一个实验室中有多个同学共用一个电子天平时，电子天平一经开机、预热、校准后，可一个个依次连续称量，前一位同学不一定要关机后离开，只需最后一位同学称量后要关机后再离开。

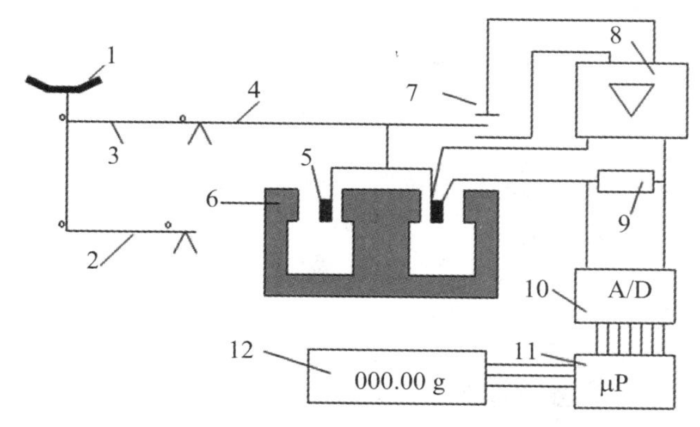

图4.2 电磁力传感器原理图

1. 称盘；2. 下部杠杆；3. 上部杠杆；4. 传力杠杆；5. 线圈；6. 永磁铁；7. 位置传感器；8. 伺服放大器；9. 精密电阻；10. 模数转换器；11. 微处理器；12. 显示器

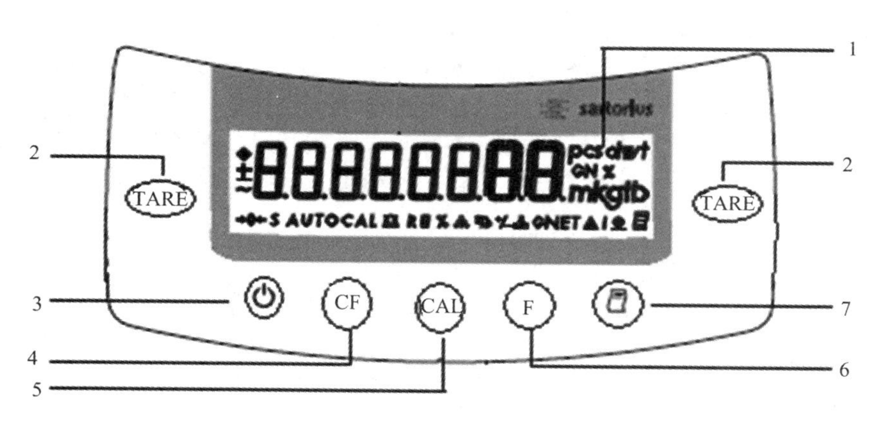

图4.3 电子天平前面板示意图

1. 显示屏；2. “TARE”去皮功能；3. 电源开关键；4. “CF”取消功能键(退出应用程序或者取消校准/调整程序)；5. “CAL”开始校准或调整；6. “F”功能键(启动应用程序)；7. 数据输出键

3. 注意事项

(a) 电子天平在初次接通电源或者长时间断电后，至少需要预热 30 min，只有这样，天平才能达到所需要的工作温度，达到理想的测量结果。

(b) 实验完成时，按“ON/OFF”键关机，不要拔电源。

(c) 电子天平的自重比较轻，使用中很容易因碰撞而发生位移，进而造成水平的改变，所以在使用的过程中，动作要轻，特别是不能冲击称量盘。

(d) 使用后应及时清扫天平内外，定期用酒精或丙酮擦洗称盘及防风罩，保证玻璃门正常开关。

(e) 电子天平的一些功能键“CF”、“F”、“CAL”等是供维修人员调校用的，未经允许学生不得使用这些功能键。

4.2 台　　秤

台秤是无机化学实验室常用的称量仪器，用于粗略的称量，最大载荷为200 g的台秤，能称准至0.1 g，最大载荷为500 g的台秤，能准确称量至0.5 g。

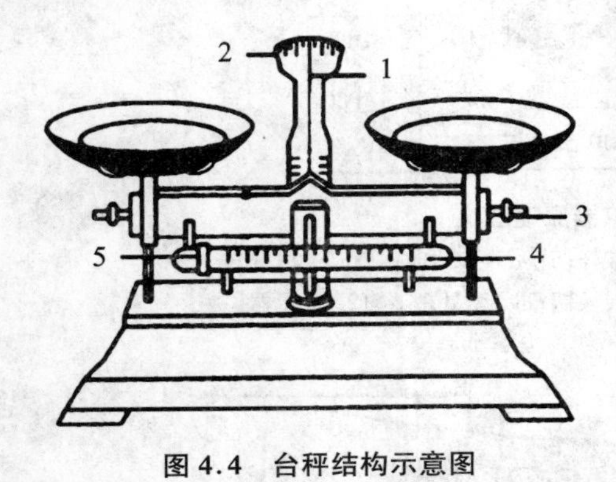

图4.4　台秤结构示意图

1. 指针；2. 分度盘；3. 平衡螺母；4. 标尺；5. 游码

图4.4是台秤的结构示意图，台秤的横梁架在台秤座上，横梁的左右有两个盘子。横梁中部的下面有指针(有的台秤的指针在上面)。根据指针在刻度盘前得摆动情况，可看出台秤的平衡状态。称量前，要先调节台秤的零点(即未放物体时，台秤的指针在刻度盘上的指示位置)。零点应在刻度盘的中央，如果不在，调节两边的螺母(有的在中间)，称量时，样品放在左盘上，砝码放在右盘上，添加10 g以下的砝码时，可移动标尺上的游码。当最后的停点(即左右两盘分别放上样品和砝码后，达到平衡时，指针在刻度盘上指示的位置)与零点符合时，砝码的质量就是样品的质量。

称量时，必须注意以下几点：

(1) 称量的样品要放在称量纸上，不能直接放在托盘上；潮湿的或具有腐蚀性药品，则要放在玻璃容器内。

(2) 不能称量热的样品。

(3) 砝码要用镊子来取，砝码盒要和台秤配套使用。

(4) 称量完毕后，应把砝码放回砝码盒中，把标尺上的游码移至“0”处，使台秤的各部分恢复原状。

(5) 应保持台秤及桌面的整洁。

4.3 酸 度 计

1. 基本原理

酸度计也称为pH计，一般用来测量溶液的pH值，也就是氢离子的活度。

离子活度是指电解质溶液中参与电化学反应的离子的有效浓度。离子活度(α)和浓度

(c)之间存在定量的关系,其表达式为

$$\alpha = \gamma c$$

式中,α 为离子的活度;γ 为离子的活度系数;c 为离子的浓度。γ 通常小于1,在溶液无限稀时,离子间相互作用趋于零,此时活度系数趋于1,活度等于溶液的实际浓度。

根据能斯特方程,离子活度与电极电位成正比,因此可对溶液建立起电极电位与离子活度的关系曲线,此时由测定的电位,即可确定离子活度,所以实际上是通过测量电位来计算H离子活度

$$E = E^{\ominus} + \frac{RT}{nF}\ln \alpha$$

式中,E 为电位;$E^{\ominus}$ 为电极的标准电压;R 为气体常数;T 为开氏温度;F 为法拉第常数;n 为被测离子的化合价(氢为1),α 为离子活度。

酸度计用参比电极(通常采用饱和甘汞电极)和玻璃电极(或称氢离子指示电极)组成电池,测定电池电动势的大小,由仪器直接测出溶液的pH值。

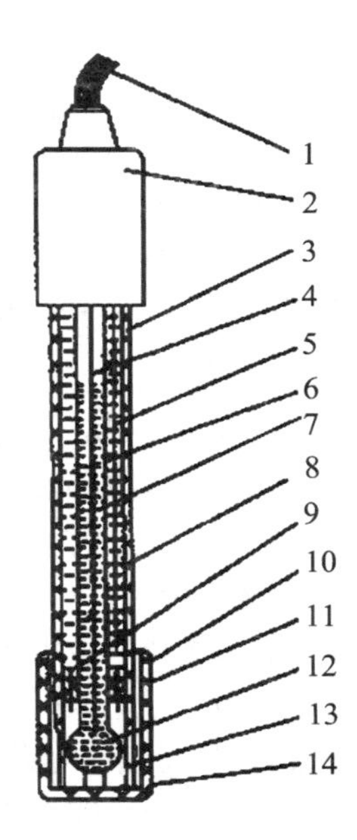

图4.5　复合电极结构示意图

1. 电极导线;2. 电极帽;3. 外壳;4. 内参比电极;5. 外参比电极;6. 玻璃支持杆;7. 内参比溶液;8. 外参比溶液;9. 液接界;10. 密封圈;11. 硅胶圈;12. 电极球泡;13. 球泡护罩;14. 护套

目前使用的酸度计普遍配用pH复合电极,即把pH玻璃电极和外参比电极(一般用Ag/AgCl电极)以及外参比溶液一起装在一根电极管中,合为一体,如图4.5所示。pH复合电极的结构主要由电极球泡、玻璃支持杆、内参比电极、内参比溶液、外壳、外参比电极、外参比溶液、液接界、电极帽、电极导线、插口等组成。

2. 操作过程

图4.6是实验室使用的酸度计的结构示意图,酸度计是测定溶液pH值的常用仪器,也可用于测定电池内的电动势,还可完成电位滴定及其氧化还原电对的电极电势的测量。测酸度时用pH挡,测电动势时用毫伏(mV)挡。PHS-2S型酸度计的使用过程如下:

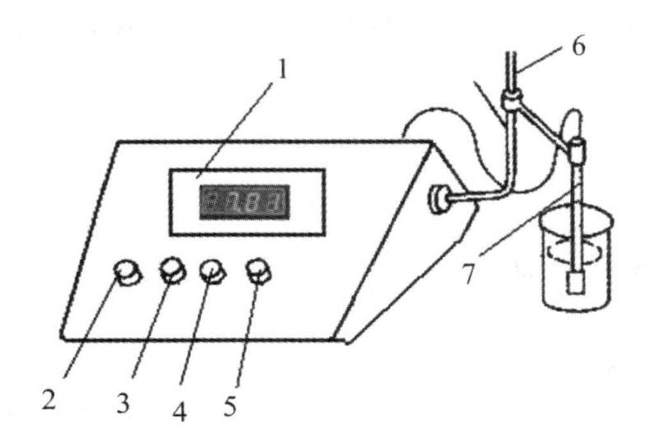

图4.6　酸度计结构示意图

1. 显示屏;2. 温度补偿旋钮;3. 定位旋钮;4. 选择开关;5. 斜率调节旋钮;6. 电极架;7. 复合电极

(1) 将多功能电极架安装在响应的插口处,调节电极夹到适当位置。

(2) 复合电极夹在电极夹上,并拉下电极前端的电极套。

(3) 用蒸馏水清洗电极,清洗后用滤纸吸干。

(4) 电源线插入电源插座,按下电源开关,电源接通后,预热30 min,接着进行标定。

(5) 在测量电极插座处拨去短路插座,插上

复合电极。

(6) 把选择开关旋钮调到 pH 挡。

(7) 调节温度补偿旋钮,使旋钮白线对准溶液温度值。

(8) 把斜率调节旋钮顺时针旋到底(即调到 100%位置)。

(9) 把清洗过的电极插入 pH = 6.86 的缓冲溶液中;调节定位调节旋钮,使仪器显示读数与该缓冲溶液当时温定下降时的 pH 值相一致。

(10) 用蒸馏水清洗过的电极,再插入 pH = 4.00(或 pH = 9.18)的标准溶液中,调节斜率旋钮使仪器显示读数与该缓冲溶液中当时温度下的 pH 值一致。

(11) 重复步骤(9)和(10)直至不用再调节定位或斜率两调节旋钮为止,仪器完成标定。

(12) 将电极插入待测液大约 4 cm 的位置,稳定后直接读数。

3. 注意事项

(a) 新的复合电极电极必须在 pH = 4 或 7 缓冲溶液中调节,并浸泡 24 h。

(b) 使用复合电极时,电极不能用于搅拌溶液,有时遇到溶液较少时,可以用电极轻轻搅动溶液,但要特别注意防止损伤电极。

(c) 测试前用蒸馏水冲洗电极,并且用吸水纸吸干电极,同时注意小心吸干球泡护罩内的水分,但要防止损伤球泡。

(d) 电极不用时,要用蒸馏水冲洗干净,然后套上带有保护液的护套,防止干涸。

4.4 电导率仪

1. 基本原理

电解质溶液的导电能力常以电导 G 来表示。测量溶液电导的方法通常是将两个电极插入溶液中,测出两极间的电阻。根据欧姆定律,在温度一定时,两电极间的电阻 R 只与两电极间的距离 L 成正比,与电极的截面积 A 成反比,即

$$R = \rho \frac{L}{A}$$

电导是电阻的倒数

$$G = \frac{1}{R} = \frac{1}{\rho}\frac{A}{L} = \kappa \frac{A}{L}$$

式中,κ 称电导率。它表示两电极距离为 1 m,截面积为 1 m^2 时溶液的电导,单位为西门子每米($S \cdot m^{-1}$),在实际的测量过程中常采用 $\mu S \cdot cm^{-1}$ 或 $mS \cdot cm^{-1}$ 为单位。由此可见,溶液的电导与测量电极的面积及两电极间的距离有关,而电导率则与它们无关。因此用电导率来反映溶液导电能力更为恰当。

2. 操作过程

电导率仪用于测量溶液的导电能力,对于电解质溶液来说,其导电能力和电解溶液的浓度成正比,因此也可以用电导率仪测量溶液的浓度。电导率仪的型号很多,图 4.7 是实验室

使用的电导率仪的前后面板示意图，DDS－307型电导率仪的使用过程如下：

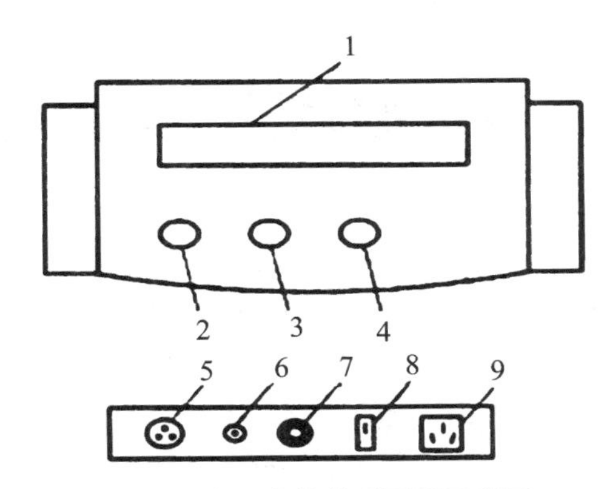

图4.7 电导率仪前后面板示意图

1. 显示屏；2. 校准电极常数；3. 选择校准“CAL”或测量“MEAS”
4. “RANGE”量程选择开关旋钮；5. “ELECTRODE”电极插口；
6. “10 mV OUT”0～10 mV信号输出；7. “ATC”自动温度补偿传感器接口；8. “ON/OFF”电源开关；9. “POWER”电源插口

(1) 接入温补传感器、电极及电源，按“ON/OFF”开关，打开电源。

(2) 将“SELECT”旋钮旋到“CAL”校准挡。

(3) 对应电极帽上所标注的电极常数调节“CAL”旋钮，直到仪器显示此电极常数值。

例如设置电极常数类型为10的电极。若电极常数为0.86，调节“CAL”旋钮使仪器显示860(不管小数点位置)。若电极常数为1.112，调节“CAL”旋钮使仪器显示1120(不管小数点位置)。此时，测量值＝读数值×10。

(4) 将温补传感器和电极插入待测溶液中，并轻轻晃动几下电极。

(5) 将“SELECT”旋钮旋到“MEAS”校准挡，待示值稳定，读取数值(此示值为被测溶液在25℃时的电导率值)。

(6) 在测量过程中，若显示屏首位为1(溢出)，这表示被测溶液的电导率值超出量程范围，此时应将“RANGE”旋钮旋到高一挡进行测量。

3. 注意事项

(a) 量程正确设置方法：置于溢出挡的高一挡量程进行测量，能在低一挡量程内测量的，不放在高一挡量程内测量。

(b) 仪器内置的温度系数为每摄氏度2%，与此温度系数不符的溶液使用温度补偿将会有误差。因此，进行高精度测量或检测高纯水时，应采用无温度补偿方式进行，然后查表，或者将被测溶液恒温在25℃，求其在25℃时的电导率值。

(c) 电极插头座必须保持干燥。

(d) 铂黑电极只能通过化学方法进行清洗，不可以用软刷或者滤纸等摩擦电极表面。

4.5 可见分光光度计

1. 基本原理

分光光度计的基本工作原理是基于物质对光(对光的波长)的吸收具有选择性。当照射光的能量与分子中的价电子跃迁能级差相等时,该波长的光被吸收,吸光度与该物质的浓度、摩尔吸收系数及溶液厚度之间符合朗伯-比尔定律

$$A = \varepsilon bc$$

式中,A 为吸光度;ε 为吸收系数;b 为溶液厚度;c 为溶液浓度。

分光光度计虽然种类、型号较多,但都包括光源、色散系统、样品池及检测显示系统。图4.8为分光光度计的结构示意图。光源所发出的光经色散装置分成单色光后通过样品池,利用检测装置来测量并显示光的被吸收的程度。通常以钨灯作为可见光区光源,波长范围为360～800 nm,紫外光区以氢灯作为光源。

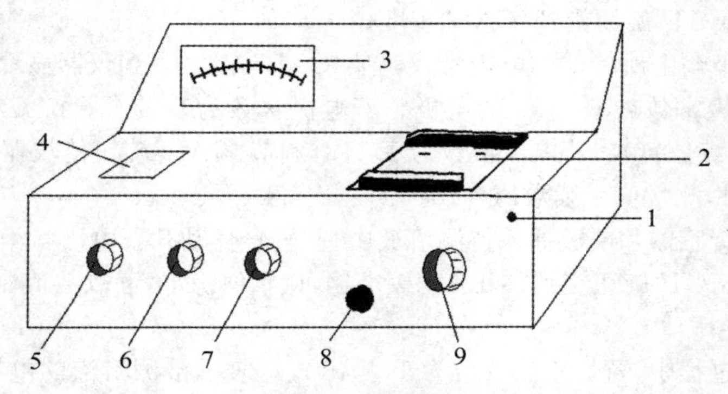

图4.8 紫外可见分光光度计结构示意图

1. 电源开关;2. 色皿暗盒;3. 光度读数表;4. 波长读数表;5. 波长调节旋钮;
6. 透光率调节旋钮;7. 100%透光率调节旋钮;8. 比色皿座架拉杆;9. 灵敏度挡

2. 操作过程

分光光度法是用于测量待测物质对光的吸收程度,并进行定性、定量分析的仪器。可见分光光度计是实验室常用的仪器,按功能可分为自动扫描型和非自动扫描型。前者配置计算机可自动测量绘制物质的吸收曲线;后者需手动选择测量波长。无机实验室最常见的是后者,如图721型分光光度计,其使用过程如下:

(1) 检查分光光度计的旋钮和开关,使其回复零点,将灵敏度置于1挡上,开启电源,指示灯亮,打开比色皿暗盒盖,仪器预热20 min,选择开关挡置于"T"。

(2) 调节波长旋钮,把所需的波长调至刻度线上。

(3) 打开比色皿暗盒盖(光门自动关闭),将装有溶液或参比液的比色皿放入比色架上。

(4) 将参比溶液比色皿置于光路上,打开比色皿盒盖,调节0透光率旋钮,使数字显示

为“00.0”。

(5) 盖上样品室盖，调节100%透光率旋钮旋钮，使数字显示为“100”(如果显示不到100，则可适当的增加灵敏度的挡数，尽可能采用灵敏度较低的挡，这样仪器的稳定性好，所以一般都在第1挡)。

(6) 轻轻拉动比色皿座架拉杆，将被测溶液放置在光路中，从光度读数表上直接读出被测溶液的透过率(T或A)值。

(7) 实验结束后，切断电源，选择开关应拨在“关”的位置，将比色皿取出、洗净，并将比色皿座架及暗盒用软纸按净。

3. 注意事项

(a) 比色皿要用待测溶液润洗，盛装比色液时，约占比色皿2/3体积，不宜过多或过少。在测量不同浓度溶液的吸光度或透光度时，遵守从稀到浓的顺序。

(b) 拿比色皿时，手指只能捏住比色皿的毛玻璃面，不要碰比色皿的透光面，以免被污染，也不可用滤纸等物摩擦比色皿的透光面。

(c) 每台仪器所配套的比色皿不能与其他仪器上的比色皿单个调换。

(d) 如果实验过程中大幅度调整波长时，在调节0和100%时，会出现指针不稳的情况，需要等几分钟才能正常工作(因波长的大幅度变换，光能量变化急剧，光电管存在一定的响应时间)。

(e) 在实验过程中，通常根据溶液浓度的大小，选用液层厚度不同的比色皿，使溶液的吸光度控制在0.2～0.7，也可以通过可调节待测液的浓度，适当稀释或加浓，再进行比色测量。

4.6　电热恒温水浴锅

电热恒温水浴锅用来蒸发和恒温加热，是常用的电热设备，有2、4、6孔不同的规格。电热恒温水浴锅由电热恒温水浴槽和电器箱两部分构成。图4.9为水浴锅的结构示意图。水浴锅包括水浴漕和电器箱两个主要组成部分。水浴槽是带有保温夹层的水槽，槽底隔板下装有电热管及感温管，提供热量和传感水温。槽面为同心圈和温度计插孔的盖板。电器箱面板上装有工作指示灯、(红灯表示加热，绿灯表示恒温)调温旋钮和电源开关等。

电热恒温水浴锅的水浴加热和普通水浴相同。使用时，先往电热恒温水浴锅内注入清洁的水到适当的深度，然后接通电源，开启电源开关后红灯亮表示电热管开始工作。调节温度旋钮到适当的位置，待水温升至预控制温度约差2℃时(通过温度计观察)，即可反向转动温度调节旋钮至红灯刚好熄灭，绿灯切换变亮，这时表示恒温控制器发生作用，此后稍微调整温度旋钮就可以达到恒定的水温。

使用电热恒温水浴锅时要注意爱护，一是必须要先加水再通电；水位不能低于电热管。二是电器箱不能受潮，以防漏电损坏。三是水浴恒温的试样不要散落在电热恒温水浴锅内。

如果不小心撒入,要立即停电,及时清洗水槽,以免腐蚀。较长时间不用水浴锅要倒掉槽内的水。用干净的布擦干后保存。四是水槽有渗漏要及时维修。

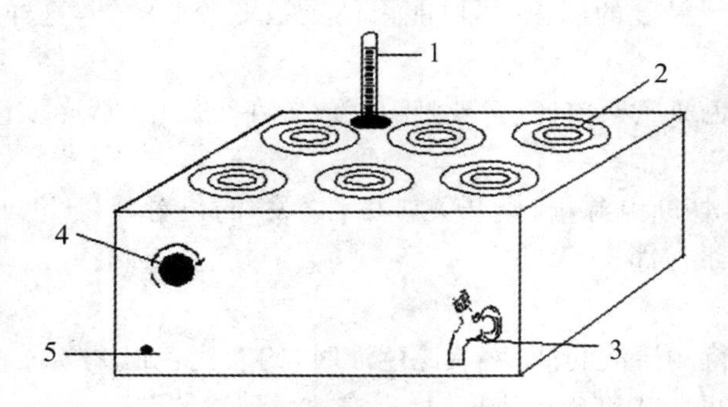

图 4.9　电热恒温水浴锅结构示意图

1. 温度计;2. 水浴槽;3. 出水阀;4. 温度调节旋钮;5. 指示灯

4.7 真　空　泵

循环水式多用真空泵是以循环水作为工作流体,利用射流产生负压原理而设计的一种新型多用真空泵,为化学实验室提供真空条件,并能向反应装置提供循环冷却水,无机化学实验中主要用于减压过滤。图 4.10 是循环水式多用真空泵的面板示意图,SHB-Ⅲ型系列循环水式多用真空泵操作步骤如下:

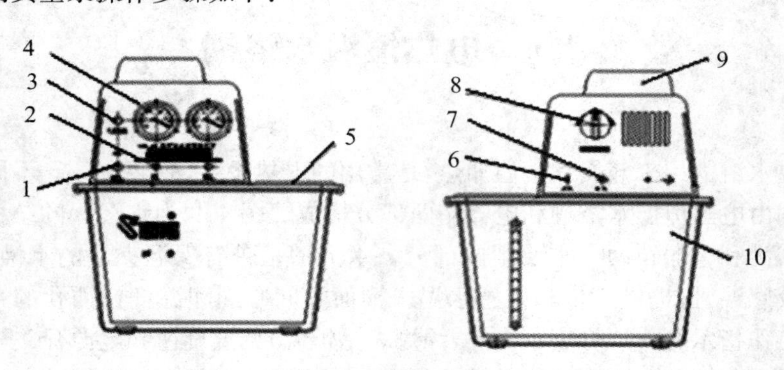

图 4.10　循环水式多用真空泵的面板意图

1. 电源开关;2. 抽气嘴;3. 电源指示灯;4. 真空表;5. 水箱盖;6. 循环水进水;7. 循环水出水;8. 循环水开关;9. 电机风罩;10. 水箱

(1) 将本机平放于工作台上,打开水箱上盖注入清洁的凉水(亦可由防水软管加水),当水面即将升至水箱后面的溢水嘴下高度时停止加水。重复开机可不再加水,但是每星期至少更换一次水。如水质污染严重,使用率高,则需缩短更换水的时间,保持水箱中的水质清洁。

(2) 将准备好的抽滤瓶的抽气管紧密套接于真空泵的抽气嘴上。

(3) 关闭后面板上的循环开关,接通电源,打开电源开关,通过与抽气嘴对应的真空表可观察真空度;长时间连续工作时,水箱内的水温将会升高,影响真空度。

(4) 拔下抽气套管,关闭电源。两个同学同时使用时,要注意协调,防止倒吸。

(5) 当需要为反应装置提供冷却循环水时,在步骤(1)～(3)操作的基础上,将需要冷却的装置进水、出水管分别连接到本机后部的循环水出水嘴、进水嘴上,转动循环水开关至"ON"位置,即可实现循环冷却水供应。

化学实验

第5章　无机物的制备与提纯

实验1　粗食盐的提纯

【实验目的】

(1) 了解并掌握粗食盐提纯的原理和方法。

(2) 练习加热、过滤、蒸发、结晶、干燥等基本操作。

(3) 了解 SO_4^{2-}、Ca^{2+}、Mg^{2+} 等离子的定性鉴定方法。

【预习内容】

(1) 用化学试剂除去杂质时，选择除杂试剂的标准是什么？

(2) 在除杂质过程中，倘若加热温度较高或时间较长，液面上会有晶体出现，这是何物质？能否过滤除去？若不能，应采取何措施？

(3) 能否用其他酸除去多余的 CO_3^{2-}？

(4) 加沉淀剂除杂质时，该如何控制条件才能得到较大晶粒的沉淀？

(5) 固液分离有哪些方法？如何根据实际情况选择合适的固液分离方法？

【实验原理】

氯化钠试剂和氯碱工业的食盐水都是以粗食盐为原料进行提纯的。粗食盐中常含有泥沙等不溶性杂质和 Ca^{2+}、Mg^{2+}、K^{+}、SO_4^{2-} 等可溶性杂质。不溶性杂质可采用过滤法除去，可溶性杂质可选择适当的试剂使其转化为难溶物除去。一般是先往食盐溶液中加入 $BaCl_2$ 溶液，除去 SO_4^{2-}。离子方程式为

$$Ba^{2+} + SO_4^{2-} = BaSO_4$$

然后在溶液中加入饱和 Na_2CO_3 和 NaOH 的混合溶液，除去 Ca^{2+}、Mg^{2+} 和过量的 Ba^{2+}。离子方程式为

$$Ca^{2+} + CO_3^{2-} = CaCO_3\downarrow$$

$$Mg^{2+} + 2OH^- + CO_3^{2-} = Mg(OH)_2CO_3\downarrow$$

$$Ba^{2+} + CO_3^{2-} = BaCO_3\downarrow$$

溶液中过量的NaOH和Na_2CO_3用盐酸中和。最后，利用KCl的溶解度比NaCl的大而含量又少的特点，将溶液蒸发浓缩，则NaCl先结晶析出，KCl留在母液中，从而达到提纯目的。KCl和NaCl的溶解度见表5.1。

表5.1 KCl和NaCl的溶解度 (g/100 g水)

T/℃	10	20	30	40	50	60	80	100
KCl	25.8	34.2	37.2	40.1	42.9	45.8	51.3	56.3
NaCl	35.7	35.8	36.0	36.2	36.7	37.1	38.0	39.2

【实验物品】

1. 仪器和材料

烧杯(100 mL)，量筒(25 mL、50 mL)，锥形瓶(250 mL)，量筒(50 mL)，布氏漏斗，抽滤瓶，蒸发皿，表面皿，试管，循环水泵，pH试纸。

2. 试剂

粗食盐，$BaCl_2$(1 mol·L^{-1})，饱和Na_2CO_3溶液，HCl(1 mol·L^{-1})，NaOH(6 mol·L^{-1})，HAc(6 mol·L^{-1})，饱和$(NH_4)_2C_2O_4$溶液，镁试剂Ⅰ[①]，$AgNO_3$标准溶液(0.100 0 mol·L^{-1})，1%淀粉，0.5%荧光素。

【实验步骤】

1. 溶解

称取5 g粗食盐于100 mL烧杯中，加入20 mL蒸馏水，加热搅拌使其溶解，溶液中少量不溶性杂质留待下一步过滤时一并除去。

2. 除杂

(1) 除SO_4^{2-}：溶液加热至近沸，搅拌下滴加1 mol·L^{-1}的$BaCl_2$溶液至沉淀完全。移除火焰，待沉降后往上层清液中滴加1～2滴1 mol·L^{-1}的$BaCl_2$溶液，检验溶液是否出现浑浊。沉淀完全后继续加热煮沸数分钟，抽滤，弃去沉淀。

(2) 除Ca^{2+}、Mg^{2+}和过量Ba^{2+}：搅拌下往所得滤液中逐滴加饱和Na_2CO_3和NaOH的混合溶液($V_{Na_2CO_3}:V_{NaOH}=1:1$)至溶液pH为11左右。待沉降后，在上层清液中滴加几滴Na_2CO_3和NaOH的混合液，检验溶液是否出现浑浊。沉淀完全后继续加热煮沸数分钟，抽滤，弃去沉淀。

(3) 除过量CO_3^{2-}：搅拌下往所得滤液中滴加6 mol·L^{-1}的HCl，调节溶液的pH值

① 镁试剂Ⅰ：对硝基苯偶氮间苯二酚(结构式：$O_2N-C_6H_4-N=N-C_6H_3(OH)_2$)俗称镁试剂Ⅰ，在碱性环境下呈红色或红紫色，被$Mg(OH)_2$吸附后呈天蓝色。

为4～5。

3. 蒸发、干燥

将溶液转移至蒸发皿中，蒸发浓缩、冷却、析晶、抽滤。将NaCl晶体转移至蒸发皿中烘干，冷却称重，计算产率。

4. 产品纯度定性检验

为比较提纯产品、原料以及试剂级氯化钠的杂质含量，称取提纯后的产品、原料和分析纯氯化钠各1 g，分别溶于5 mL蒸馏水，然后分别转移至3支小试管中，分成三组，对照定性检验产品的纯度。

(1) SO_4^{2-} 的检验：在第一组溶液中分别加入2滴6 mol·L^{-1}的HCl，3～5滴1 mol·L^{-1}的$BaCl_2$溶液，记录结果，进行比较。

(2) Ca^{2+} 的检验：在第二组溶液中分别加入2滴6 mol·L^{-1}的HAc溶液，3～5滴饱和$(NH_4)_2C_2O_4$溶液，记录结果，进行比较。

(3) Mg^{2+} 的检验：在第三组溶液中分别加入3～5滴6 mol·L^{-1}的NaOH溶液和几滴镁试剂Ⅰ，记录结果，进行比较。

5. 产品纯度定量检验

根据中华人民共和国国家标准GB619—77（简称国标），试剂级NaCl的技术条件为氯化钠含量不少于99.8%。

用减量法准确称取2～3份0.15 g干燥恒重的样品（精确至±0.000 1 g）于250 mL锥形瓶中，用70 mL蒸馏水溶解，加10 mL 1%淀粉溶液，用0.100 0 mol·L^{-1} $AgNO_3$标准溶液滴定，接近终点时，加3滴0.5%荧光素指示剂，继续滴定至乳液呈粉红色。NaCl含量按下式计算

$$x = \frac{\frac{V}{1\,000} \times c \times 58.44}{G} \times 100\%$$

式中，V为$AgNO_3$标准溶液的用量(mL)；c为$AgNO_3$标准溶液的浓度(mol·L^{-1})；G为样品质量(g)；58.44为氯化钠的摩尔质量。

【思考题】

(1) 粗食盐能否通过重结晶的方法进行提纯？为什么？

(2) 本实验中先除SO_4^{2-}，后除Mg^{2+}、Ca^{2+}等离子的次序能否颠倒？为什么？

(3) 在对提纯后的食盐溶液浓缩时，为什么不能将溶液蒸干？

(4) 能否用氯化钙代替毒性较大的氯化钡来除去粗食盐中的$SO_4{}^{2-}$？

(5) 在检验SO_4^{2-}时，为什么要加入盐酸溶液？

(6) 在对提纯后的食盐进行Ca^{2+}检验时，为什么要加入HAc？

(7) 试计算说明加入盐酸除去剩余的CO_3^{2-}时，溶液的pH应如何控制？

已知：(1) 溶液中二氧化碳达到饱和时，$c(H_2CO_3) = 0.04$ mol·L^{-1}；(2) $c(HCO_3^-) = 1.0 \times 10^{-6}$ mol·L^{-1}。

(8) 如何利用同离子效应提纯粗食盐？提出实验方案。

实验2　硝酸钾的制备及提纯

【实验目的】

(1) 了解转化法制备硝酸钾的原理和步骤。
(2) 掌握热过滤、蒸发浓缩、结晶、重结晶的一般原理和操作方法。

【预习内容】

(1) 制备硝酸钾晶体时,为什么要加热溶液并进行热过滤?
(2) 在“KNO_3粗产品的制备”步骤中,析出的晶体A、B各为何物质?
(3) 为什么要用KNO_3饱和溶液洗涤实验所制备的KNO_3粗品?
(4) KNO_3粗品中混有的可溶性杂质是什么? 如何除去?
(5) 重结晶时KNO_3与水的比例为2∶1,依据是什么?

【实验原理】

在无机盐类的制备中,难溶性盐的制备较为容易,而可溶性盐的制备则可根据不同盐类的溶解度差异以及温度对物质溶解度影响的不同来进行。

本实验以$NaNO_3$和KCl为原料,通过转化法制备KNO_3。在$NaNO_3$和KCl的混合溶液中,同时存在Na^+、K^+、Cl^-和NO_3^-四种离子,也同时存在着由上述离子组成的四种盐,反应方程式为

$$NaNO_3 + KCl \rightleftharpoons NaCl + KNO_3$$

上述反应为可逆,理论上无法利用其制取较纯净的KNO_3晶体。但实际上,由于反应体系中四种盐在不同温度下具有不同的溶解度,因此可以通过控制反应条件,最终制备和提纯KNO_3。四种盐在不同温度下的溶解度(g/100g水)如表5.2所示。

表5.2　KNO_3、KCl、$NaNO_3$、NaCl在不同温度下的溶解度　(g/100 g水)

T/℃	0	10	20	30	40	60	80	100
KNO_3	13.3	29.9	31.6	45.8	63.0	110.9	160.0	246.0
KCl	27.6	31.0	34.0	37.0	40.0	45.5	51.1	56.7
$NaNO_3$	73.0	80.0	88.0	96.0	104.0	124.0	148.0	180.0
NaCl	35.7	35.8	36.0	36.6	36.6	37.3	38.4	39.8

由表5.2数据可知,室温时,除$NaNO_3$外,其他三种盐的溶解度都相近,不能使KNO_3晶

体析出，但随着温度升高，KNO_3溶解度急剧增大，而 NaCl 溶解度几乎不变，因此只需将 $NaNO_3$和 KCl 的混合溶液加热，可使 NaCl 结晶析出，从而达到分离 NaCl 与 KNO_3的目的。当结晶 NaCl 后的溶液逐步冷却时，KNO_3又可结晶析出，从而得到 KNO_3粗品。粗品中混有可溶性盐的杂质，可采取重结晶的方法提纯。

【实验物品】

1. 仪器

烧杯(50 mL)，量筒(25 mL)，布氏漏斗，抽滤瓶，蒸发皿，试管，循环水泵。

2. 试剂

$NaNO_3$(s)，KCl(s)，饱和 KNO_3溶液，$AgNO_3$($0.1\ mol\cdot L^{-1}$)。

【实验步骤】

1. KNO_3粗产品的制备

称取 8.5 g $NaNO_3$和 7.5 g KCl 于 50 mL 烧杯中，加入 15 mL 蒸馏水，记下液面位置。小火加热，使固体完全溶解。继续蒸发至原体积的 2/3，有晶体 A 逐渐析出。趁热过滤，滤液中有晶体 B 析出。

另取 8 mL 蒸馏水加入滤液，使晶体 B 重新溶解，并将溶液转移至烧杯中，继续蒸发浓缩至原体积的 2/3。静置，冷却，待结晶重新析出，再进行减压过滤。用饱和 KNO_3溶液洗涤晶体，抽干、称量、计算产率。

2. KNO_3的提纯

KNO_3粗品通过重结晶法提纯。保留 0.5 g KNO_3粗品供纯度检验，将其余产品按照 KNO_3 和 H_2O 的质量比为 2∶1 的比例溶于蒸馏水。加热，搅拌，使溶液刚刚沸腾即停止加热。冷却至室温，抽滤，并用少量饱和 KNO_3溶液洗涤晶体。称量，计算产率。

3. 产品纯度的检验

分别称取 0.1 g KNO_3粗品和重结晶产品于两支试管中，各加入 2 mL 蒸馏水溶解。在溶液中分别加入 2 滴 $0.1\ mol\cdot L^{-1}$ $AgNO_3$溶液，观察现象，比较粗品、重结晶产品的纯度。

【思考题】

(1) 根据实验中四种盐溶解度的数据，粗略绘制四种盐的溶解度曲线(横坐标为温度，纵坐标为溶解度)。

(2) 制备 KNO_3过程中，为何每次都要蒸发浓缩至原体积的 2/3？蒸发过多或过少对实验结果有何影响？

(3) 根据 NH_4NO_3和 KCl 的溶解度数据，设计出以 NH_4NO_3和 KCl 为原料，制备 KNO_3的简要实验方案。

实验3　由废铁屑制备莫尔盐

【实验目的】

(1) 了解复盐的特性，掌握复盐的制备方法。
(2) 练习水浴加热操作，巩固称量、减压过滤操作。
(3) 掌握目视比色法检验产品杂质含量的方法。

【预习内容】

(1) 预习 pH 试纸的使用。
(2) 预习目视比色法的原理和操作方法。
(3) 饱和 Na_2CO_3 溶液除油污的原理是什么？除去油污后为何要用水洗去碱液？
(4) 为了加快硫酸亚铁的生成速率，能否用浓硫酸与铁屑反应？
(5) 制备硫酸亚铁时，为什么要趁热减压过滤？
(6) 普通过滤、减压抽滤、倾析法所适用的分离对象有何区别？

【实验原理】

莫尔盐的化学组成为硫酸亚铁铵，分子式为 $(NH_4)_2SO_4 \cdot FeSO_4 \cdot 6H_2O$，它是由 $(NH_4)_2SO_4$ 与 $FeSO_4$ 按 1∶1 结合而成的复盐。其溶解度比组成它的每一个组分小(表5.3)，因此可优先从混合溶液中析出。

表5.3　硫酸亚铁、硫酸铵、硫酸亚铁铵的溶解度　(g/100 g 水)

T/℃	0	10	20	30	40	50
$FeSO_4 \cdot 7H_2O$	15.6	20.5	26.5	32.9	40.2	48.6
$(NH_4)_2SO_4$	70.6	73.0	75.4	78.0	81.0	84.5
$(NH_4)_2SO_4 \cdot FeSO_4 \cdot 6H_2O$	12.5	17.2	21.6	28.1	33.0	40.0

莫尔盐为浅绿色单斜晶体，易溶于水，难溶于乙醇。在空气中比一般的亚铁盐稳定，不易被氧化，在定量分析中常用于配制 Fe^{2+} 的标准溶液。

本实验先通过铁屑与稀硫酸反应制得硫酸亚铁，反应方程式为

$$Fe + H_2SO_4(稀) = FeSO_4 + H_2\uparrow$$

硫酸亚铁有三种水合物，$FeSO_4 \cdot 7H_2O$、$FeSO_4 \cdot 4H_2O$ 和 $FeSO_4 \cdot H_2O$，其溶解度如表5.4所示。

表5.4　硫酸亚铁水合物在不同温度下的溶解度　(g/100 g 水)

T/℃	0	10	20	30	40	50	57	60	65	70	80	90
溶解度	13.6	17.2	20.8	24.7	28.6	32.6	35.3	35.5	35.7	35.9	34.4	27.2
水合物成分	$FeSO_4 \cdot 7H_2O$						$FeSO_4 \cdot 4H_2O$			$FeSO_4 \cdot H_2O$		

硫酸亚铁的三种水合物在溶液中可以相互转变，转变温度为

$$FeSO_4 \cdot 7H_2O \xrightarrow{57\ ℃} FeSO_4 \cdot 4H_2O \xrightarrow{65\ ℃} FeSO_4 \cdot H_2O$$

虽然三种化合物的相互转变是可逆的，在冷却过程中 $FeSO_4 \cdot H_2O$ 可逐步转变为 $FeSO_4 \cdot 7H_2O$，但速度较慢。因此，为了防止溶解度较小的 $FeSO_4 \cdot H_2O$ 析出，在金属与酸的作用过程中温度不宜过高。然后，往得到的硫酸亚铁溶液中加入硫酸铵，冷却结晶，即可得到硫酸亚铁铵晶体，反应方程式为

$$FeSO_4 + (NH_4)_2SO_4 + 6H_2O = (NH_4)_2SO_4 \cdot FeSO_4 \cdot 6H_2O$$

最终得到的硫酸亚铁铵产品的主要杂质是Fe(Ⅲ)，利用 Fe^{3+} 与硫氰化钾(KSCN)形成血红色配位离子$[Fe(SCN)_n]^{3-n}$的深浅来目视比色，评定其纯度级别。

【实验物品】

1. 仪器和材料

烧杯(50 mL、100 mL)，锥形瓶(150 mL)，量筒(50 mL)，水浴锅，表面皿，布氏漏斗，抽滤瓶，循环水泵，比色管(25 mL)，容量瓶(1 L)，pH 试纸。

2. 试剂

铁屑，饱和 Na_2CO_3 溶液，$(NH_4)_2SO_4$(s)，H_2SO_4($3\ mol \cdot L^{-1}$)，浓 H_2SO_4，25% KSCN，Fe^{3+} 标准溶液($0.100\ 0\ g \cdot L^{-1}$)。

【实验步骤】

1. 铁屑的净化

称取 4 g 铁屑于 50 mL 烧杯中，加入适量饱和 Na_2CO_3 溶液，小火加热 3～4 min。倾析法除去碱液，并用蒸馏水将铁屑洗净。

2. 硫酸亚铁的制备

将洗净的铁屑转移至 150 mL 锥形瓶中，加入 25 mL $3\ mol \cdot L^{-1}$ 的 H_2SO_4，记下液面位置。将锥形瓶置于 65 ℃水浴中，加热搅拌直至溶液中仅产生少量气泡为止(约 40 min)。反应过程中应适量补充水，同时应控制溶液 pH 小于 3。趁热减压过滤，用 5 mL 热蒸馏水洗涤残渣。将残渣用滤纸吸干后称量，计算已反应的铁屑用量和生成的硫酸亚铁质量。

注意事项：

(a) 铁屑中含有 As、P、S 等杂质，与稀 H_2SO_4 反应后会产生有毒气体 AsH_3、PH_3、H_2S，因此实验须在通风橱内进行实验操作。

(b) 反应时应不断搅拌，防止局部过热而产生白色沉淀，避免硫酸亚铁晶体过早析出。

3．硫酸亚铁铵的制备

根据步骤 2 中生成的硫酸亚铁质量，计算所需的 $(NH_4)_2SO_4$ 用量，并将其加入盛有硫酸亚铁溶液的 100 mL 烧杯中，补充蒸馏水使溶液总体积为 50～60 mL。水浴加热、搅拌，使 $(NH_4)_2SO_4$ 固体完全溶解(注意温度勿高于 60 ℃)。静置溶液，自然冷却，析晶。减压抽滤，用少量无水乙醇洗涤晶体，观察晶体颜色、晶形，称重，计算产率。

4．产品纯度检验

(1) 标准色阶的配制：取 0.50 mL 0.100 0 $g\cdot L^{-1}$ 的 Fe^{3+} 标准溶液于 25 mL 比色管中，加入 2 mL 3 $mol\cdot L^{-1}$ 的 HCl 和 1 mL 25%的 KSCN 溶液，用不含氧的蒸馏水稀释至刻度，配制成相当于一级试剂的标准溶液(含 Fe^{3+} 0.05 $mg\cdot g^{-1}$，即质量分数为 0.005%)。

同样，分别取 1.00 mL 和 2.00 mL 的 Fe^{3+} 标准液配制成相当于二级和三级试剂的标准液(分别含 Fe^{3+} 0.10 $mg\cdot g^{-1}$、0.20 $mg\cdot g^{-1}$，即质量分数分别为 0.010%、0.020%)。

(2) 产品级别的确定：称取 1.0 g 自制的硫酸亚铁于 25 mL 比色管中，加入 15 mL 不含氧的蒸馏水使之溶解，加入 2 mL 3 $mol\cdot L^{-1}$ 的 H_2SO_4 溶液和 1 mL 25%的 KSCN 溶液，用不含氧的蒸馏水稀释至刻度，摇匀，与标准色阶比色，确定产品级别。

【思考题】

(1) 为什么硫酸亚铁和硫酸亚铁铵溶液都要保持较强的酸性?

(2) 铁屑中含有的铁锈是否会对莫尔盐的制备产生影响? 应如何控制反应条件?

(3) 制备硫酸亚铁时，为何要控制水浴温度在 65 ℃左右? 温度过高或过低有何影响?

(4) 配制硫酸亚铁铵溶液时为何要用不含氧的蒸馏水? 如何制备?

(5) 除了用目视比色法检验产品杂质含量，从而间接估算产品纯度外，还可用什么方法检验产品中亚铁离子的含量?

实验 4　硫代硫酸钠的制备及产品检验

第 1 部分　硫代硫酸钠的制备

【实验目的】

(1) 熟悉硫代硫酸钠的制备原理、方法。

(2) 学习用亚硫酸钠制备硫代硫酸钠的方法。

(3) 学习电磁加热搅拌器的使用;巩固普通过滤、蒸发、浓缩、冷却结晶、减压过滤等基本操作。

【预习内容】

(1) 硫代硫酸钠的制备有哪些原理?有何方法?

(2) 实验室用亚硫酸钠制备硫代硫酸钠的原理和方法。

(3) 电磁加热搅拌器的原理及使用方法。

(4) 过滤的选择及注意事项。

(5) 如何把握蒸发浓缩析晶?

【实验原理】

本实验采用亚硫酸钠法制备 $Na_2S_2O_3\cdot5H_2O$。用硫粉与亚硫酸钠溶液在沸腾条件下共煮,发生化合反应,直接合成硫代硫酸钠,其反应方程式为

$$Na_2SO_3 + S \xlongequal[\text{沸腾}]{\triangle} Na_2S_2O_3$$

反应液经过滤、蒸发浓缩,常温下,析晶为 $Na_2S_2O_3\cdot5H_2O$ 晶体,反应方程式为

$$Na_2S_2O_3 + 5H_2O \xlongequal{} Na_2S_2O_3\cdot5H_2O$$

过滤、干燥即得产品。

【实验物品】

1. 仪器和材料

台秤,长颈漏斗(Φ60 mm),漏斗架,抽滤瓶,布氏漏斗,烘箱或电吹风机,定性滤纸(Φ7 mm、Φ11 mm)。

方法一:磁力加热搅拌器,烧杯(100 mL),表面皿。

方法二:微波炉,锥形瓶(250 mL),烧杯(100～200 mL)。

2. 试剂

硫粉(s),无水亚硫酸钠(s),95%乙醇。

【实验步骤】

1. 反应

方法一

称取 2 g 硫粉,研碎后置于 100 mL 烧杯中,用 1 mL 乙醇润湿,搅拌均匀,再加入 6 g Na_2SO_3,加蒸馏水 30 mL 搅拌溶解。放入磁子,置于磁力加热搅拌器上,加热至沸腾,调好

转速，待沸腾后调低电压改用小火加热，继续不断搅拌并保持微沸 30～40 min 以上（注意：微沸时若体积小于 20 mL，应及时补充水至 20～25 mL，同时注意将烧杯壁及表面皿上的硫粉淋洗进均匀浑浊的反应液中），直至少量硫粉漂浮于液面上。

方法二

称取 2.1 g 硫粉，研碎后置于 250 mL 锥形瓶中，用 1 mL 乙醇润湿，再加入 6.1 g Na_2SO_3，加蒸馏水 30 mL 搅拌溶解。将亚硫酸钠溶液转移至 250 mL 锥形瓶中，锥形瓶上方盖上小烧杯，放入微波炉中，高火加热至沸后改用中火或小火加热，设定时间 5～9 min。

2. 过滤

反应结束后，趁热过滤（冬天应将长颈漏斗先用热水预热后过滤），弃去杂质。滤液用烧杯蒸发浓缩至滤液表面刚有晶膜出现时，或溶液连续不断地产生大量小气泡时，停止加热蒸发。

3. 析晶

在烧杯里或转移到表面皿上冷却至室温后，即有大量硫代硫酸钠晶体析出[①]。若放置一段时间仍没有晶体析出，可能是形成过饱和溶液或蒸发浓缩不够，可采用下述方法析出晶体：

(1) 摩擦器壁破坏过饱和状态。

(2) 必要时加一粒硫代硫酸钠晶体引种。

(3) 放入冰箱冷藏室冷却或冰水浴冷却结晶。

(4) 放入烘箱蒸发部分水分后冷却。

(5) 浓缩液缓慢加入到乙醇中，快速析晶。

待晶体析出后，减压抽滤，即得白色硫代硫酸钠结晶。用少量乙醇（5～10 mL）洗涤烧杯或表面皿，尽量抽干。

4. 干燥

(1) 用滤纸片吸干晶体表面水分。

(2) 自然晾干。

(3) 40 ℃烘干：放入 40 ℃烘箱干燥 40～60 min。

(4) 电吹风机冷风吹干并冷却。

5. 称量

称量产物，计算产率。

注意事项：

(1) 加热反应过程中为防止硫挥发及飞溅，可在烧杯上盖上盛满冷水的表面皿或蒸发皿，定期换冷水。

(2) 浓缩终点的确定过程中，注意以下几点：

① 实验过程中，浓缩液终点不易观察，有晶体出现即可。

---

① 增大晶体颗粒的主要方法（前提是所用容器必须洁净）：(1) 在适当稀的溶液中进行沉淀。(2)在热溶液中进行沉淀。(3) 陈化。在沉淀完全析出后，将沉淀连同溶液放置一段时间，从而使较小晶粒逐渐溶解，大晶粒继续长大。(4) 加入晶种来增大晶体颗粒。(5)自然室温冷却。(6) 根据晶体的溶解性改变溶剂。

② 浓缩终点可根据液面是否有晶膜产生或有大量小气泡出现，且呈黏稠状来确定。浓缩过度，易使晶体粘附于烧杯里难以取出。

③ 蒸发浓缩时，速度太快，产品易于结块；速度太慢，产品不易形成结晶。

【思考题】

(1) 硫和亚硫酸钠生成硫代硫酸钠的反应，如何用双线桥法表示电子转移？
(2) 在混合前，一般先加少许乙醇浸润，其原因是什么？
(3) 浓缩终点如何确定？如蒸发浓缩过分，将发生什么情况？
(4) 如空气中湿度过大，将发生什么情况？
(5) 要想提高 $Na_2S_2O_3 \cdot 5H_2O$ 的产率与纯度，实验中应注意哪些问题？
(6) 合成硫代硫酸钠还可以采用什么方法？

第 2 部分　硫代硫酸钠产品检验

【实验目的】

(1) 掌握碘量法测定硫代硫酸钠含量的原理和方法。
(2) 了解硫代硫酸钠的性质及其应用。

【预习内容】

1. pH 值测定

酸度计的原理及操作注意事项。

2. 硫代硫酸钠的纯度测定

(1) 何谓碘量法？
(2) 需要知道碘溶液的准确浓度吗？
(3) 称量、滴定操作的注意事项有哪些？

3. 烘干法水分测定

称量、干燥、冷却的注意事项。

4. 定性检验

硫代硫酸钠的还原性及配位能力。

【实验原理】

1. pH 值测定

准确称取适量样品溶于 100 mL 无二氧化碳的水中，在 25 ℃时，用酸度计测定。

2. 硫代硫酸钠的纯度测定

采用氧化还原滴定法(碘量法)测定硫代硫酸钠的含量,具体方法如下:

(1) 定量分析:应用碘量法测定硫代硫酸钠的纯度,即在中性或弱酸性介质中,硫代硫酸钠标准溶液与单质碘定量反应,以淀粉为指示剂,滴定至溶液的蓝色刚好消失即为终点。反应方程式为

$$I_2 + 2Na_2S_2O_3 = 2NaI + Na_2S_4O_6$$

标准碘溶液的浓度,可借与已知浓度的 $Na_2S_2O_3$ 标准溶液比较而求得。根据消耗硫代硫酸钠标准溶液的体积和浓度计算碘的量。

(2) 称产品适量,加水溶解后,加淀粉指示液,用碘滴定液滴定至溶液呈持续的蓝色。每 1 mL 碘滴定液(0.05 $mol \cdot L^{-1}$)相当于 15.81 mg 的 $Na_2S_2O_3$。

3. 烘干法水分测定

$Na_2S_2O_3 \cdot 5H_2O$ 加热至 100 ℃,失去 5 个结晶水。

4. 定性检验

硫代硫酸钠与硝酸银反应生成的硫代硫酸银不稳定,发生水解反应,有显著颜色变化:白色→黄色→棕色→黑色,反应为

$$2Ag^+ + S_2O_3^{2-} = Ag_2S_2O_3 \downarrow (白)$$

$$Ag_2S_2O_3 + H_2O = Ag_2S \downarrow (黑) + 2H^+ + SO_4^{2-}$$

故化学实验中常用此反应鉴定 $S_2O_3^{2-}$ 的存在。

【实验物品】

pH 值测定

1. 仪器和材料

电子天平,烧杯,玻璃棒,酸度计,复合电极,吸水纸。

2. 试剂

缓冲溶液。

硫代硫酸钠的纯度测定

1. 仪器和材料

万分之一天平,茄形烧杯(125 mL),移液管(20 mL),移液管架,锥形瓶(250 mL),棕色酸式滴定管(25 mL),滴定台。

2. 试剂

I_2 标准溶液(0.050 00 $mol \cdot L^{-1}$,棕色试剂瓶),淀粉溶液(0.2%,新配),$Na_2S_2O_3$ 标准溶液(0.1 $mol \cdot L^{-1}$)。

烘干法水分测定

万分之一天平,称量瓶,烘箱,干燥器。

定性检验

1. 仪器和材料

点滴板,试管。

2. 试剂

硫代硫酸钠晶体，$AgNO_3$(0.1 mol·L^{-1})，KBr(0.1 mol·L^{-1})。

【实验步骤】

1. pH 值测定

称取5 g样品(称准至0.01 g)溶于100 mL无二氧化碳的水中①，在25 ℃时，用酸度计测定，pH值应在6.0～7.5之间。

2. $Na_2S_2O_3·5H_2O$ 含量测定

(1) 测定$Na_2S_2O_3$标准溶液与I_2溶液的体积比

移取$Na_2S_2O_3$标准溶液20.00 mL分别置于3个250 mL锥形瓶中，加水40 mL，淀粉溶液1 mL，用I_2溶液测定呈稳定的蓝色，30 s内不褪色，即为终点。平行滴定2～3次，计算$V_{I_2}/V_{Na_2S_2O_3}$。

(2) I_2溶液滴定$Na_2S_2O_3·5H_2O$样品

精确称取0.500 0 g样品，用少量无二氧化碳的水溶解，用0.050 0 mol·L^{-1} I_2标准溶液滴定。近终点时，加淀粉指示溶液1～2 mL，继续滴定至溶液呈蓝色为终点(30 s内不变色即可)，计算$Na_2S_2O_3·5H_2O$的含量。平行滴定三份。

注意事项：

(a) 实验时应注意I_2的挥发性及碘离子被空气中的氧气氧化。室温在30 ℃以上时，游离碘的挥发很显著，可以看到溶液上面空气中有明显碘蒸气的颜色，且“碘-淀粉”反应灵敏度降低，故在室温高达30 ℃时，滴定宜用冰水浴降低溶液温度至20 ℃以下进行。

(b) 碘滴定液(0.05 mol·L^{-1})的配制：称取碘粒或碘晶体13.0 g，加碘化钾36 g，用50 mL水溶解后，加3滴盐酸，加水至1 000 mL，摇匀，用玻璃滤器滤过，置于棕色瓶中暗处保存。

3. 水分测定用烘干法

精确称取产品2～5 g，平铺于干燥且恒重的扁形称量瓶中，厚度不超过5 mm，疏松产品不超过10 mm。打开瓶盖，在100～105 ℃干燥5 h，将瓶盖盖好，移置干燥器中，冷却30 min，精密称定质量。再在上述温度下干燥1 h，冷却，称重，至连续两次称重的差异不超过5 mg为止。根据减少的质量，计算产品中含水量(%)。

注意事项：

(a) 称量瓶需提前干燥冷却称量至恒重。

(b) 样品厚度需符合要求。

(c) 产品干燥冷却至室温方可称量。

4. 定性检验

(1) 目测观察$Na_2S_2O_3·5H_2O$的结晶过程及其晶体形状。

---

① 硫代硫酸钠在碱性或中性溶液中稳定，易受水中溶解的碳酸和微生物的作用而生成不稳定的硫代硫酸而分解，反应方程式为

$$S_2O_3^{2-}+2H^+ \xlongequal{} S\downarrow+SO_2\uparrow+H_2O$$

(2) 取一粒硫代硫酸钠晶体于点滴板的一个孔穴中,加入几滴去离子水使之溶解,再加两滴 0.1 $mol\cdot L^{-1}$ $AgNO_3$,观察沉淀颜色的变化现象。

(3) 取 10 滴 0.1 $mol\cdot L^{-1}$ $AgNO_3$ 于试管中,加 10 滴 0.1 $mol\cdot L^{-1}$ KBr,静置沉淀,弃去上清液。另取少量硫代硫酸钠晶体于试管中,加 1 mL 去离子水使之溶解。将硫代硫酸钠溶液迅速倒入 AgBr 沉淀中,观察现象。

【思考题】

(1) 碘量法在一般中性或弱酸性溶液中及低温(<25 ℃)下进行滴定,这是为什么?

(2) 本实验中标定硫代硫酸钠是直接用标准碘液,实验室也可以用返滴定法来测定硫代硫酸钠,即先用一定量的基准物质 $K_2Cr_2O_7$ 与 KI 反应,再将用硫代硫酸钠与反应生成的碘反应。比较这两种方法的优劣?能否直接用 $K_2Cr_2O_7$ 标定硫代硫酸钠?

(3) $Na_2S_2O_3$ 中 S 的氧化数是多少?与 I_2 反应后生成的 $Na_2S_4O_6$ 中 S 的氧化数又是多少?写出反应方程式。

(4) 如果向 $Na_2S_2O_3$ 溶液中滴入 $AgNO_3$ 会出现什么现象?写出反应方程式。

(5) 举例说明 $Na_2S_2O_3$ 的配位能力。

实验知识拓展[①]

国标要求:硫代硫酸钠(次亚硫酸钠)含量不少于

硫代硫酸钠	优级纯	分析纯	化学纯
指标(以百分含量计)	99.50%	99.0%	98.5%

硫代硫酸钠俗称"海波",又名"大苏打",是无色透明或白色的单斜晶体。$Na_2S_2O_3\cdot 5H_2O$ 式量:248.18,沸点:100 ℃,熔点:48 ℃,水溶液显碱性,不溶于乙醇,于 40~45 ℃熔化,48 ℃分解。在 33 ℃以上干燥空气中易风化,在潮湿空气中有潮解性。

硫代硫酸钠具有很大的实用价值。$S_2O_3^{2-}$ 中两个硫原子呈不同的氧化态:一个 +6,一个 -2,是无机和分析化学实验中一种中等强度的还原剂,与强氧化剂如单质 Cl_2 反应,能将氯气等物质还原,反应方程式为

$$Na_2S_2O_3 + 4Cl_2 + 5H_2O = 2H_2SO_4 + 2NaCl + 6HCl$$

所以,它可以作为麦秆和毛的漂白剂,纺织工业棉织物和造纸工业中纸浆漂白后的脱氯剂,染毛织物的硫染剂,靛蓝染料的防白剂。

与较弱氧化剂如 I_2 作用,被氧化成连四硫酸盐,离子方程式为

$$2S_2O_3^{2-} + I_2 = S_4O_6^{2-} + 2I^-$$

此反应在分析化学实验中用于定量测定 I_2 浓度。织物上的碘渍也可用它除去。

大苏打具有很强的络合配位能力,它的水溶液能溶解卤素,能跟溴化银形成络合物,反应方程式为

---

① 中华人民共和国国家标准 GB/T 637—2006 化学试剂五水合硫代硫酸钠(硫代硫酸钠).
金风明,孙晓娟,郭登峰,等.微波照射下合成硫代硫酸钠[J].江苏石油化工学院学报,12(4):5~7.

$$AgBr + 2Na_2S_2O_3 = NaBr + Na_3[Ag(S_2O_3)_2]$$

据此性质，它可以作摄影业中定影剂。洗照片时，过量的大苏打跟底片上未感光部分的溴化银反应，转化为可溶的 $Na_3[Ag(S_2O_3)_2]$，把 AgBr 除掉，使显影部分固定下来。

硫代硫酸钠还用于鞣制皮革重铬酸盐的还原剂、含氮尾气的中和剂、化工业/电镀行业的还原剂、净水工程的净水剂、医药中的洗涤剂、消毒剂和褪色剂及急救解毒剂等等。

实验5 工业硫酸铜的提纯及 Fe 的限量分析

第1部分 工业硫酸铜的提纯

【实验目的】

(1) 学习分步沉淀和重结晶分离提纯物质的原理和方法。

(2) 进一步练习并掌握称量、溶解、调节溶液 pH 值及其测定、加热、蒸发浓缩结晶、沉淀洗涤、常压过滤和减压过滤等分离提纯和重结晶的基本操作。

【预习内容】

(1) 可以通过加入氢氧化钠一次性除去杂质吗？Fe^{3+}、Fe^{2+} 可以一次性除去吗？

(2) 试计算 Fe^{3+}、Fe^{2+}、Cu^{2+} 开始沉淀及完全沉淀的 pH 值。

(3) 溶液酸碱性如何调节？pH 试纸如何使用？

(4) 本实验采用什么物质作氧化剂？为什么？

(5) 本实验采用什么过滤方法？如何操作？

(6) 蒸发浓缩操作如何把握？

【实验原理】

粗硫酸铜晶体中的主要杂质是 Fe^{3+}、Fe^{2+} 以及一些可溶性的物质如 Na^+ 等。

要分离 Fe^{3+} 比较容易，因为氢氧化铁的 $K_{sp} = 4\times10^{-38}$，而氢氧化铜的 $K_{sp} = 2.2\times10^{-20}$，当 $[Fe^{3+}]$ 降到 $10^{-6}\ mol\cdot L^{-1}$ 时

$$[OH^-] = \sqrt[3]{\frac{K_{sp,Fe(OH)_3}}{[Fe^{3+}]}} = \sqrt[3]{\frac{4\times10^{-38}}{10^{-6}}} = 10^{-10.47}(mol\cdot L^{-1})$$

$$pH = 3.53 \sim 4.0$$

即 $Fe(OH)_3$ 沉淀完全时的 pH 值。而此时溶液中允许存在的 Cu^{2+} 量为

$$[Cu^{2+}]=\frac{K_{sp,Cu[OH]_2}}{[OH^-]^2}=\frac{2.2\times10^{-20}}{(10^{-10.47})^2}=19.2(mol\cdot L^{-1})$$

远高于 $CuSO_4\cdot5H_2O$ 的溶解度，所以 Cu^{2+} 不会沉淀。当然这种计算方法是非常粗糙的近似计算方法，实际上 Cu^{2+} 在生成 $Cu(OH)_2$ 沉淀前将会生成碱式盐沉淀（绿色），同时 Fe^{3+} 的溶解度也要大得多，因为 $Fe(OH)_3$ 是一种无定形沉淀，它的 K_{sp} 与析出时的形态、陈化情况等有关，所以 K_{sp} 会有较大的出入；同时计算时假定溶液中只有 Fe^{3+} 存在，实际上尚有 $Fe(OH)^{2+}$、$Fe(OH)_2^+$、$Fe_2(OH)_2^{4+}$ 等羟基配合物和多核羟基配合物存在，溶解度将会有很大的增加。但是从计算上可以看出一点，即 Cu^{2+} 与 Fe^{3+} 是可以利用溶度积的差异，适当控制条件（如 pH 等）达到分离的目的，我们称这种分离方法为分步沉淀法。

Cu^{2+} 与 Fe^{2+}（$K_{sp,Fe(OH)_2}=8.0\times10^{-16}$）从理论计算上似乎也可以用分步沉淀法分离，但由于 Cu^{2+} 是主体，Fe^{2+} 是杂质，这样进行分步沉淀会产生共沉淀现象，达不到分离目的。因此在本实验中先将 Fe^{2+} 在酸性介质中用 H_2O_2 氧化成 Fe^{3+}，离子方程式为

$$2Fe^{2+}+H_2O_2+2H^+ = 2Fe^{3+}+2H_2O$$

然后采用控制 pH 在 3.5 左右一次分步沉淀分离，达到 Fe^{3+} 与 Cu^{2+} 分离的目的。且从氧化反应中可见，应用 H_2O_2 作氧化剂的优点是不引入其他离子，多余的 H_2O_2 可利用热分解去除而不影响后面的分离。

根据物质的溶解度不同，特别是晶体的溶解度一般随温度的降低而减少，当热的饱和溶液冷却时，待提纯的物质先以结晶析出，而少量易溶性杂质由于尚未达到饱和，仍留在母液中，通过过滤，就能将易溶性杂质分离，这就是重结晶分离可溶性杂质的原理。

【实验物品】

1. 仪器和材料

电子秤或台秤，加热装置，Φ60 mm 标准长颈漏斗，漏斗架，布氏漏斗，抽滤瓶，定性滤纸（Φ7 cm、Φ11 cm），精密 pH 试纸（0.5～5.0）。

2. 试剂

粗硫酸铜(s)，H_2O_2(10%)，H_2SO_4(1 mol·L^{-1})，NaOH(1 mol·L^{-1})。

【实验步骤】

1. 称量和溶解

用台秤称粗硫酸铜 10 g，放入 100 mL 烧杯中，加入 40 mL 水，2 mL 1 mol·L^{-1} H_2SO_4，边搅拌边加热至 70～80 ℃促其溶解，至晶体完全溶解时，停止加热。

注意事项：

(a) 粗硫酸铜晶体要充分溶解。

(b) 用少量热水溶解粗硫酸铜。注意水不能多，否则会增加蒸发、浓缩的时间。

2. 氧化和沉淀

往溶液中滴加 2 mL 10% H_2O_2，加热片刻（若无小气泡产生，即可认为 H_2O_2 分解完

全)，边搅拌边滴加 1 mol·L^{-1} NaOH 溶液，直至溶液的 pH≈3.5～4.0，再加热片刻，让水解生成的 $Fe(OH)_3$ 加速凝聚，取下，静置，待 $Fe(OH)_3$ 沉淀沉降(千万不要用玻璃棒去搅动!)。

注意事项：

(a) 往溶液中滴加氧化剂 H_2O_2 时，要搅拌，等待半分钟后加热(让 H_2O_2 充分氧化 Fe^{2+})。

(b) pH 的调整：为使粗硫酸铜中杂质离子沉淀完全，必须严格控制溶液的 pH。滴加 NaOH 调节溶液 pH 时，要边滴加边搅拌，结合溶液的颜色判断 pH，溶液颜色为绿色时则可判断 pH。

(c) 水解是一个吸热过程，加热可以促进水解反应进行，同时有利于水解产物凝聚成大的颗粒，便于过滤。

3. 常压过滤

将上层清液先沿玻璃棒倒入贴好滤纸的漏斗中过滤，下面用蒸发皿承接。待上层清液过滤完后再逐步倒入悬浊液过滤，过滤接近完时，用少量蒸馏水洗涤烧杯，洗涤液倒入漏斗中过滤，待全部过滤完后，弃去滤渣，投入废液缸中。

4. 蒸发浓缩和结晶

将蒸发皿中精制后的硫酸铜滤液用 1 mol·L^{-1} H_2SO_4 调至 pH＝1～2 后，移到火上(加一石棉网)加热蒸发浓缩(勿加热过猛，以免液体飞溅而损失)，小心搅拌中央以加快蒸发速度；近沸时改成小火加热(仅有微量蒸气冒出，勿搅拌)，直至溶液表面刚出现一点薄层结晶时，立即停止加热，让其自然冷却到室温(勿用水冷)，慢慢地析出 $CuSO_4 \cdot 5H_2O$ 晶体。或者加入一粒纯 $CuSO_4 \cdot 5H_2O$ 晶体，冷却后即可得到较大颗粒的硫酸铜晶体[①]。

注意：蒸发、浓缩程度的掌握：蒸发、浓缩应为小火。大火直接加热温度太高，$CuSO_4 \cdot 5H_2O$ 易失水生成无水 $CuSO_4$。蒸发至溶液的 1/2 左右时，移开煤气灯，冷却片刻，看表面是否出现晶状小颗粒，若没有，继续加热；若出现，即可停止加热。

5. 减压过滤

待蒸发皿底部用手摸感觉不到温热时，将晶体与母液转入已装好滤纸的布氏漏斗中进行抽滤。用玻璃棒将晶体均匀地铺满滤纸，并轻轻地压紧晶体，尽可能除去晶体间夹带的母液，然后用小滤纸轻轻压在晶体层表面，吸去表层晶体上吸附的母液。先拔去吸滤瓶支管上的橡皮管，然后再关水，停止抽滤。取出晶体，摊在滤纸上，再覆盖一张滤纸，用手指轻轻挤压或用平底瓶塞轻轻按压，吸干其中的剩余母液。将吸滤瓶中的母液倒入母液回收缸中。

6. 晶体称重

最后将吸干的晶体在台秤上称出质量，计算产率。

7. 重结晶

将产品置于烧杯中，按质量比 1∶1.3 加蒸馏水，加热溶解，趁热抽滤。滤液水浴或小火

---

① 生成晶体大小的影响因素有晶体的习性(形成大晶体或小晶体)和晶核数目(溶液过饱和度大、溶质溶解度小、冷却速度过快、搅拌和摩擦容器内壁等均导致晶核数目增多，晶体尺寸较小)等。分离效果的影响因素：晶体太小，比表面积大，吸附和夹带的母液(杂质)较多，不易洗净，分离效果差；晶粒太大，结晶时要求溶液浓度小，产率较低；结晶太快，晶体中易包裹母液，产品纯度低。

蒸发浓缩至出现晶膜，冷却至室温，析出晶体，减压过滤。用 5 mL 乙醇洗涤晶体 1～2 次，烘干，称重，计算回收率。

【思考题】

(1) 硫酸铜易溶于水，为什么溶解时要加硫酸？

(2) 除去铁杂质时，为何要将 Fe^{2+} 氧化为 Fe^{3+}？如何检验 Fe^{3+} 或 Fe^{2+} 的存在？最后为何将 pH 调至 4？

(3) 在加热浓缩 $CuSO_4$ 溶液前，为什么要将溶液调至 pH＝1～2？

(4) 如果粗硫酸铜中含有 Pb^{2+} 等杂质，可能的存在形式是什么？它们会在哪一步被除去？

第 2 部分　硫酸铜中 Fe 的限量分析

【实验目的】

(1) 了解粗硫酸铜提纯及产品纯度检验的原理和方法。

(2) 学习比色法检测离子含量。

(3) 学习分光光度法的原理，并学会使用分光光度计。

(4) 初步学习设计间接碘量法测定铜盐中的铜含量。

【预习内容】

(1) 提纯后硫酸铜晶体中 Fe 的限量分析可以采用哪些方法？

(2) 过滤操作需注意什么？

(3) 目视比色法怎样操作？标准色阶如何配制？

(4) 分光光度计的原理，使用注意事项。

(5) 铜盐中的铜含量怎样测定？

【实验原理】

产品中铁的含量可用比色法或者分光光度计测定。在酸性条件下将 Fe^{2+} 氧化成 Fe^{3+} 之后，加入氨水使 Cu^{2+} 转变为 $[Cu(NH_3)_4]^{2+}$，而 Fe^{3+} 与氨水反应生成 $Fe(OH)_3$ 沉淀，将沉淀分离，用盐酸溶解，加入 KSCN 生成血红色的 $[Fe(SCN)_n]^{3-n}$，$n=1\sim6$。

相关化学反应方程式如下：

铁离子转化

$$2Fe^{2+} + H_2O_2 + 2H^+ = 2Fe^{3+} + 2H_2O$$

铁离子检测

$$Fe^{3+} + 3NH_3 \cdot H_2O \longrightarrow Fe(OH)_3 \downarrow + 3NH_4^+$$
$$Fe(OH)_3 + 3HCl \longrightarrow FeCl_3 + 3H_2O$$
$$Fe^{3+} + SCN^- \rightleftharpoons [Fe(SCN)]^{2+}$$

铜离子的反应路径为

$$2Cu^{2+} + SO_4^{2-} + 2NH_3 \cdot H_2O \longrightarrow Cu_2(OH)_2SO_4 \downarrow + 2NH_4^+$$
$$Cu_2(OH)_2SO_4 + 8NH_3 \cdot H_2O \longrightarrow 2[Cu(NH_3)_4]^{2+} + SO_4^{2-} + 2OH^- + 8H_2O$$

(1) 方法一:目视比色法。与标准色阶比较,确定产品级别。

(2) 方法二:分光光度法。用分光光度计测吸光度,查阅标准曲线即可确定铁的含量。

(3) 间接碘量法测定铜盐中的铜。(自行设计)

【实验物品】

1. 仪器和材料

烧杯(100 mL,4 个),量筒(10 mL,100 mL),容量瓶(50 mL,500 mL,1 000 mL),吸量管(5 mL,10 mL),比色管(25 mL,4 支),蒸发皿,分光光度计,硫酸铜回收缸。

2. 试剂

硫酸铜(s),H_2O_2(10%),H_2SO_4($1\ mol \cdot L^{-1}$),HCl($2\ mol \cdot L^{-1}$,1∶1),氨水($1\ mol \cdot L^{-1}$,$6\ mol \cdot L^{-1}$),KSCN(25%)。

【实验步骤】

称取 3.0 g 提纯后的硫酸铜晶体,置于 200 mL 烧杯中,用 20 mL 水溶解,加入 1 mL $1\ mol \cdot L^{-1}$ H_2SO_4 和 1 mL 10% H_2O_2,加热,使 Fe^{2+} 完全氧化成 Fe^{3+},继续加热煮沸,使剩余的 H_2O_2 完全分解(若无小气泡产生,即可认为 H_2O_2 分解完全)。

取下溶液冷却后,在搅拌下逐滴加入 $6\ mol \cdot L^{-1}$ 氨水,先生成浅蓝色的沉淀,继续滴入 $6\ mol \cdot L^{-1}$ 氨水,直至沉淀完全溶解,呈深蓝色透明溶液。此时,溶液中的微量铁生成 $Fe(OH)_3$ 沉淀。常压过滤,并用 $1\ mol \cdot L^{-1}$ 氨水洗涤沉淀和滤纸,至无蓝色(若含 Fe 较多时,滤纸上有黄色或棕色沉淀),弃去滤液。

用滴管螺旋式滴入 3~5 mL 热的 $2\ mol \cdot L^{-1}$ HCl,使沉淀完全溶解。

方法一

用 25 mL 比色管承接滤液。

加入 2 mL 25% KSCN 溶液,以蒸馏水稀释至刻度,摇匀,与标准色阶比较,观察红色的深浅,确定产品级别。

称 1.000 g 纯 Fe 粉(或 Fe 丝),用 40 mL 1∶1 HCl 溶解,溶完后,滴加 10% H_2O_2,直至 Fe^{2+} 完全氧化成 Fe^{3+},过量的 H_2O_2 加热分解除去,冷后,移入 1 L 容量瓶中,以蒸馏水稀释至刻度,摇匀。此液每毫升含 1.00 mg Fe^{3+}。

移取此液 5.00 mL 于 500 mL 容量瓶中,加入 1 mL 浓 HCl,以蒸馏水稀释至刻度,摇匀。此液每毫升含 0.010 mg Fe^{3+}。

色阶配制：移取 0.010 mg/mL Fe^{3+} 标准溶液 6.00 mL、3.00 mL、1.00 mL，分别置于三支 25 mL 比色管中，各加入 3 mL 2 mol·L^{-1} HCl 和 2 mL 25% KSCN 溶液，以水稀释至刻度，摇匀。比色阶分别相当于三、二、一级试剂的含量标准。

方法二

用 50 mL 容量瓶承接滤液。

加入 2 mL 25% KSCN 溶液，以蒸馏水稀释至刻度，摇匀。以蒸馏水为参比，用分光光度计在波长 465 nm 的条件下测定溶液的吸光度，记录数据。在标准曲线图上查出铁的含量，确定产品等级。

注意事项：

(a) 搅拌、澄清、倾析法：用少量氨水溶解、转移。注意氨水不能多，否则会增加过滤、洗涤的时间，浪费资源。

(b) 沉淀洗涤遵从"少量多次"原则：每次倾倒的溶液为漏斗的 1/4～1/3，使沉淀集中于滤纸尖部。

(c) 在检验产品纯度的操作中，$Fe(OH)_3$ 沉淀需要用热的 HCl 溶液完全溶解。

【思考题】

(1) 为什么要缓慢、分批，而且尽量少加氨水？
(2) 如何判断反应完成，沉淀完全溶解？
(3) 若将滤液加 KSCN 后，溶液显黄色，是什么原因？
(4) 硫酸铜中铁含量的测定还可以用什么方法？

实验知识拓展[①]

许多物质从水溶液里析出晶体时，晶体里常含有一定数目的水分子，这样的水分子叫做结晶水。含有结晶水的物质叫做结晶水合物。

水合物中的水是以确定的量存在的，属于结晶水合物化学固定组成的一部分。例如五水硫酸铜的水合物的组成为 $CuSO_4 \cdot 5H_2O$。水合物中的水有几种结合方式：一种是作为配体，配位在金属离子上，称为配位结晶水；另一种则结合在阴离子上，称为阴离子结晶水。例如五水合硫酸铜晶体结构中，Cu 离子呈八面体配位，为四个 H_2O 和两个 O 所围绕，4 个水分子是作为配体配位在铜离子上，即$[Cu(H_2O)_4]^{2+}$；第五个 H_2O 通过氢键，与 Cu 八面体中的两个 H_2O 和$[SO_4]$中的两个 O 连接，呈四面体状，在结构中起缓冲作用。

五水硫酸铜晶体失水过程分为三步：

(1) 以配位键与铜离子结合的两个水分子最先失去，温度约为 102 ℃。

(2) 两个与铜离子以配位键结合，与外部的一个水分子以氢键结合的水分子随着温度升高而失去，温度为 110～113 ℃，这时称作一水硫酸铜($CuSO_4 \cdot H_2O$)。

① 禹耀萍. 粗硫酸铜提纯实验中增大硫酸铜结晶颗粒的方法[J]. 怀化学院学报，2003，22(2)：99～100.

(3) 最外层水分子最难失去，所需温度约为258℃。因为其氢原子与周围的硫酸根离子中的氧原子之间形成氢键，其氧原子又与铜离子配位的水分子的氢原子之间形成氢键，构成一种稳定的环状结构，因此破坏这个结构需要较高能量。

$CuSO_4 \cdot 5H_2O$ 按水分子的结合方式，其结构式可写成$[Cu(H_2O)_4][SO_4(H_2O)]$。其他水合硫酸盐晶体如 $FeSO_4 \cdot 7H_2O$、$NiSO_4 \cdot 7H_2O$、$ZnSO_4 \cdot 7H_2O$ 等，均有相同的结合方式。

水也可以不直接与阳离子或阴离子结合而依一定比例存在于晶体内，在晶格中占据一定的部位。这种结合形式的水称为晶格水，一般含有12个水分子。有些晶形化合物也含水，但无一定比例，例如沸石和其他硅酸盐矿物。一些难溶的金属氢氧化物实际上也是水合物。例如 $pH=2\sim3$ 时，Fe^{3+} 形成聚合度大于2的多聚体；随着pH值上升，则形成胶状水合三氧化二铁 $x Fe_2O_3 \cdot y H_2O$。

第6章　元素的性质和鉴定

实验6　碱金属和碱土金属

【实验目的】

(1) 比较碱金属、碱土金属盐类的溶解性。
(2) 熟悉碱土金属氢氧化物的有关性质。
(3) 掌握碱金属、碱土金属离子的鉴定和分离方法。

【预习内容】

(1) s区元素单质及化合物有哪些主要性质?
(2) 在做碱土金属氢氧化物的性质实验时,所用的碱为什么要求是新鲜配制的?
(3) 如何分离 Ca^{2+} 和 Ba^{2+}？是否可用硫酸分离 Ca^{2+} 和 Ba^{2+}？
(4) 如何在混合离子溶液中鉴定和除去 NH_4^+？使用气室法检验 $NH_4{}^+$ 要注意什么?

【实验原理】

碱金属和碱土金属分别是周期表中ⅠA和ⅡA族元素。碱金属包括锂、钠、钾、铷、铯、钫六种金属元素。碱土金属包括铍、镁、钙、锶、钡、镭六种金属元素。

碱金属和碱土金属元素皆为活泼金属,都是强还原剂。它们化学性质的变化大部分很有规律。在同一族中,金属的活泼性由上而下逐渐增强;同一周期的碱土金属活泼性不如碱金属。由于锂原子最小,锂及其化合物的性质与本族其他元素差别较大。

碱金属和碱土金属均能与水反应,反应的激烈程度随金属活泼性增强而加剧。钠、钾与水作用都很激烈,钠与水反应放出的热能使钠熔化成小球,钾与水反应产生的氢气会燃烧。实验时必须十分注意安全,防止钠、钾与皮肤接触,因为钠、钾与皮肤上的湿气作用所放出的热可能烧伤皮肤。铷、铯与水反应会引发爆炸。镁和水作用很慢,这是由于镁表面形成一层难溶于水的氢氧化镁的缘故,而钙、锶、钡与冷水就能比较剧烈地反应。

碱金属在室温下就能迅速地与空气中的氧反应,在空气中放置一段时间后,金属表面会生成一层氧化物。因此碱金属保存时需浸在煤油或液体石蜡中以隔绝空气和水。碱土金属在室温下表面会缓慢生成氧化膜。

碱金属和碱土金属在空气中燃烧，除了生成普通的氧化物外，还能生成过氧化物（Li、Be、Mg 例外）和超氧化物（Li、Na、Be、Mg 例外）。过氧化物和超氧化物是强的氧化剂。

碱土金属（M）在空气中燃烧时，除生成氧化物，同时生成相应的氮化物 M_3N_2。这些氮化物遇水时能生成氢氧化物，并放出氨气。

碱金属氢氧化物具有强碱性，对纤维和皮肤有强烈的腐蚀作用。除 LiOH 外，其余碱金属的氢氧化物都易溶于水，并放出大量的热。固体 NaOH 在空气中容易吸湿潮解，所以是常用的干燥剂。

碱金属和碱土金属氢氧化物的碱性以及在水中的溶解度从上到下逐渐增大。同一周期碱土金属氢氧化物的碱性和溶解度比碱金属要小得多。

碱金属的盐一般都易溶于水，只有少数分子量大、结构复杂的化合物微溶于水，并具有特征的颜色。例如乙酸双氧铀酰锌钠 $NaZn(UO_2)_3(Ac)_9 \cdot 9H_2O$（黄绿色晶体）、六羟基锑酸钠 $Na[Sb(OH)_6]$（白色粒状）和钴亚硝酸钠钾 $K_2Na[Co(NO_2)_6]$（亮黄色晶体）。这是定性鉴定碱金属离子的化学基础。

碱土金属化合物的溶解度差别较大，有的易溶于水，如硝酸盐和氯化物；有的难溶于水，如碳酸盐、硫酸盐、草酸盐、铬酸盐等。不同碱土金属的同类型盐的溶解度差别也较大，如 $MgSO_4$ 易溶于水，而 $BaSO_4$ 为难溶盐；$MgCO_3$ 能溶于 NH_4Cl 溶液，而 $CaCO_3$ 不溶等。硫酸盐和铬酸盐的溶解度按照 $Ca \rightarrow Sr \rightarrow Ba$ 的顺序降低。草酸钙的溶解度是所有钙盐中最小的。

碱金属和碱土金属化合物溶解度的差别常用来分离碱金属和碱土金属离子。

碱金属和碱土金属及其挥发性化合物（如氯化物）在高温灼烧时，由于电子跃迁不同，放出一定波长的光，产生各种不同颜色的火焰，称为焰色反应。例如，钠（亮黄色）、钾（紫色）、钙（橙红）、锶（洋红）、钡（黄绿）等。利用焰色反应可鉴别碱金属和碱土金属的离子。

【实验物品】

1. 仪器和材料

离心机，坩埚，试管，试管架，离心管，量筒（5～10 mL），烧杯（50 mL），表面皿（大、小各一块），点滴板，玻璃棒，滴管，温度计，pH 试纸。

2. 试剂

浓 HNO_3，饱和 Na_2CO_3，饱和 $Ca(OH)_2$，NaOH（6 mol·L^{-1}、2.0 mol·L^{-1}），$NH_3 \cdot H_2O$（6 mol·L^{-1}、2.0 mol·L^{-1}），KOH（6 mol·L^{-1}），HAc（3 mol·L^{-1}），NH_4Cl（3 mol·L^{-1}），NH_4Ac（3 mol·L^{-1}），LiCl（2.0 mol·L^{-1}），NaOH（2.0 mol·L^{-1}），HCl（2.0 mol·L^{-1}），NaF（1 mol·L^{-1}），Na_3PO_4（1 mol·L^{-1}），$(NH_4)_2CO_3$（1 mol·L^{-1}），K_2CrO_4（1 mol·L^{-1}），$(NH_4)_2SO_4$（1 mol·L^{-1}），$(NH_4)_2HPO_4$（1 mol·L^{-1}），$MgCl_2$（0.5 mol·L^{-1}），$CaCl_2$（0.5 mol·L^{-1}），$BaCl_2$（0.5 mol·L^{-1}），Na_2SO_4（0.5 mol·L^{-1}），$BeSO_4$（0.5 mol·L^{-1}），$(NH_4)_2C_2O_4$（0.5 mol·L^{-1}），$Ba(OH)_2$（0.1 mol·L^{-1}），$KSb(OH)_6$（0.1 mol·L^{-1}），镁试剂

Ⅰ,奈斯勒试剂,$Na_3[Co(NO_2)_6]$,酚酞,Na^+、K^+、NH_4^+、Mg^{2+}、Ca^{2+}、Ba^{2+}等离子混合溶液。

【实验步骤】

1. 盐类的溶解性

(1) 在三支试管中分别加入 1 mL 0.5 $mol \cdot L^{-1}$ $MgCl_2$ 溶液、0.5 $mol \cdot L^{-1}$ $CaCl_2$ 溶液和 0.5 $mol \cdot L^{-1}$ $BaCl_2$ 溶液,再各加入 5 滴饱和 Na_2CO_3 溶液,发生什么反应?静置沉降,弃去清液,试验各沉淀物是否溶于 3.0 $mol \cdot L^{-1}$ HAc 溶液中,写出反应方程式。

(2) 在三支试管中分别加入 1 mL 0.5 $mol \cdot L^{-1}$ $MgCl_2$ 溶液、$CaCl_2$ 溶液和 $BaCl_2$ 溶液,再各加 5 滴 1 $mol \cdot L^{-1}$ K_2CrO_4 溶液,观察有无沉淀产生。若有沉淀产生,则分别试验沉淀能否溶于 3.0 $mol \cdot L^{-1}$ HAc 溶液和 2.0 $mol \cdot L^{-1}$ HCl 溶液。

(3) 以 0.5 $mol \cdot L^{-1}$ Na_2SO_4 溶液代替 K_2CrO_4 溶液,重复实验(2)。

(4) 在两支试管中分别加入 0.5 mL 2.0 $mol \cdot L^{-1}$ LiCl 溶液和 0.5 mL 0.5 $mol \cdot L^{-1}$ $MgCl_2$ 溶液,再分别加入 0.5 mL 1.0 $mol \cdot L^{-1}$ NaF 溶液,观察有无沉淀产生。

用饱和 Na_2CO_3 溶液代替 NaF 溶液,重复上述实验内容,观察有无沉淀产生,若无沉淀,可加热观察是否产生沉淀。

以 1.0 $mol \cdot L^{-1}$ Na_3PO_4 溶液代替 NaF 溶液重复上述实验,现象如何?综合实验步骤(4),比较锂盐和镁盐的相似性。

2. 碱土金属氢氧化物的制备和性质

(1) 碱土金属氢氧化物的制备

在三支试管中分别加入 0.5 mL 0.5 $mol \cdot L^{-1}$的 $MgCl_2$、$CaCl_2$ 和 $BaCl_2$ 溶液,然后加入等量的新配置的 2 $mol \cdot L^{-1}$ NaOH 溶液。观察沉淀的生成和颜色。根据三支试管中生成沉淀的量,比较三种氢氧化物的溶解性。

注意事项:

(a) NaOH 固体表面因为接触空气而难免带有一些 Na_2CO_3。要得到不含 Na_2CO_3 的 NaOH 溶液,需先将 NaOH 配制成饱和溶液,Na_2CO_3 杂质不溶于 NaOH 饱和溶液而沉淀析出,静置后取上层清液,用煮沸后冷却的新鲜水稀释到所需的浓度即可。

(b) NaOH 能腐蚀玻璃,因此实验室盛放 NaOH 溶液的试剂瓶应用橡皮塞,而不能用玻璃塞,否则存放时间长了,NaOH 就和瓶口玻璃中的主要成分 SiO_2 反应生成黏性的 Na_2SiO_3,而把玻璃塞和瓶口粘结在一起。

(2) $Mg(OH)_2$、$Ca(OH)_2$、$Ba(OH)_2$ 的溶解性比较

在少量 0.5 $mol \cdot L^{-1}$ $MgCl_2$ 溶液中滴入澄清的饱和石灰水至有明显的 $Mg(OH)_2$ 沉淀生成,再在等量 0.5 $mol \cdot L^{-1}$ $CaCl_2$ 溶液中加入相同滴数的石灰水,是否有沉淀生成?$Mg(OH)_2$ 与 $Ca(OH)_2$ 比较,何者溶解度较小?

在少量 0.5 $mol \cdot L^{-1}$ $CaCl_2$ 溶液中,滴入澄清的 0.1 $mol \cdot L^{-1}$ $Ba(OH)_2$ 溶液至有明显的 $Ca(OH)_2$ 沉淀生成,再往同量 0.5 $mol \cdot L^{-1}$ $BaCl_2$ 溶液中滴入相同滴数的 $Ba(OH)_2$ 溶液,是否有沉淀生成?$Ca(OH)_2$ 与 $Ba(OH)_2$ 比较,何者溶解度较小?

综合实验现象，查阅溶解度表，对碱土金属氢氧化物的溶解度作一完整的描述。

(3) $Be(OH)_2$、$Mg(OH)_2$ 酸碱性比较

取二支试管，各加 0.5 mL 0.5 mol·L^{-1} $BeSO_4$ 溶液，均加入 2 mol·L^{-1} $NH_3 \cdot H_2O$，观察 $Be(OH)_2$ 沉淀的生成和颜色。分别试验它与 2 mol·L^{-1} NaOH 及 HCl 的作用。

用 0.5 mol·L^{-1} $MgCl_2$ 制得 $Mg(OH)_2$，做同样的实验，$Mg(OH)_2$ 能否溶于过量 NaOH 溶液中？

写出各反应方程式，理解什么是两性氢氧化物。

3. 碱金属、碱土金属离子的鉴定反应

取 Na^+、K^+、NH_4^+、Mg^{2+}、Ca^{2+}、Ba^{2+} 等离子的混合试液 20 滴，加到离心管中，混合均匀后，按以下步骤进行分离和检出(图 6.1)。

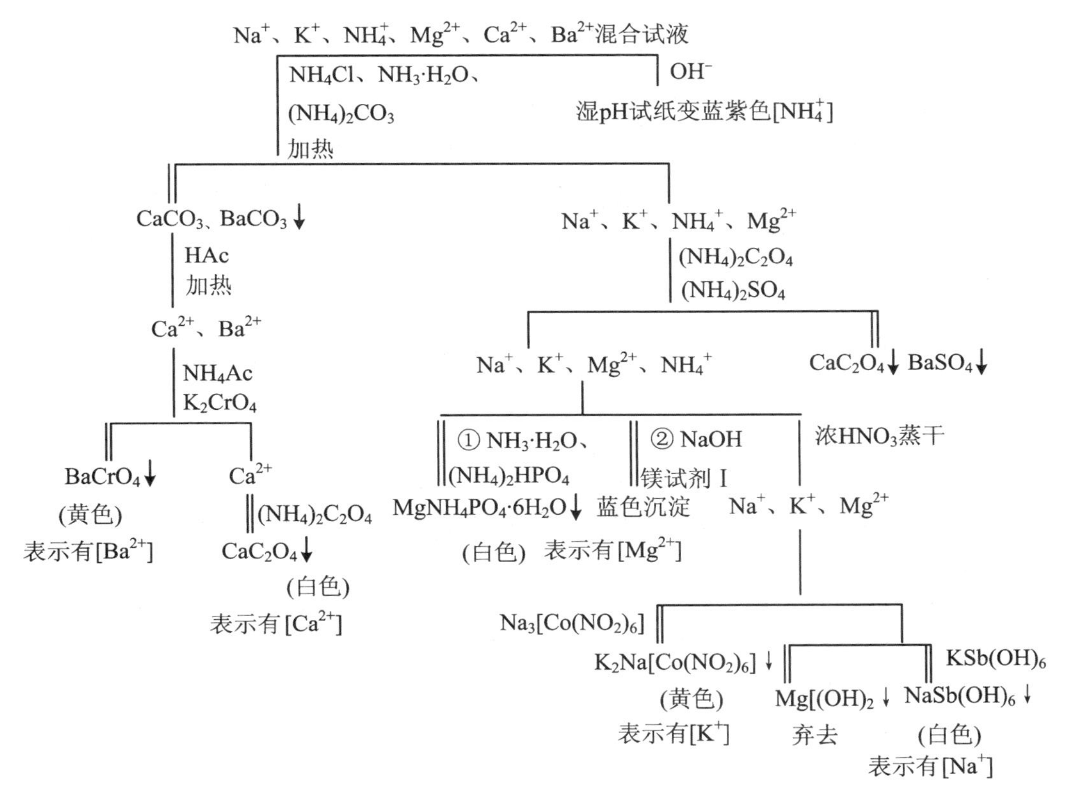

图 6.1　碱金属、碱土金属离子的鉴定反应

"|"表示液相即溶液；"‖"表示固相即沉淀

(1) 气室法检验 NH_4^+ 离子

取 3 滴上述混合试液加到一块大表面皿中心位置，滴加 6 mol·L^{-1} NaOH 溶液至显强碱性。取一块小表面皿，在它的凹面处贴一块湿的 pH 试纸，将此表面皿盖在大表面皿上做成气室。将此气室放在水浴上微热，如果试纸较快地变成蓝紫色，表示溶液中有 NH_4^+ 离子。

(2) Ca^{2+}、Ba^{2+}离子的沉淀

在混合试液中加6滴3 mol·L^{-1} NH_4Cl溶液，并加入6 mol·L^{-1} $NH_3 \cdot H_2O$使溶液呈碱性，再多加3滴$NH_3 \cdot H_2O$。在搅拌下加入10滴1 mol·$L^{-1}$$(NH_4)_2CO_3$溶液，在60 ℃的热水中加热几分钟。然后离心分离，沉淀留作步骤(3)用，把清液移到另一离心试管中，按步骤(5)操作处理。

注意：市售碳酸铵中混杂有其脱水产物氨基甲酸铵NH_2COONH_2，使CO_3^{2-}实际浓度减小，但它的水溶液受热又会转化为$(NH_4)_2CO_3$，反应方程式为

$$NH_2COONH_2 + H_2O \xlongequal{约60\ ℃} (NH_4)_2CO_3$$

加热时温度不能过高，因$(NH_4)_2CO_3$会分解，碳酸盐沉淀与铵盐一起煮沸时也会部分溶解。如

$$BaCO_3 + 2NH_4^+ \xlongequal{\triangle} Ba^{2+} + 2NH_3\uparrow + CO_2\uparrow + H_2O$$

(3) Ba^{2+}离子的分离和检出

步骤(2)中的沉淀用10滴热水洗涤，弃去洗涤液，用3 mol·L^{-1} HAc溶解，溶解时要加热并不断搅拌。然后加入5滴3 mol·L^{-1} NH_4Ac溶液，加热后，滴加1 mol·L^{-1} K_2CrO_4溶液，产生黄色沉淀，表示有Ba^{2+}离子。离心分离，如果得到的清液呈橘黄色，表明Ba^{2+}离子已沉淀完全，否则还需要再加1 mol·L^{-1} K_2CrO_4溶液，使Ba^{2+}离子沉淀完全。清液留作检验Ca^{2+}离子。

(4) Ca^{2+}离子的检出

往(3)中所得清液中加1滴6 mol·L^{-1} $NH_3 \cdot H_2O$和几滴0.5 mol·$L^{-1}$$(NH_4)_2C_2O_4$溶液，加热后产生白色沉淀，表示有$Ca^{2+}$离子。

(5) 残余Ba^{2+}、Ca^{2+}离子的除去

向步骤(2)得到的清液内加0.5 mol·$L^{-1}$$(NH_4)_2C_2O_4$和1 mol·$L^{-1}$$(NH_4)_2SO_4$各1滴，加热几分钟，如果溶液浑浊，离心分离，弃去沉淀，把清液移到坩埚中。

(6) Mg^{2+}离子的检出

① 取几滴步骤(5)得到的清液加到试管中，再加1滴6 mol·L^{-1} $NH_3 \cdot H_2O$和1滴1 mol·$L^{-1}$$(NH_4)_2HPO_4$溶液，摩擦试管内壁，产生白色结晶形沉淀，表示有$Mg^{2+}$离子。

② 取1滴混合液或步骤(5)得到的清液于点滴板上，加1～2滴镁试剂Ⅰ，加6 mol·L^{-1} NaOH使呈强碱性，生成蓝色沉淀或溶液变蓝，表示Mg^{2+}存在。

(7) 铵盐的除去

小心地将步骤(5)中坩埚内的清液蒸发至只剩下几滴，再加8～10滴浓HNO_3，然后蒸发至干。为了防止迸溅，在蒸发到最后一滴时，要移开煤气灯，借石棉网上的余热把它蒸发干，最后用大火灼烧至不再冒白烟，冷却后往坩埚加8滴蒸馏水。取1滴坩埚中的溶液加在点滴板穴中，再加2滴奈斯勒试剂，如果不产生红褐色沉淀，表明铵盐已被除尽，否则还需要加浓HNO_3进行蒸发、灼烧，以除尽铵盐。除尽后溶液供检出K^+离子和Na^+离子用。

(8) K^+离子的检出

取2滴步骤(7)得到的溶液加到试管中，再加2滴$Na_3[Co(NO_2)_6]$溶液，产生黄色沉淀，稍微加热后沉淀不分解，表示有K^+离子。

(9) Na^+离子的检出

取3滴步骤(7)得到的溶液加到离心试管中,再加6 mol·L^{-1} KOH溶液至溶液显强碱性,加热后离心分离,弃去$Mg(OH)_2$沉淀。往清液中加等体积的0.1 mol·L^{-1} $KSb(OH)_6$溶液,用玻璃棒摩擦管壁,放置后,产生白色结晶形沉淀,表示有Na^+离子。如果没有产生沉淀,可放置较长的时间后再进行观察。

注意事项:

(a) 步骤(8)必须在中性或微酸性溶液中进行(pH为3～7),因为强酸、强碱均会使$[Co(NO_2)_6]^{3-}$破坏。NH_4^+的存在会干扰K^+离子的鉴定,这是因为NH_4^+与试剂也可生成黄色沉淀$(NH_4)_2Na[Co(NO_2)_6]$。但此沉淀在沸水中加热时可以完全分解,有气体逸出,而$K_2Na[Co(NO_2)_6]$则较稳定。

(b) 步骤(9)需在较低温度下(例如冷水中)和中性或碱性溶液中进行,有$Na[Sb(OH)_6]$白色晶状沉淀。溶液若呈酸性,会使$Na[Sb(OH)_6]$分解成白色、无定形的$HSbO_3$沉淀。

【思考题】

(1) 用$(NH_4)_2CO_3$沉淀Ba^{2+}、Ca^{2+}离子时,为什么既要加NH_4Cl溶液,又要加氨水?如果氨水加得太多,对分离有何影响?在实验过程中,为什么要加热到60 ℃?

(2) 溶解$CaCO_3$、$BaCO_3$沉淀时,为什么要用醋酸而不用盐酸?

(3) 在Ba^{2+}、Ca^{2+}混合液中,为什么要将Ba^{2+}沉淀完全才能检出Ca^{2+}?

(4) 在用$(NH_4)_2HPO_4$检出Mg^{2+}离子时,加入$(NH_4)_2HPO_4$为什么还要加入氨水?

(5) 可能存在Mg^{2+}、Ba^{2+}、Ca^{2+}的试液与不含CO_3^{2-}的NaOH反应,没有沉淀出现,是否能否定Mg^{2+}的存在?如果产生白色沉淀,能否肯定有Mg^{2+}的存在,为什么?

实验知识拓展

(1) 镁试剂由0.01 g对硝基苯偶氮间苯二酚溶于1 L 1 mol·L^{-1} NaOH中制得。镁试剂在碱性溶液中呈红色或紫红色,在强碱性溶液中被$Mg(OH)_2$吸附后显蓝色。若溶液中含Mg^{2+}量甚少时,仅为蓝色溶液,而无沉淀析出。

(2) 奈斯勒试剂$(K_2[HgI_4]+KOH)$和NH_4^+反应有棕红色沉淀生成。反应方程式为

$$NH_4Cl+2K_2[HgI_4]+4KOH = [O\langle^{Hg}_{Hg}\rangle NH_2]I\downarrow+KCl+7KI+3H_2O$$

用奈斯勒试剂检验NH_4^+时,凡能与OH^-反应生成有色氢氧化物沉淀的金属离子均干扰此反应,如Fe^{3+}、Co^{2+}等。另外如果溶液有S^{2-}、HgI_4^{2-}将会分解而失效,反应方程式为

$$HgI_4^{2-}+S^{2-} = HgS\downarrow+4I^-$$

(3) 钴亚硝酸钠试剂不稳定,易分解。[①] 溶液配制后在棕色磨口瓶中最多保存四星期就

① 连宁.亚硝碳酸钴钠沉淀液的配制及重制回收[J].西南民族学院学报,1999,25(3):260～262.

会失效。失效后的试剂直接排放，既造成浪费又污染环境。钴亚硝酸钠试剂不稳定的原因是配离子中的 NO_2^- 容易被空气中的 O_2 缓慢氧化为 NO_3^- 。而 Co^{3+} 在固态和配合物中很稳定，Co^{2+} 在弱酸性溶液中也不易发生化学变化，可以再生利用。因此要重制钴亚硝酸钠试剂，只需再加入亚硝酸钠即可。

钴亚硝酸钠试剂重制的具体做法为：将失效的钴亚硝酸钠溶液 90 mL 倒入烧杯中，加 10 mL 6 mol·L^{-1} HAc 酸化，再加入 20 g 固体亚硝酸钠，搅拌，静置过夜，过滤后即可用于钾离子的测定。

实验 7　硼、铝和碳、硅、锡、铅

【实验目的】

(1) 掌握硼酸的生成方法和性质。
(2) 试验铝盐的性质。
(3) 掌握 CO_3^{2-} 的鉴定和可溶性硅酸盐的典型性质。
(4) 掌握锡(Ⅱ)和铅(Ⅱ)氢氧化物的酸碱性。
(5) 掌握锡(Ⅱ)的还原性和铅(Ⅳ)的氧化性。
(6) 试验铅难溶盐的生成和性质。
(7) 掌握 Al^{3+}、Sn^{2+}、Pb^{2+} 的鉴定方法。

【预习内容】

(1) 为什么硼酸是一元酸？加入甘油后，硼酸溶液的酸度为何会增强？
(2) 为什么在 Na_2SiO_3 溶液中加入 HAc、NH_4Cl 或通入 CO_2，都能生成硅酸凝胶？
(3) $Sn(OH)_2$、$Pb(OH)_2$ 均为两性，如何通过实验比较其酸、碱性相对强弱？
(4) 比较铅(Ⅱ)和锡(Ⅱ)的还原性、铅(Ⅳ)和锡(Ⅳ)的氧化性强弱。

【实验原理】

元素周期表第ⅢA 族有硼、铝、镓、铟、铊五种元素，第ⅣA 族有碳、硅、锗、锡、铅元素。这两族元素虽然有相似的价层电子构型，但处于不同周期的元素性质相差很大。硼、碳、硅是非金属元素，其他是金属元素，其中铝、锡、铅是常见金属元素，无论是它们的单质还是化合物都有广泛的用途。

第ⅢA 族和第ⅣA 族元素从上到下金属性渐强。不少元素既有金属的性质又有非金属的性质，两性比较明显。

1．硼

硼在自然界中的含量不多，主要以含氧化合物矿石存在，比如硼砂 $Na_2B_4O_7 \cdot H_2O$(或写为 $Na_2O \cdot 2B_2O_3 \cdot 10H_2O$)和硼镁矿 $Mg_2B_2O_5 \cdot H_2O$。硼砂的水溶液因水解而呈碱性。硼砂受强热脱水熔化为玻璃体，与不同金属的氧化物或盐类熔融生成具有不同特征颜色的偏硼酸复盐，即硼砂珠试验。

硼砂溶液与酸反应可析出硼酸 H_3BO_3。硼酸是一元弱酸，它在水溶液中的解离不同于一般的一元弱酸。硼酸是 Lewis 酸，能与多羟基醇发生加合反应，使溶液的酸性增强。

硼砂溶于水后，水解生成等摩尔的 H_3BO_3 和 $B(OH)_4^-$(即弱酸及其盐)，所以有良好的缓冲作用，水解方程式为

$$B_4O_5(OH)_4^{2-} + 5H_2O = 2H_3BO_3 + 2B(OH)_4^-$$

2．铝

铝是常用的还原剂，能从许多氧化物中夺氧，是典型的两性元素。金属铝、氧化铝和氢氧化铝都能与酸、碱反应，与酸反应得到铝盐，与碱反应生成铝酸盐。如：

$$Al(OH)_3 + 3H^+ = Al^{3+} + 3H_2O$$

$$Al(OH)_3 + OH^- = AlO_2^- + 2H_2O$$

铝盐中的 Al^{3+} 在水溶液中，以八面体的水合配离子$[Al(H_2O)_6]^{3+}$形式存在。它在水中解离，而使溶液显酸性，这就是铝盐的水解作用。

$$[Al(H_2O)_6]^{3+} + H_2O = [Al(H_2O)_5OH]^{2+} + H_3O^+$$

$[Al(H_2O)_5OH]^{2+}$ 将进一步解离。一些弱酸，如 H_2CO_3、H_2S、HCN 等的铝盐在水中几乎完全或大部分水解。所以弱酸的铝盐，如 Al_2S_3 及 $Al_2(CO_3)_3$ 等不能用湿法制得。

3．碳

碳是地球上化合物最多的元素，除了 CO_2，还有各种碳酸盐、金刚石、石墨、石油和天然气等。动植物体内的脂肪、蛋白质、淀粉和纤维素等也是碳的化合物。将碳酸盐溶液与盐酸反应生成的气体通入 $Ba(OH)_2$ 溶液中，能使 $Ba(OH)_2$ 溶液变浑浊，这一方法常用于鉴定 CO_3^{2-} 的存在。

4．硅

硅的含量在所有元素中居第二位，它以大量的硅酸盐矿和石英矿存在于自然界。除了碱金属外，其他金属的硅酸盐都不溶于水。过渡金属的硅酸盐经常呈现不同的颜色。

硅酸钠是最常见的可溶性硅酸盐。硅酸钠水解使溶液显强碱性，水解产物为二硅酸盐或多硅酸盐，水解方程式为

$$Na_2SiO_3 + 2H_2O = NaH_3SiO_4 + NaOH$$

5．锡、铅

锡、铅属于中等活泼的金属，能形成氧化值为 +2 和 +4 的化合物。其中 +4 化合物的稳定性 $Sn > Pb$，+2 化合物的稳定性 $Sn \ll Pb$。

铅和铅的化合物都有毒。人体若每天摄入 1 mg 铅，长期如此就会有中毒危险。

锡的氧化物 SnO_2 不溶于水，也难溶于酸或碱，但是与 NaOH 共熔可生成可溶性盐，反应方程式为

$$SnO_2 + 2NaOH \longrightarrow Na_2SnO_3(\text{锡酸钠}) + H_2O$$

铅的氧化物除了有 PbO 和 PbO_2，还有常见的混合氧化物 Pb_3O_4。Pb_3O_4 是红色的粉末，俗称“铅丹”或“红丹”。在它的晶体中有 2/3 的 Pb(Ⅱ)和 1/3 的 Pb(Ⅳ)，化学式可以写成 $2PbO \cdot PbO_2$。

PbO 易溶于醋酸或硝酸得到 Pb(Ⅱ)盐，比较难溶于碱。

用熔融的 $KClO_3$ 或硝酸盐氧化 PbO，或者用 NaClO 氧化亚铅酸盐，都可以得到 PbO_2。PbO_2 是两性的，不过其酸性大于碱性。

Pb(Ⅳ)的化合物都具有强氧化性。PbO_2 是强氧化剂，在酸性条件下能将 Mn^{2+} 氧化为 MnO_4^-，离子方程式为

$$5PbO_2 + 2Mn^{2+} + 5SO_4^{2-} + 4H^+ \longrightarrow 5PbSO_4 + 2MnO_4^- + 2H_2O$$

锡和铅的氢氧化物都是两性的。比如 $Sn(OH)_2$ 和 $Pb(OH)_2$ 都溶于酸和碱，但 $Sn(OH)_2$ 可溶于 2 $mol \cdot L^{-1}$ NaOH 溶液，而使 $Pb(OH)_2$ 溶解则需加入 6 $mol \cdot L^{-1}$ 的 NaOH 溶液，反应方程式为

$$Sn(OH)_2 + 2NaOH \longrightarrow Na_2SnO_2(\text{亚锡酸钠}) + 2H_2O$$

$$Pb(OH)_2 + NaOH \longrightarrow Na[Pb(OH)_3]$$

亚锡酸根离子 SnO_2^{2-} 实际以 $[Sn(OH)_4]^{2-}$ 存在，是较强的还原剂，在碱性介质中容易被氧化成锡酸根离子。例如

$$3Na_2SnO_2 + 2BiCl_3 + 6NaOH \longrightarrow 3Na_2SnO_3 + 6NaCl + 2Bi\downarrow + 3H_2O$$

反应生成黑色的金属 Bi，常用来鉴定 Sn^{2+} 或 Bi^{3+} 离子。

$Sn(OH)_4$ 偏酸性，被称为锡酸。锡酸分 α 型和 β 型两种。α-锡酸为无定形粉末，能溶于酸或碱。它是由 Sn(Ⅳ)盐在低温下水解或者与碱反应而得到。β-锡酸是晶态的，既不溶于酸也不溶于碱，通常由 Sn(Ⅳ)盐在高温下水解，或者用金属 Sn 与浓 HNO_3 反应而制得。α-锡酸放置时间长会转变为 β-锡酸。

Sn 和 Pb 的盐有较强的水解作用，因此在配制这些溶液时必须加入相应的酸以抑制它们的水解。同时为防止 Sn^{2+} 被空气中的氧氧化，需要在新配制的 $SnCl_2$ 溶液中加入少量金属 Sn 粒。

Sn(Ⅱ)的化合物具有较强的还原性。比如 $SnCl_2$ 能将 Hg^{2+} 还原为 Hg_2^{2+}，并进一步还原为金属 Hg，反应方程式为

$$2HgCl_2 + SnCl_2 \longrightarrow Hg_2Cl_2\downarrow(\text{白色}) + SnCl_4$$

$$Hg_2Cl_2 + SnCl_2 \longrightarrow 2Hg\downarrow(\text{黑色}) + SnCl_4$$

这一反应很灵敏，常用于 Sn^{2+} 或 Hg^{2+} 离子的鉴定。

锡、铅的硫化物都有特征颜色，均难溶于水和稀酸。SnS_2 能溶于 Na_2S 或 $(NH_4)_2S$ 溶液，生成可溶性硫代酸盐，而 SnS 不能。反应方程式为

$$SnS_2 + Na_2S \longrightarrow Na_2SnS_3$$

SnS 能溶于多硫化钠溶液中，这是因为多硫离子有氧化性，它能将 SnS 氧化成 SnS_2 而溶解，反应方程式为

$$SnS + Na_2S_2 \longrightarrow Na_2SnS_3$$

这些硫代酸盐只存在于中性或碱性介质中，遇酸则分解成硫化氢和相应的硫化物沉淀。

离子方程式为

$$SnS_3^{2-} + 2H^+ \xlongequal{} H_2S\uparrow + SnS_2\downarrow$$

利用 SnS 和 SnS_2 在碱金属硫化物溶液中溶解性的不同,可以鉴别 Sn^{2+} 和 Sn^{4+}。

PbS 的溶解度很小,但可溶于稀硝酸和浓盐酸中,后者生成$[PbCl_4]^{2-}$。常利用 Pb^{2+} 和 S^{2-} 离子生成黑色 PbS 的反应鉴别 Pb^{2+} 或 S^{2-},以及 H_2S 气体。

Pb^{2+} 可形成多种难溶化合物如 PbS、PbI_2、$PbCrO_4$、$PbCO_3$ 等。$PbCl_2$ 难溶于冷水,易溶于热水,也能溶解于盐酸中。

$$PbCl_2 + 2HCl \xlongequal{} H_2[PbCl_4]$$

【实验物品】

1. 仪器和材料

离心机,恒温水浴锅,药勺,试管,试管架,离心管,量筒(10～25 mL),烧杯(50 mL),短颈漏斗,玻璃棒,滴管,广泛 pH 试纸,精密 pH 试纸,滤纸。

2. 试剂

硼砂,铝片,锡粒,PbO_2(s),Pb_3O_4(s),活性炭粉末,浓 HCl,浓 HNO_3,浓 H_2SO_4,饱和 NaAc,饱和 NH_4Cl,40% NaOH,20% Na_2SiO_3,5% CH_3CSNH_2,H_2SO_4(6 mol·L^{-1}、2 mol·L^{-1}),HCl(6 mol·L^{-1}、2 mol·L^{-1}),HNO_3(6 mol·L^{-1}、2 mol·L^{-1}),NH_4Ac(3 mol·L^{-1}),NaOH(2 mol·L^{-1}),$(NH_4)_2S$(1 mol·L^{-1}),$(NH_4)_2S_x$(1 mol·L^{-1}),$Al_2(SO_4)_3$(0.5 mol·L^{-1}),$NaNO_3$(0.5 mol·L^{-1}),$MgCl_2$(0.5 mol·L^{-1}),$BaCl_2$(0.5 mol·L^{-1}),Na_2CO_3(0.5 mol·L^{-1}),$Bi(NO_3)_3$(0.1 mol·L^{-1}),$Pb(NO_3)_2$(0.1 mol·L^{-1}),$CrCl_3$(0.1 mol·L^{-1}),$SnCl_2$(0.1 mol·L^{-1}),$SnCl_4$(0.1 mol·L^{-1}),$HgCl_2$(0.1 mol·L^{-1}),$MnSO_4$(0.1 mol·L^{-1}),KI(0.1 mol·L^{-1}),K_2CrO_4(0.1 mol·L^{-1}),甲基橙指示剂,铝试剂,甘油,靛蓝溶液。

【实验步骤】

1. 硼砂和硼酸溶液的性质

(1) 硼酸的生成

在试管中加入约 1 g 硼砂和 5 mL 去离子水,稍微加热使之溶解后,用 pH 试纸测定溶液的 pH。然后加入 1 mL 6 mol·L^{-1} H_2SO_4,将试管放在冷水中冷却,并用玻璃棒不断搅拌,片刻后观察硼酸晶体的析出。观察产物的颜色和状态,写出反应方程式。制备的硼酸晶体保留备用。

(2) 硼酸的性质

在试管中加入约 0.5 g 硼酸晶体和 3 mL 去离子水,观察溶解情况。微热使固体溶解,冷至室温,用 pH 试纸测溶液的 pH 值。然后往溶液中加一滴甲基橙指示剂,溶液变成什么颜色?

把试管中的溶液分成两份,一份作比较用,在另一份溶液中加五滴甘油,混匀,指示剂的颜色有什么变化？为什么？

(3) 硼砂溶液的缓冲作用

将 0.2 g 硼砂溶于 10 mL 水中，用精密 pH 试纸测溶液的 pH 值，通过实验证实它有缓冲作用。以同体积的蒸馏水做对照实验。

用步骤(1)中制备的硼酸晶体配制 $0.2\ mol\cdot L^{-1}$ 的 H_3BO_3 溶液。向硼砂溶液中加入不同量的 H_3BO_3 溶液，可以制得不同 pH 值的溶液。进行该实验，并证实溶液有缓冲能力。表 6.1 中数字可供参考。

表 6.1　不同浓度 H_3BO_3 溶液的 pH 值

缓冲溶液的 pH	6.77	7.78	8.22	8.69	8.98	9.24
$0.2\ mol\cdot L^{-1}$ 硼酸(mL)	9.7	8.0	6.5	4.0	2.0	0
$0.05\ mol\cdot L^{-1}$ 硼砂(mL)	0.3	2.0	3.5	6.0	8.0	10

2. 铝和铝盐的性质及其鉴定反应

(1) 金属铝的强还原性

在试管中加 0.5 mL $0.5\ mol\cdot L^{-1}$ $NaNO_3$，再加少量 40% NaOH 溶液，使溶液显强碱性。加入铝片，用湿 pH 试纸在试管口检验逸出的 NH_3，反应的离子方程式为

$$8Al + 3NO_3^- + 5OH^- + 18H_2O = 8Al(OH)_4^- + 3NH_3$$

(2) 铝盐的水解

① 在 $0.5\ mol\cdot L^{-1}$ $Al_2(SO_4)_3$ 溶液中加入新配制的硫化铵溶液，将沉淀离心分离，并用蒸馏水洗涤沉淀 2～3 次，设法证明沉淀是氢氧化铝而不是硫化铝。

② 在 $Al_2(SO_4)_3$ 溶液中加入等量的饱和醋酸钠溶液，加热至沸，观察有无沉淀生成。

解释以上两个实验现象，写出反应方程式。

(3) Al^{3+} 的鉴定反应

在试管中加入 5 滴 $0.5\ mol\cdot L^{-1}$ $Al_2(SO_4)_3$ 溶液，再加入 5 滴 $3\ mol\cdot L^{-1}$ NH_4Ac 溶液使溶液接近中性，然后加入 1～2 滴铝试剂，搅拌后微热，有红色沉淀生成表明有 Al^{3+}。

3. 活性炭的吸附性

(1) 往 2 mL 靛蓝溶液中加入一小勺活性炭，充分摇荡试管，过滤去(或离心分离)活性炭，观察溶液颜色变化。

(2) 往 2 mL $0.1\ mol\cdot L^{-1}$ $Pb(NO_3)_2$ 溶液中加入几滴 $0.1\ mol\cdot L^{-1}$ K_2CrO_4 溶液，观察黄色 $PbCrO_4$ 沉淀的生成。

另取 2 mL $0.1\ mol\cdot L^{-1}$ $Pb(NO_3)_2$ 溶液，加入一小勺活性炭，充分摇荡试管后滤去活性炭，往滤液中加入几滴 $0.1\ mol\cdot l^{-1}$ K_2CrO_4 溶液，和未加活性炭的实验对比，有何不同？为什么？

4. 碳酸盐的性质和鉴定反应

(1) CO_3^{2-} 与金属离子的反应

在 3 支离心管中分别加入 $0.5\ mol\cdot L^{-1}$ 的 $MgCl_2$、$BaCl_2$ 和 $0.1\ mol\cdot L^{-1}$ $CrCl_3$ 溶液各 1 mL。均加入适量的 $0.5\ mol\cdot L^{-1}$ Na_2CO_3 溶液至生成的沉淀量相近。离心，弃去溶液，将

沉淀洗净(洗至洗涤液加酸不产生气泡),然后加入 2 mol·L^{-1} HCl,观察三者现象的区别。

根据实验现象判断,何者生成碳酸盐、碱式碳酸盐或氢氧化物?

(2) CO_3^{2-} 的鉴定反应

浓度较大的 CO_3^{2-} 溶液经酸化后,即产生 CO_2 气体,可证明 CO_3^{2-} 的存在。但当 CO_3^{2-} 量较少,或同时存在其他能与酸产生气体的物质(如 NO_2^-、SO_3^{2-}、H_2O_2 等)时,则要用 $Ba(OH)_2$ 气体瓶法检出 CO_3^{2-}。

5. 硅酸盐的性质及硅酸凝胶的生成

(1) 硅酸钠的水解作用

用 pH 试纸测试 20% Na_2SiO_3 溶液的酸碱性。

(2) 硅酸钠与盐酸的作用

往 2 mL 20% Na_2SiO_3 溶液中滴加纯净的 6 mol·L^{-1} HCl 溶液,使溶液的 pH 在 6~9 范围内,观察硅酸凝胶的生成,若无凝胶生成可微热。

(3) 硅酸钠与氯化铵作用

用饱和 NH_4Cl 溶液代替 HCl 做步骤 3,观察产物的颜色和状态,用 pH 试纸在试管口检验气体产物(现象不明显时可微热),写出 Na_2SiO_3 与 NH_4Cl 相互促进水解的反应方程式。

根据以上三个实验的结果,说明硅酸水凝胶生成的条件,并比较 H_2SiO_3、NH_4Cl、HCl 的酸性强弱。

6. 锡盐和铅盐的化学性质

(1) 锡、铅氢氧化物的生成及其酸、碱性

① 氢氧化锡(Ⅱ)的生成和酸、碱性:在离心试管中,加入 0.5 mL 0.1 mol·L^{-1}的 $SnCl_2$ 溶液,再滴加 2 mol·L^{-1} NaOH 溶液,使生成白色沉淀,注意碱勿过量。离心分离,弃去溶液,将沉淀分成两份,分别试验其在 2 mol·L^{-1} HCl 和 2 mol·L^{-1} NaOH 溶液中的溶解性。

② 氢氧化铅(Ⅱ)的生成和酸、碱性:取 0.1 mol·L^{-1}的 $Pb(NO_3)_2$ 溶液,用步骤①相同方法试验沉淀对稀酸和稀碱的作用(此时用何种酸更合适?)。

根据实验①②,对 $Sn(OH)_2$ 和 $Pb(OH)_2$ 的酸、碱性作出结论。

③ α-锡酸的生成和性质:取 1 mL 0.1 mol·L^{-1} $SnCl_4$ 溶液,滴加 2 mol·L^{-1} NaOH 溶液,使生成沉淀,即得 α-锡酸。离心分离,弃去溶液,试验沉淀在稀碱和稀酸中的反应。

④ β-锡酸的生成和性质:取少量金属锡与浓 HNO_3 作用,微热之(NO_2 气体有毒,应在通风橱内操作),所得沉淀为β-锡酸。或者按步骤③制得 α-锡酸,于水浴中煮沸 30~40 min,则转变成β-锡酸。试验β-锡酸对稀酸和稀碱的作用,并与 α-锡酸比较。

(2) 锡(Ⅱ)盐的水解性和还原性

① 氯化亚锡的水解:取 2 mL 0.1 mol·L^{-1}的 $SnCl_2$ 溶液,加水稀释,有什么现象?再逐滴加入 6 mol·L^{-1} HCl,又有什么现象?写出反应方程式。

② 氯化亚锡的还原性:往 0.5 mL 0.1 mol·L^{-1}的 $HgCl_2$ 溶液中,逐滴加入 0.1 mol·L^{-1} $SnCl_2$ 溶液,观察白色 Hg_2Cl_2 沉淀的生成。继续加 $SnCl_2$ 溶液,并不断搅拌,然后放置 2~3 min,观察实验现象。

最终实验产物是黑色和白色混杂,呈灰色。

③ 亚锡酸钠的还原性:向 $SnCl_2$ 溶液中加入过量 2 mol·L^{-1} NaOH 溶液,制得亚锡酸钠

溶液。加入硝酸铋溶液，观察现象。

(3) 铅(Ⅳ)盐的氧化性

① 向少量 PbO_2 固体中，加入浓 HCl，观察现象，并鉴定生成的气体。写出反应方程式。

② 取一滴 0.1 $mol \cdot L^{-1}$ $MnSO_4$，溶液加入 2 mL 6 $mol \cdot L^{-1}$ HNO_3 溶液酸化，然后加入少量 PbO_2 固体微热之，观察现象，写出反应方程式，并解释之。

③ 铅丹(Pb_3O_4)的组成：取少量 Pb_3O_4 固体加入到少量的 6 $mol \cdot L^{-1}$ HNO_3 溶液中，不断搅拌，观察 Pb_3O_4 的颜色变化，并与 PbO_2 的颜色比较。写出相应的反应方程式。

设法确证 Pb_3O_4 中铅存在两种氧化态。

(4) 铅(Ⅱ)和锡(Ⅱ)的难溶化合物

① 氯化铅：在 1 mL 水中，加数滴 0.1 $mol \cdot L^{-1}$ $Pb(NO_3)_2$ 溶液，然后滴加稀盐酸，即有白色 $PbCl_2$ 沉淀生成。将所得沉淀连同溶液一起加热，沉淀是否溶解？再把溶液冷却，又有什么变化？由此可得出什么结论？

② 碘化铅：将稀盐酸改为 0.1 $mol \cdot L^{-1}$ KI 溶液，用步骤①相同的方法，试验 PbI_2 的生成和溶解。

③ 铬酸铅：由 0.1 $mol \cdot L^{-1}$ $Pb(NO_3)_2$ 溶液和 0.1 $mol \cdot L^{-1}$ K_2CrO_4 溶液制备$PbCrO_4$，观察它的颜色和状态，并试验它在 2 $mol \cdot L^{-1}$ HNO_3 和 NaOH 溶液中的溶解情况。由此得出 $PbCrO_4$ 生成的条件是什么？写出相应的反应方程式。

④ 硫酸铅：如同步骤①，用稀 H_2SO_4 代替稀盐酸，微热之，可得到硫酸铅的白色沉淀。离心分离，将沉淀分作两份，一份加入浓硫酸并微热之，沉淀是否溶解；另一份加入饱和 NaAc 溶液，微热并搅拌之，沉淀是否溶解，解释上面现象。写出相应的反应方程式。

⑤ 硫化锡(Ⅱ)和硫化铅：往两支离心管中分别加入 1 mL 0.1 $mol \cdot L^{-1}$ $Pb(NO_3)_2$ 溶液和 0.1 $mol \cdot L^{-1}$ $SnCl_2$ 溶液，然后加入硫代乙酰胺溶液，并水浴加热，观察反应产物的颜色和状态。离心分离，弃去溶液，把沉淀分成两份，分别试验它们与 6 $mol \cdot L^{-1}$ HNO_3、40% NaOH 和多硫化铵溶液的作用。写出相应的反应方程式。

注意：用硫代乙酰胺沉淀 Sn(Ⅱ)得到的硫化亚锡沉淀，可溶于 NaOH 或 CH_3CSNH_2 + NaOH 中。反应方程式为

$$2SnS + 4OH^- = SnO_2^{2-} + SnS_2^{2-} + 2H_2O$$

【思考题】

(1) 为什么硼砂的水溶液具有缓冲作用？怎样计算其 pH 值？

(2) 能否用加热三氯化铝水合物脱水的方法制无水 $AlCl_3$？能在水溶液中制得 Al_2S_3 吗？说明原因。

(3) 如何用简单的方法区别 $Na_2B_4O_7 \cdot H_2O$、Na_2CO_3 和 Na_2SiO_3 三种盐的溶液？

(4) 配制 $SnCl_2$ 溶液，为什么既要加盐酸又要加锡粒？

(5) 检验 $Pb(OH)_2$ 的酸碱性时应使用什么酸？为什么不能用稀盐酸或稀硫酸？

(6) 在含 Sn^{2+} 的溶液中加入 CrO_4^{2-} 会发生什么反应？

实验知识拓展

(1) $Ba(OH)_2$ 气体瓶法检出 CO_3^{2-}

当 CO_3^{2-} 量较少，或同时存在其他能与酸产生气体的物质(如 NO_2^-、SO_3^{2-}、H_2O_2 等)时，要用 $Ba(OH)_2$ 气体瓶法检出 CO_3^{2-}，如图 6.2 所示。

取下滴管，在玻璃瓶中加少量试样，从滴管上口加入一滴饱和 $Ba(OH)_2$ 溶液. 然后往玻璃瓶中加 5 滴 6 $mol \cdot L^{-1}$ HCl，立即将滴管插入瓶中，塞紧，用手指轻敲瓶底，放置 2 min，如果溶液变浑浊表示有 CO_3^{2-}。

图 6.2　$Ba(OH)_2$ 气体瓶法检测 CO_3^{2-}

如果 $Ba(OH)_2$ 溶液浑浊度不大，可能是由于它吸收空气中 CO_2 所致，这时需做空白试验加以确定。

如果试液中含有 SO_3^{2-} 或 $S_2O_3^{2-}$，它们会干扰 CO_3^{2-} 的检出，需要加 5 滴 3% H_2O_2 把它们氧化，然后再检出 CO_3^{2-}。

(2) 铝试剂

铝试剂又称玫红三羧酸铵，系统命名为 3-[二(3-羧基-4-羟基苯基)亚甲基]-6-氧代-1, 4-环己烯-1-羧酸三铵，分子式：$C_{22}H_{23}N_3O_9$。常温下为红棕色或橙红色玻璃状粉末或颗粒。

铝试剂是优良的金属指示剂。在定性分析中，铝试剂可以对铝离子作定性检出：在醋酸及醋酸盐的弱酸性缓冲溶液(pH = 4～5)中，铝离子与铝试剂生成红色络合物；加氨水使溶液呈弱碱性并加热，可促进鲜红色絮状沉淀的生成，现象更明显。

$$\text{铝试剂} + \frac{1}{3}Al^{3+} \longrightarrow \text{鲜红色沉淀}\ (Al/3 + NH_4^+)$$

(3) 硫代乙酰胺 CH_3CSNH_2

实验室常用硫代乙酰胺作为生成硫化物的沉淀剂，这是因为：

① 在酸性溶液中，硫代乙酰胺水解生成 H_2S，水解反应如下：

$$CH_3CSNH_2 + H_2O = CH_3CONH_2 + H_2S$$

长时间煮沸下 CH_3CONH_2 进一步水解：

$$CH_3CONH_2 + H_2O = CH_3COONH_4$$

② 在碱性溶液中，硫代乙酰胺水解生成 S^{2-}，可以代替 Na_2S 使用，水解反应如下：

$$CH_3CSNH_2 + 3OH^- = CH_3COO^- + NH_3 + S^{2-} + H_2O$$

硫代乙酰胺的水解速度随温度升高而加快，因此沉淀反应一般在沸水浴中进行。其在碱性溶液中的水解速度比在酸性溶液中快。

硫代乙酰胺作为沉淀剂的特点如下：

① 可以减少有毒 H_2S 气体逸出，降低实验室中空气的污染程度。

② 以均匀沉淀的方式得到的金属硫化物较纯净，共沉淀少，便于分离。

用硫代乙酰胺作沉淀剂时，应注意以下几点：

① 应预先除去氧化性物质，以免部分硫代乙酰胺被氧化成 SO_4^{2-}。

② 硫代乙酰胺的用量应适当过量，以保证硫代物沉淀完全。

(3) 沉淀作用应在沸水浴中进行，并加热适当长的时间促进硫代乙酰胺的水解，以保证硫化物沉淀完全。

实验 8　氮、磷和砷、锑、铋

【实验目的】

(1) 掌握铵根离子的检验方法，试验亚硝酸、硝酸和硝酸盐的主要性质。

(2) 试验磷酸盐的主要化学性质。

(3) 试验并了解砷、锑、铋氢氧化物的酸、碱性以及三价锑、铋盐的水解性。

(4) 试验并了解三价锑、铋盐的还原性，五价砷、锑、铋盐的氧化性。

(5) 试验砷、锑、铋硫化物的难溶性，了解砷、锑、铋的硫代酸盐的生成。

【预习内容】

(1) 为什么实验室常用“铵盐加碱并加热”的方法制取或检定 NH_3？“气室法”检验 NH_3 有何优越之处？

(2) 硝酸与金属反应的主要还原产物与哪些因素有关？

(3) 用钼酸铵试剂鉴定 PO_4^{3-} 时为什么要在硝酸介质中进行？

(4) 举例说明砷分族高、低氧化态化合物的氧化还原性变化规律。

(5) 总结锑、铋硫化物的溶解性，说明它们与相应的氢氧化物的酸碱性有何联系。

【实验原理】

周期系ⅤA 族包括氮、磷、砷、锑、铋五种元素，其原子的价层电子构型为 ns^2np^2，通称为氮族元素。其中原子半径较小的 N 和 P 是非金属，而随着原子半径的增大，Sb 和 Bi 过渡为金属元素，处于中间的 As 为准金属元素。

氮族元素自上而下，除了 N(Ⅴ)是较强的氧化剂外，从磷到铋 +5 氧化态的氧化性依次增强。+5 氧化态的磷几乎不具有氧化性，而 +5 氧化态的铋是最强的氧化剂。

1．氮

鉴定NH_4^+的常用方法有两种：一是NH_4^+与OH^-反应，生成的$NH_3(g)$使红色的石蕊试纸变蓝；二是NH_4^+与奈斯勒(Nessler)试剂($K_2[HgI_4]$的碱性溶液)反应，生成红棕色沉淀，反应方程式为

$$NH_4Cl + 2K_2[HgI_4] + 4KOH = \left[O\begin{matrix} Hg \\ \\ Hg \end{matrix}NH_2 \right]I\downarrow + KCl + 7KI + 3H_2O$$

亚硝酸盐中氮的氧化值为+3，它在酸性溶液中可以作氧化剂，一般被还原为NO。与强氧化剂作用时则生成硝酸盐。

亚硝酸盐与强酸在冷溶液中反应生成亚硝酸。亚硝酸极不稳定，仅存在于冷的稀溶液中，微热便分解为N_2O_3和H_2O。N_2O_3又能分解为NO和NO_2。反应方程式为

$$2HNO_2 \underset{冷}{\overset{热}{\rightleftharpoons}} H_2O + N_2O_3 \underset{冷}{\overset{热}{\rightleftharpoons}} H_2O + NO + NO_2$$

亚硝酸及其盐有毒，注意勿进入口内。

硝酸具有强氧化性。非金属元素如碳、硫、磷、碘等都能被硝酸氧化成氧化物或含氧酸。例如

$$S + 6HNO_3(浓) = H_2SO_4 + 6NO_2 + 2H_2O$$

$$3I_2 + 10HNO_3(稀) = 6HIO_3 + 10NO + 2H_2O$$

硝酸与金属反应，其还原产物中氮的氧化数降低多少，主要取决于硝酸的浓度、金属的活泼性和反应的温度。对同一种金属来说，酸愈稀则其还原产物中氮的氧化数越低。不活泼金属与浓硝酸反应主要生成NO_2，与稀硝酸反应主要生成NO。活泼金属如Fe、Zn、Mg等则能将稀硝酸还原为NH_4^+。

NO_2^-与$FeSO_4$在HAc中反应生成棕色的亚硝酰合铁(Ⅱ)离子($[Fe(NO)(H_2O)_5]^{2+}$，简写为$[Fe(NO)]^{2+}$)，离子方程式为

$$Fe^{2+} + NO_2^- + 2HAc = Fe^{3+} + NO + H_2O + 2Ac^-$$

$$Fe^{2+} + NO = [Fe(NO)]^{2+}$$

NO_3^-与$FeSO_4$溶液在浓H_2SO_4介质中反应也生成棕色亚硝酰合铁(Ⅱ)离子，离子方程式为

$$3Fe^{2+} + NO_3^- + 4H^+ = 3Fe^{3+} + NO + 2H_2O$$

在试液与浓H_2SO_4液层界面处生成的$[Fe(NO)]^{2+}$呈棕色环状。此方法用于鉴定NO_3^-，称为“棕色环”法。NO_2^-的存在干扰NO_3^-的鉴定，加入尿素并微热，可除去NO_2^-，离子方程式为

$$2NO_2^- + CO(NH_2)_2 + 2H^+ = 2N_2 + CO_2 + 3H_2O$$

2．磷

磷有多种同素异形体，如白磷、红(或紫)磷和黑磷，其中常见的是白磷和红磷。白磷是一种极毒且易燃的物质，与皮肤接触会引起剧痛和难以恢复的灼伤，因此在使用时必须注意安全并切实遵守实验规则。

表6.2列出了磷的几种重要的含氧酸。

表 6.2 几种重要的磷的含氧酸

名称	正磷酸	焦磷酸	偏磷酸	亚磷酸	次磷酸
化学式	H_3PO_4	$H_4P_2O_7$	$(HPO_3)_n$	H_3PO_3	H_3PO_2
磷的氧化数	+5	+5	+5	+3	+1

正磷酸简称磷酸，加热时逐渐脱水生成焦磷酸、偏磷酸，因此磷酸没有自身的沸点。磷酸能与水以任意比例相混溶。

磷酸具有强的配位能力，能与许多金属离子形成可溶性配合物。它是一个三元酸，能生成三个系列的盐：M_3PO_4、M_2HPO_4、MH_2PO_4。绝大多数的磷酸二氢盐都易溶于水，而磷酸一氢盐和正盐除了 Na^+、K^+ 和 NH_4^+ 离子的盐外，一般都不溶于水。这些盐在水中都能发生不同程度的水解：Na_3PO_4 的水溶液呈强碱性；Na_2HPO_4 的水溶液呈弱碱性；NaH_2PO_4 的水溶液呈弱酸性。

焦磷酸是无色玻璃状固体，易溶于水，在冷水中会慢慢转变为正磷酸。常见的焦磷酸盐有 $M_2H_2P_2O_7$ 和 $M_4P_2O_7$ 两种类型。偏磷酸是硬而透明的玻璃状物质，易溶于水，在溶液中会逐渐转变为正磷酸。常见的偏磷酸有三偏磷酸和四偏磷酸。焦磷酸盐 $P_2O_7^{4-}$ 和三聚偏磷酸盐 $(PO_3)_3^{3-}$ 都具有配位作用。

磷酸根的鉴定常见的有三种方法：

(1) 磷酸铵镁法

在被检试液中，加入数滴镁铵试剂（$MgCl_2$ 与 NH_4Cl、NH_3 的混合溶液），如有白色结晶出现，表示有 PO_4^{3-} 存在。必要时可用玻璃棒摩擦试管壁破坏过饱和现象，促使结晶生成。离子方程式为

$$PO_4^{3-} + NH_4^+ + Mg^{2+} = MgNH_4PO_4\downarrow$$

此沉淀溶于酸。如果被测的溶液为酸性，应先用氨水调至弱碱性，因碱性太强又会生成 $Mg(OH)_2$ 沉淀，所以鉴定要在 NH_4Cl/NH_3 的缓冲溶液中进行。

(2) 磷钼酸铵法

在被检试液中，滴入 $(NH_4)_2MoO_4$ 溶液，即有黄色沉淀产生，必要时可微热。离子方程式为

$$PO_4^{3-} + 12MoO_4^{2-} + 3NH_4^+ + 24H^+ = (NH_4)_3PO_4\cdot 12MoO_3\cdot 6H_2O\downarrow + 6H_2O$$

生成的沉淀溶于过量的碱金属磷酸盐溶液，形成可溶性配合物，所以要加入过量的钼酸铵。沉淀也溶于碱中，所以该鉴定反应不能在碱性介质中进行。

(3) 磷酸银法

在被检试液中加入 $AgNO_3$ 溶液，生成磷酸银沉淀。这种方法可以用来鉴别磷酸根、偏磷酸根和焦磷酸根离子。其中正磷酸与硝酸银产生黄色沉淀，偏磷酸和焦磷酸产生白色沉淀。

偏磷酸能使蛋白质水溶液凝聚产生白色沉淀，因此磷酸无毒而偏磷酸有毒。

3. 砷、锑、铋

砷、锑、铋又称为砷分族，它们能形成化合价为 +3，+5 的化合物。

砷的氧化物有剧毒，使用时应特别小心。锑、铋的化合物也都有一定的毒性，使用时要注意。

Sb、Bi(Ⅲ)的盐有较强的水解作用，因此在配制这些溶液时必须溶解在相应的酸中。$Bi(OH)_3$ 呈碱性。$Sb(OH)_3$ 呈两性，溶于 6 mol·L^{-1} 的 NaOH 溶液反应的离子方程式为

$$Sb(OH)_3 + 3OH^- = [Sb(OH)_6]^{3-}$$

Sb^{3+} 和 SbO_4^{3-} 可被金属锡还原成单质锑，使锡表面显黑色，可用来鉴定 Sb^{3+} 和 SbO_4^{3-}。

Bi(Ⅴ)的化合物都具有强氧化性。$NaBiO_3$ 是较强的氧化剂，在酸性条件下能和 Mn^{2+}、Cl^- 等反应，离子方程式为

$$5NaBiO_3 + 2Mn^{2+} + 14H^+ = 2MnO_4^- + 5Bi^{3+} + 5Na^+ + 7H_2O$$

在碱性条件下，亚锡酸根 SnO_2^{2-}(或$[Sn(OH)_4]^{2-}$)能和 Bi^{3+} 反应，生成黑色单质铋，用来鉴定 Bi^{3+} 离子，离子方程式为

$$2Bi(OH)_3 + 3[Sn(OH)_4]^{2-} = 3[Sn(OH)_6]^{3-} + 2Bi(s)$$

Sb_2S_3、Bi_2S_3 都难溶于水和稀盐酸，但能溶于较浓的盐酸。Sb_2S_3 还能溶于 NaOH 或 Na_2S 溶液，生成可溶性硫代酸盐。反应方程式为

$$Sb_2S_3 + 3Na_2S = 2Na_3SbS_3$$

这些硫代酸盐只存在于中性或碱性介质中，遇酸则分解生成 H_2S 和相应的硫化物沉淀。

【实验物品】

1. 仪器和材料

离心机，恒温水浴锅，试管，试管架，离心管，量筒(5～10 mL)，烧杯(50 mL)，表面皿(大、小各一块)，滴管，玻璃棒，pH 试纸。

2. 试剂

铜屑，锌片，$Bi(NO_3)_3$(s)，$NaBiO_3$(s)，As_2O_3(s)，浓 HCl，浓 HNO_3，碘水，氯水，饱和 $NaNO_2$，饱和 $Na_2S_2O_3$，5% CH_3CSNH_2，NaOH(6 mol·L^{-1}、2 mol·L^{-1})，HNO_3(6 mol·L^{-1}、2 mol·L^{-1})，HCl(6 mol·L^{-1}、2 mol·L^{-1})，HAc(6 mol·L^{-1}、2 mol·L^{-1})，H_2SO_4(3 mol·L^{-1}、1 mol·L^{-1})，$FeSO_4$(0.5 mol·L^{-1})，$NaNO_3$(0.5 mol·L^{-1})，$NaNO_2$(0.5 mol·L^{-1}、0.1mol·L^{-1})，Na_2S(0.5 mol·L^{-1})，NH_4Cl(0.1 mol·L^{-1})，KNO_3(0.1 mol·L^{-1})，Na_3PO_4(0.1 mol·L^{-1})，Na_2HPO_4(0.1 mol·L^{-1})，NaH_2PO_4(0.1 mol·L^{-1})，KI(0.1 mol·L^{-1})，$KMnO_4$(0.1 mol·L^{-1})，$K_4P_2O_7$(0.1 mol·L^{-1})，$AgNO_3$(0.1 mol·L^{-1})，$CaCl_2$(0.1 mol·L^{-1})，H_3PO_4(0.1 mol·L^{-1})，$Bi(NO_3)_3$(0.1 mol·L^{-1})，$SbCl_3$(0.1 mol·L^{-1})，$MnSO_4$(0.1 mol·L^{-1})，Na_3AsO_4(0.1 mol·L^{-1})奈斯勒试剂，对-氨基苯磺酸，α-萘胺，尿素，1%蛋清水。

【实验步骤】

1. 铵根离子的检验方法

(1) 气室法检验 NH_4^+ 离子

取几滴铵盐溶液置于一表面皿中心，在另一块小表面皿中心粘附一小块湿润的 pH 试

纸,然后向铵盐溶液中滴加 6 mol·L^{-1} NaOH 溶液至呈碱性,迅速将粘有 pH 试纸的表面皿盖在盛有试液的表面皿上作成“气室”。将此气室放在水浴上微热,观察 pH 试纸的变化。

(2) 取几滴铵盐(例如 NH_4Cl)溶液于小试管中,加入 2 滴 2 mol·L^{-1}NaOH 溶液,然后再加 2 滴奈斯勒试剂,观察红棕色沉淀的生成。

2. 亚硝酸、硝酸和硝酸盐的主要性质

(1) 亚硝酸的生成和分解

把盛有约 1 mL 饱和 $NaNO_2$ 溶液的试管置于冰水中冷却,然后加入约 1 mL 3 mol·L^{-1} H_2SO_4 溶液,混合均匀,能观察到有浅蓝色亚硝酸溶液的生成。将试管自冰水中取出并放置一段时间,观察亚硝酸在室温下的迅速分解。

(2) 亚硝酸的氧化性

取 0.5 mL 0.1 mol·L^{-1} KI 溶液于小试管中,加入几滴 1 mol·L^{-1} H_2SO_4 溶液酸化,然后逐滴加入 0.1 mol·L^{-1} $NaNO_2$ 溶液,观察 I_2 的生成。写出反应方程式。

(3) 亚硝酸的还原性

取 0.5 mL 0.1 mol·L^{-1} $KMnO_4$ 溶液于小试管中,加入几滴 1 mol·L^{-1} H_2SO_4 酸化,然后加入 0.1 mol·L^{-1} $NaNO_2$ 溶液,观察现象,写出反应方程式。

(4) 硝酸的氧化性

① 在试管内放入一小块铜屑,加入几滴浓 HNO_3,观察现象。然后迅速加水稀释,倒掉溶液,回收铜屑。写出反应方程式。

② 取 0.5 mL 2 mol·L^{-1} HNO_3 溶液,加水稀释至 2 mL,加入一小片锌,如反应不明显可微热。待反应一段时间后,用实验证实有 NH_4^+ 存在。鉴定 NH_4^+ 时要使溶液成碱性,即加入 NaOH,至生成的白色 $Zn(OH)_2$ 沉淀完全溶解。写出反应方程式。

(5) 亚硝酸根离子、硝酸根离子的鉴定

① 亚硝酸根离子的鉴定

取 1 滴 0.5 mol·L^{-1} $NaNO_2$ 溶液于试管中,滴入 9 滴蒸馏水,再滴几滴 6 mol·L^{-1} HAc 酸化,然后加 1 滴对-氨基苯磺酸和 1 滴 α-萘胺,溶液即显红色。其反应方程式为

$$H_2N-C_6H_4-SO_3H + C_{10}H_7NH_2 + NO_2^- + 2H^+$$

$$\longrightarrow H_2N-C_{10}H_6-N{=}N-C_6H_4-SO_3H + 2H_2O$$

② 硝酸根离子的鉴定——棕色环试验

在小试管中注入 10 滴 0.5 mol·L^{-1} $FeSO_4$ 溶液和 0.5 mol·L^{-1} $NaNO_3$ 溶液,摇匀。然后斜持试管,沿着管壁慢慢滴入 1 滴管浓硫酸,由于浓硫酸的比重较上述液体大,浓硫酸流入试管底部,形成两层。这时两层液体界面上有一棕色环。

取 0.1 mol·L^{-1} KNO_3 溶液和 0.1 mol·L^{-1} $NaNO_2$ 溶液各 2 滴,稀释至 1 mL,再加入少量尿素及 2 滴 1 mol·L^{-1} H_2SO_4,以消除 NO_2^- 对鉴定 NO_3^- 的干扰,然后进行棕色环试验。

3．磷酸盐的主要化学性质

（1）正磷酸盐的性质

① 磷酸盐溶液的酸碱性

用 pH 试纸分别试验 0.1 mol·L^{-1}的 Na_3PO_4、Na_2HPO_4 和 NaH_2PO_4 溶液的酸碱性。然后分别取此三种溶液各 10 滴，倒入三支试管中，各加入 10 滴 $AgNO_3$ 溶液，观察黄色磷酸银沉淀的生成。再分别用 pH 试纸检查它们的酸碱性，前后对比有什么变化？试加以解释。

② 磷酸盐的溶解性及 PO_4^{3-}、HPO_4^{2-} 和 $H_2PO_4^-$ 的相互转化

分别取 0.1 mol·L^{-1}的 Na_3PO_4、Na_2HPO_4 和 NaH_2PO_4 溶液于三支试管中，各加入 0.1 mol·L^{-1} $CaCl_2$ 溶液，观察有无沉淀产生？加入氨水后，又各有什么变化？再分别加入 2 mol·L^{-1}盐酸有什么变化？

比较 $Ca_3(PO_4)_2$、$CaHPO_4$ 和 $Ca(H_2PO_4)_2$ 的溶解性，说明它们之间相互转化的条件，写出相应的反应方程式。

（2）磷酸根、偏磷酸根和焦磷酸根的性质和鉴定

① 磷酸银法

在 0.1 mol·L^{-1} H_3PO_4 溶液，自制 HPO_3 溶液和 0.1 mol·L^{-1} $K_4P_2O_7$ 溶液中，各加入 0.1 mol·L^{-1} $AgNO_3$溶液，有何现象发生？离心分离，弃去溶液，往沉淀中注入 2 mol·L^{-1} HNO_3，观察沉淀是否溶解。

注意：因为焦磷酸根 $P_2O_7^{4-}$ 和偏磷酸根 PO_3^- 都具有配位作用，形成的银沉淀会与过量的 $P_2O_7^{4-}$ 或 PO_3^- 形成配离子而使沉淀溶解，所以要加入足够的 $AgNO_3$ 才能看到沉淀。

② 对蛋白溶液的作用

在 HPO_3(可自制)、H_3PO_4 和 $K_4P_2O_7$ 溶液中，各注入 2 mol·L^{-1}醋酸调 pH 值至 5 左右，再各加入 0.5 mL 1%蛋清水溶液，有何现象发生？

4．砷、锑、铋化合物的性质

（1）锑、铋的氧化物和氢氧化物的酸碱性

① 氢氧化亚锑的生成与性质

(a) 在三氯化锑溶液中加入 2 mol·L^{-1} NaOH 溶液，观察现象。

(b) 分别试验氢氧化亚锑沉淀在 6 mol·L^{-1} NaOH 溶液和 6 mol·L^{-1} HCl 溶液中的溶解性。

注意：$SbCl_3$ 易潮解，取用后立即盖好。若无未潮解的 $SbCl_3$，可以取 1 滴 $SbCl_3$ 潮解所得的溶液代替固体做实验。

② 氢氧化亚铋(Ⅲ)的生成与性质

(a) 在硝酸铋(Ⅲ)溶液中加入 2 mol·L^{-1} NaOH 溶液，观察现象。

(b) 试验氢氧化亚铋(Ⅲ)沉淀在 6 mol·L^{-1}HCl 和 6 mol·L^{-1} NaOH 溶液中的溶解性。

综合以上试验的结果，比较锑、铋的氢氧化物的酸碱性，指出它们的变化规律。

（2）三价锑、铋盐的水解

① 取少量三氯化锑溶液逐渐加水稀释，有何现象发生？再缓慢滴加 6 mol·L^{-1} HCl 溶液，沉淀是否溶解？再稀释，再酸化，又有什么变化？写出反应方程式，并解释之。

② 取少量固体硝酸铋(Ⅲ)代替 $SbCl_3$ 溶液,进行同样实验,观察现象,写出反应方程式。

(3) 三价砷、锑、铋盐的还原性和五价砷、锑、铋盐的氧化性

① 取少量自制的亚砷酸溶液调 pH 至中性左右,滴加碘水,观察现象。然后将溶液用浓盐酸酸化,又有何变化?写出反应方程式,并解释之。

② 用自制的亚锑酸钠溶液代替亚砷酸钠溶液做上述实验,观察现象,写出有关的反应方程式,并解释之。

注意:步骤①和②中若 $pH>9$,则碘会在碱性条件下歧化而影响实验结果。

③ 在试管中,加入 1 mL 硝酸铋(Ⅲ)溶液,再加入氢氧化钠溶液和氯水,水浴加热,观察现象。倾去溶液,洗涤沉淀,再加浓 HCl 作用于沉淀物,有什么现象产生?试鉴别气体产物。写出反应方程式,并解释之。

④ 铋酸盐的氧化性:在一支试管中,滴加两滴 $0.1\ mol\cdot L^{-1}$ $MnSO_4$ 溶液和 2 mL $2\ mol\cdot L^{-1}$ HNO_3 溶液,然后加入少量固体 $NaBiO_3$,用玻璃棒搅拌并微热之,观察溶液的颜色的变化,写出反应方程式。

(4) AsO_4^{3-}、AsO_3^{3-} 和 Bi^{3+} 的鉴定

① 在中性的 Na_3AsO_4 和 Na_3AsO_3(自制)试液中,加入 $AgNO_3$ 溶液,AsO_4^{3-} 溶液中,生成棕红色的 Ag_3AsO_4 沉淀;AsO_3^{3-} 溶液中,生成 Ag_3AsO_3 黄色沉淀。试验沉淀在饱和 $Na_2S_2O_3$ 溶液中的溶解性。

注意:Cl^- 的存在对此鉴定有干扰,如果体系中有 Cl^-,需要事先除去。

② 在亚锡酸钠(自制)中,加入 2 滴 $0.1\ mol\cdot L^{-1}$ $Bi(NO_3)_3$ 溶液,观察黑色沉淀生成,证明有 Bi^{3+} 存在。

(5) 砷、锑、铋的硫化物和硫代酸盐

① 在 Na_3AsO_3(自制)、$SbCl_3$、$Bi(NO_3)_3$ 溶液中,分别加入 $6\ mol\cdot L^{-1}$ HCl。再加入硫代乙酰胺溶液,混合均匀后在水浴中加热,观察反应产物的颜色和状态。离心分离,弃去溶液后沉淀物各分为三份,分别加入浓 HCl、$2\ mol\cdot L^{-1}$ NaOH 溶液和 $0.5\ mol\cdot L^{-1}$ Na_2S 溶液,观察沉淀是否溶解,并写出反应方程式。

② 先把盛有 2 mL $0.1\ mol\cdot L^{-1}$ 砷酸钠溶液的离心试管和盛有 2 mL 浓盐酸的试管,放在冰水中冷却。然后混合并加入硫代乙酰胺溶液,在水浴上加热,观察反应产物的颜色和状态。离心分离,弃去溶液,把沉淀分成三份,试验在对浓 HCl、$2\ mol\cdot L^{-1}$ NaOH 和 $0.5\ mol\cdot L^{-1}$ Na_2S 溶液中的溶解情况,写出反应方程式。

注意:As(Ⅴ)被硫代乙酰胺还原成 As(Ⅲ)的速度很快。

【思考题】

(1) 在氧化还原反应中,为什么一般不用硝酸、盐酸作为反应的酸性介质?在哪种情况下可以用它们作酸性介质?

(2) 固体 PCl_5 水解后,溶液中存在着 Cl^- 和 PO_4^{3-},但加入 $AgNO_3$ 溶液时,为什么只有 AgCl 沉淀析出?在什么条件下可使 Ag_3PO_4 沉淀析出?

(3) 欲用酸溶解磷酸银沉淀,在醋酸、硝酸、硫酸和盐酸中,选哪种最合适?为什么?

(4) 当用$NaBiO_3$氧化Mn^{2+}时，若取用的Mn^{2+}较多，则实验中不易得到MnO_4^-的紫红色溶液，这是为什么？如何避免？

(5) 为什么配制$SbCl_3$溶液要用浓HCl溶解？配制$Bi(NO_3)_3$要用硝酸溶解？

(6) 试判断下列反应能否发生，为什么？

$$AsO_4^{3-} + Mn^{2+} + H^+ \longrightarrow$$

$$SbO_4^{3-} + I^- + H^+ \longrightarrow$$

$$BiO_3^- + Mn^{2+} + H^+ \longrightarrow$$

实验知识拓展

(1) 除一氧化二氮外，所有氮的氧化物都有毒。其中尤以二氧化氮为甚，其允许含量为每升空气中不得超过0.005 mg。二氧化氮中毒尚无特效药物治疗，一般是输入氧气以帮助呼吸和血液循环。由于硝酸的分解产物或还原产物大多为氮的氧化物，因此涉及硝酸的反应均应在通风橱内进行。

(2) 白磷应保存在水中，切割时应在水面下操作，并用镊子夹取。取出后迅速用滤纸轻轻吸干，切勿摩擦。使用过的白磷残渣切勿倒入水槽，应集聚一起放在石棉网上烧掉。皮肤若被其灼伤，一般用5%的$CuSO_4$溶液或10% $AgNO_3$溶液或$KMnO_4$溶液清洗，然后进行包扎。

(3) 砷的氧化物As_2O_3(俗称砒霜)是极毒的物质，内服0.1 g即可致死。胂(AsH_3)和其他可溶性的砷化物也都是剧毒物，实验后一定要洗手，切勿进入口内或与伤口接触。万一失误，通常服用新鲜配制的氢氧化铁解毒剂(12%硫酸亚铁溶液与20%氧化镁悬浮液，在用前等量混合配制，用时摇匀)，使与砷结合成不溶性的砷酸铁。也可用乙二硫醇($HS-CH_2-CH_2-SH$)解毒，其反应方程式为

$$HS-CH_2-CH_2-SH + As^{3+} = (S-CH_2-CH_2-S)\rightarrow As^+ + 2H^+$$

(4) 亚硝酸根离子的鉴定反应中，亚硝酸根离子与对氨基苯磺酸和α-萘胺的显色历程如下：

① 氨基苯磺酸重氮化

$$HO_3S-C_6H_4-NH_2\cdot HAc + HNO_2 = HO_3S-C_6H_4-N_2\cdot Ac + 2H_2O$$

② 红色偶氮染料生成

$N_2 \cdot Ac$　　NH_2

SO_3H + ⟶ $N=N$ + HAc

SO_3H　　NH_2

实验 9　过氧化氢和硫

【实验目的】

(1) 掌握 H_2O_2 的氧化还原性及热稳定性。

(2) 试验 H_2S 的还原性，了解硫化物的生成和溶解条件。

(3) 掌握硫的不同氧化态含氧化合物的主要化学性质，分离检出水溶液中的 S^{2-} 、SO_3^{2-}、$S_2O_3^{2-}$。

【预习内容】

(1) 试讨论硫化氢与金属离子发生反应的类型及影响因素。

(2) 试设计实验比较：

① $S_2O_3^{2-}$ 和 I^- 何者还原性较强？

② $S_2O_8^{2-}$ 和 MnO_4^- 何者氧化性较强？

【实验原理】

周期表中ⅥA 族包括氧、硫、硒、碲和钋五种元素，通称为氧族元素，价电子构型为 $3s^23p^4$。随着电离势的降低，氧族元素从非金属过渡到金属：氧和硫是典型的非金属，硒和碲是准金属，而钋是典型的金属。

过氧化氢具有强氧化性，同时也能被更强的氧化剂氧化为氧气。许多古画用的颜料都是以 $2PbCO_3 \cdot Pb(OH)_2$（铅白）为基础的，天长日久，这些画会逐渐变黑。如果小心地用 H_2O_2 稀溶液处理，可以将黑色的 PbS 氧化成白色的 $PbSO_4$，从而使古画恢复原来的色彩。

酸性溶液中，H_2O_2 与 $Cr_2O_7^{2-}$ 反应生成蓝色的 CrO_5，这一反应用于鉴定 H_2O_2。

硫除了和氧原子一样具有 −2 氧化数外，还因有可利用的 3d 轨道而具有 +2、+3、+4、+6 等氧化数。

H_2S 具有强还原性。在含有 S^{2-} 的溶液中加入稀盐酸，生成的 H_2S 气体能使湿润的 $Pb(Ac)_2$ 试纸变黑。在碱性溶液中，S^{2-} 与 $[Fe(CN)_5NO]^{2-}$ 反应生成紫色配合物，反应方程

式为

$$S^{2-} + [Fe(CN)_5NO]^{2-} = [Fe(CN)_5NOS]^{4-}$$

这两种方法都可用于鉴定 S^{2-}。

硫的氧化物有 S_2O、SO、S_2O_3、SO_2、SO_3、S_2O_7、SO_4 等,其中最重要的是 SO_2 和 SO_3。

SO_2 溶于水生成不稳定的亚硫酸。亚硫酸及其盐常用作还原剂,但遇到强还原剂时也可显示氧化性。H_2SO_3 可与某些有机物发生加成反应生成无色加成物,所以具有漂白性,但加成物受热时往往容易分解。

SO_3^{2-} 与 $[Fe(CN)_5NO]^{2-}$ 反应生成红色配合物,加入饱和 $ZnSO_4$ 溶液和 $K_4[Fe(CN)_6]$ 溶液,会使红色明显加深。这种方法用于鉴定 SO_3^{2-}。

三氧化硫是强氧化剂,溶于水中即生成硫酸并放出大量热。

硫酸能形成酸式盐和正盐两种类型的盐。酸式硫酸盐均易溶于水,也易熔化。加热到熔点以上,它们即转变为焦硫酸盐 $M_2S_2O_7$,再加强热,就进一步分解为正盐和三氧化硫。

大部分硫酸盐都易溶于水。硫酸银微溶,碱土金属(Be、Mg 除外)和铅的硫酸盐微溶。

硫代硫酸不稳定,很容易分解。反应方程式为

$$H_2S_2O_3 = H_2O + S\downarrow + SO_2\uparrow$$

$Na_2S_2O_3$ 在中性、碱性溶液中很稳定,在酸性溶液中迅速分解,反应方程式为

$$Na_2S_2O_3 + 2HCl = 2NaCl + S\downarrow + SO_2\uparrow + H_2O$$

$Na_2S_2O_3$ 是一种常用还原剂。与碘反应时,它被氧化为连四硫酸钠,碘被还原为 I^-,即分析化学中常用的碘量法。与氯、溴反应时它被氧化为硫酸盐。反应方程式为

$$2Na_2S_2O_3 + I_2 = Na_2S_4O_6 + 2NaI$$

$$Na_2S_2O_3 + 4Cl_2 + 5H_2O = 2H_2SO_4 + 2NaCl + 6HCl$$

硫代硫酸根有很强的配位能力,能与很多金属离子形成配合物,例如

$$Ag^+ + 2S_2O_3{}^{2-} = [Ag(S_2O_3)_2]^{3-}$$

该反应是冲洗照相底片的定影反应。由于 Ag^+ 与 $S_2O_3^{2-}$ 生成易溶配合物,底片上未感光的 AgBr 被溶解。

当溶液中 Ag^+ 大量存在,$S_2O_3^{2-}$ 量很少时,$S_2O_3^{2-}$ 与 Ag^+ 反应生成 $Ag_2S_2O_3$ 白色沉淀,离子方程式为

$$2Ag^+ + S_2O_3^{2-} = Ag_2S_2O_3\downarrow$$

$Ag_2S_2O_3$ 能迅速水解使沉淀最后变为黑色 Ag_2S,反应方程式为

$$Ag_2S_2O_3 + H_2O = H_2SO_4 + Ag_2S\downarrow$$

这一过程伴随颜色由白色变为黄色、棕色,最后变为黑色。这一方法可用以鉴定 $S_2O_3^{2-}$ 的存在。

过二硫酸盐 $S_2O_8^{2-}$ 中硫的氧化数是 +7,该类物质有极强的氧化性,在酸性条件和 Ag^+ 的催化作用下甚至可把 Mn^{2+} 氧化为 MnO_4^-。离子方程式为

$$5S_2O_8^{2-} + 2Mn^{2+} + 8H_2O = 10SO_4^{2-} + 2MnO_4^- + 16H^+$$

【实验物品】

1. 仪器和材料

离心机,试管,试管架,离心管,量筒(5~10 mL),烧杯(50 mL),点滴板,滴管,玻璃棒,

$Pb(Ac)_2$ 试纸，卫生香。

2．试剂

MnO_2(s)，Na_2SO_3(s)，$PbCO_3$(s)，$K_2S_2O_8$(s)，浓 HNO_3，浓 HCl，饱和 H_2S 溶液，饱和 $ZnSO_4$ 溶液，饱和碘水，3% H_2O_2，1% $Na_2[Fe(CN)_5NO]$（亚硝酰铁氰化钠），pH≈8 的缓冲液，HCl(6 mol·L^{-1}、2 mol·L^{-1})，HNO_3(6 mol·L^{-1})，H_2SO_4(3 mol·L^{-1}、1 mol·L^{-1})，HAc(2 mol·L^{-1})，HBr(2 mol·L^{-1})，Na_2S(0.5 mol·L^{-1}、0.1 mol·L^{-1})，Na_2SO_3(0.5 mol·L^{-1})，$K_2Cr_2O_7$(0.5 mol·L^{-1})，$Sr(NO_3)_2$(0.5 mol·L^{-1})，$BaCl_2$(0.5 mol·L^{-1})，$CuSO_4$(0.2 mol·L^{-1})，$Hg(NO_3)_2$(0.2 mol·L^{-1})，$SnCl_2$(0.2 mol·L^{-1})，$Pb(NO_3)_2$(0.2 mol·L^{-1})，$FeCl_3$(0.2 mol·L^{-1})，$MnSO_4$(0.2 mol·L^{-1})，$Na_2S_2O_3$(0.1 mol·L^{-1})，$AgNO_3$(0.1 mol·L^{-1})，$K_4[Fe(CN)_6]$(0.1 mol·L^{-1})，$KMnO_4$(0.05 mol·L^{-1})，品红，淀粉溶液，乙醚，含有 S^{2-}、SO_3^{2-}、$S_2O_3^{2-}$ 的混合溶液。

【实验步骤】

1．过氧化氢的性质

(1) H_2O_2 的氧化性

往离心管中加入少量 0.2 mol·L^{-1} $Pb(NO_3)_2$ 溶液和 H_2S 溶液，观察反应产物的颜色和状态。离心分离，用少量蒸馏水洗涤沉淀 3 次。然后往沉淀中加入 3% H_2O_2 溶液。观察反应情况和沉淀的颜色变化。解释实验现象并写出反应方程式。

(2) 过氧化氢的还原性

在试管中加入 0.5 mL 3% H_2O_2 溶液和几滴 1 mol·L^{-1} H_2SO_4，然后滴加 1 滴 0.05 mol·L^{-1} $KMnO_4$ 溶液。振荡试管，可以看到 $KMnO_4$ 溶液的紫色褪去，并有气泡产生，可用带余烬的卫生香验证此气体。

(3) 过氧化氢的鉴定反应

在试管中加入 2 mL 3% H_2O_2 溶液，0.5 mL 乙醚和 1 mL 1 mol·L^{-1} H_2SO_4，再加入 2～3滴 0.5 mol·L^{-1} $K_2Cr_2O_7$ 溶液，振荡试管，观察溶液和乙醚层的颜色有何变化。

(4) 过氧化氢的催化分解

把盛有 3% H_2O_2 溶液的试管微热，观察是否有气泡产生？向试管内加入少量 MnO_2 固体，将带有余烬的卫生香伸入试管中，有何现象？比较以上两种情况，解释 MnO_2 对 H_2O_2 分解反应的影响，写出反应方程式。

注意：加入的 MnO_2 一定要少，以防分解过猛使 H_2O_2 喷溅到管外。

2．硫化氢和金属硫化物

(1) H_2S 的还原性

取几滴 0.05 mol·L^{-1} $KMnO_4$ 溶液，用稀 H_2SO_4 酸化后，滴加饱和 H_2S 溶液，观察溶液的颜色有什么变化？试管中有没有其他物质析出？写出反应方程式。

(2) H_2S 与常见金属离子的反应

① 与大部分金属离子反应生成难溶硫化物：在 3 支离心管中各加 1 mL 饱和 H_2S 溶液，再分别加入 0.5 mL 0.2 mol·L^{-1} 的 $CuSO_4$、$Hg(NO_3)_2$、$SnCl_2$ 溶液，观察沉淀的生成和颜

色。离心分离，弃去溶液并洗涤沉淀。沉淀保留供实验(2)②及(4)③用。

注意：在产生 HgS 过程中，易生成 $Hg(NO_3)_2 \cdot 2HgS$ 白色沉淀，此复合物进一步与 H_2S 作用逐渐变为黑色的 HgS。

② 难溶硫化物的溶解：

(a) 往 CuS 沉淀中加少量 6 $mol \cdot L^{-1}$ HCl，沉淀是否溶解？离心，弃去溶液，再往沉淀中加入少量 6 $mol \cdot L^{-1}$ HNO_3。观察现象，写出反应方程式。

(b) 往 HgS 沉淀中加少量浓 HNO_3，沉淀是否溶解？再加入体积为浓 HNO_3 三倍的浓盐酸（即成王水），观察现象。离子方程式为

$$3HgS + 2NO_3^- + 12Cl^- + 8H^+ = 3HgCl_4^{2-} + 3S\downarrow + 2NO\uparrow + 4H_2O$$

③ 氧化性金属离子与 H_2S 发生氧化还原反应：往 0.2 $mol \cdot L^{-1}$ $FeCl_3$ 溶液中滴入饱和 H_2S 溶液，观察硫的析出，写出反应方程式。

④ 溶液 pH 值对金属硫化物形成的影响：取两份 0.2 $mol \cdot L^{-1}$ $MnSO_4$ 溶液，往其中一份加入等体积缓冲溶液，使溶液 pH ≈8，再各加数滴 H_2S 溶液，现象有何不同？为什么？试验 MnS 在 2 $mol \cdot L^{-1}$ HAc 中的溶解情况。

(3) S^{2-} 的鉴定

① 在试管中加几滴 0.1 $mol \cdot L^{-1}$ Na_2S 溶液和 2 $mol \cdot L^{-1}$ HCl 溶液，用湿润的 $Pb(Ac)_2$ 试纸检查逸出的气体。写出有关的反应方程式。

② 在点滴板上加 1 滴 0.1 $mol \cdot L^{-1}$ Na_2S 溶液，再加 1 滴 1% 的 $Na_2[Fe(CN)_5NO]$ 溶液，观察现象。写出离子方程式。

(4) 多硫化物的制备和性质

① Na_2S_x 的制备

在试管中加少许硫粉，再加入少量 0.5 $mol \cdot L^{-1}$ Na_2S 溶液，微热。观察溶液的颜色变化。

② Na_2S_x 和酸反应

取 0.5 mL Na_2S_x 溶液，加少量 2 $mol \cdot L^{-1}$ HCl，有何现象？生成了什么气体？如何检验？

③ Na_2S_x 的氧化性

往(2)①制得的棕色 SnS 沉淀中滴入 Na_2S_x 至沉淀刚好溶解，再用 2 $mol \cdot L^{-1}$ HCl 酸化所得溶液，观察析出黄色的 SnS_2。反应方程式为

$$SnS + Na_2S_x = Na_2SnS_3 + (x-2)S$$

$$Na_2SnS_3 + 2HCl = 2NaCl + SnS_2\downarrow + H_2S\uparrow$$

注意：生成的硫将与 S_x^{2-} 结合，所以一般看不到硫的析出。

3. 亚硫酸盐的性质

(1) 亚硫酸盐遇酸分解

往试管中加入 2 mL 0.5 $mol \cdot L^{-1}$ Na_2SO_3 溶液，用 3 $mol \cdot L^{-1}$ H_2SO_4 酸化，观察有无气体产生，并将品红滴在滤纸上在试管口检验所产生的气体。保留溶液供下面实验用。

(2) 亚硫酸盐的氧化还原性

① 还原性：取几滴饱和碘水，加 1 滴淀粉试液，再加入少量固体 Na_2SO_3，观察现象，写

出反应方程式。

② 氧化性：往步骤(1)所得的 H_2SO_3 溶液中滴加饱和 H_2S 水溶液，观察硫的析出。

(3) SO_3^{2-} 的鉴定

① 取 3 mL 品红溶液，加入 1～2 滴 H_2SO_3 溶液，摇荡后静置片刻，观察溶液颜色的变化。

② 在点滴板上加饱和 $ZnSO_4$ 溶液和 $0.1\ mol \cdot L^{-1}$ $K_4[Fe(CN)_6]$溶液各 1 滴，再加 1 滴 1%的 $Na_2[Fe(CN)_5NO]$溶液，最后加入 1～2 滴 H_2SO_3 溶液，用玻璃棒搅拌，观察现象。

4. 硫代硫酸盐的性质

(1) 还原性

往少量碘水中滴加 $0.1\ mol \cdot L^{-1}$ $Na_2S_2O_3$ 溶液，溶液的颜色有什么变化？写出反应方程式。

(2) 遇酸分解

往 $0.1\ mol \cdot L^{-1}$ $Na_2S_2O_3$ 溶液中滴加 $2\ mol \cdot L^{-1}$盐酸，加热，观察有什么变化？写出反应方程式。$S_2O_3^{2-}$ 遇酸分解析出硫的性质，常用于检出 $S_2O_3^{2-}$ 离子的存在。

(3) $S_2O_3^{2-}$ 的特征反应

在试管中加 0.5 mL $0.1\ mol \cdot L^{-1}$ $AgNO_3$ 溶液，再加几滴 $0.1\ mol \cdot L^{-1}$ $Na_2S_2O_3$ 溶液，仔细观察沉淀的颜色变化情况。

(4) $S_2O_3^{2-}$ 的强配位性

制取很少量的 AgBr 沉淀，离心分离，弃去溶液。往 AgBr 沉淀中迅速加入足量的 $Na_2S_2O_3$ 溶液(避免生成 $Ag_2S_2O_3$)，观察 AgBr 的溶解。

5. 过二硫酸盐的氧化性

把 5 mL $1\ mol \cdot L^{-1}$ H_2SO_4、5 mL 蒸馏水和四滴 $0.2\ mol \cdot L^{-1}$ $MnSO_4$ 溶液混合均匀，再加入一滴浓 HNO_3，把这一溶液分成两份：往一份溶液中加一滴 $0.1\ mol \cdot L^{-1}$ $AgNO_3$ 溶液和少量 $K_2S_2O_8$固体，微热之，溶液的颜色有什么变化？另一份溶液中只加少量 $K_2S_2O_8$固体，微热之，溶液的颜色有什么变化？

比较上面两个实验的结果有什么不同？为什么？

注意：Mn^{2+} 不能加多，否则它与生成的 MnO_4^- 反应，得到棕色的 $MnO_2 \cdot H_2O$ 沉淀。

6. S^{2-}、SO_3^{2-}、$S_2O_3^{2-}$ 的分离和检出

取 2 mL 含有 S^{2-}、SO_3^{2-}、$S_2O_3^{2-}$ 的溶液按以下步骤进行分离和检出。

(1) S^{2-} 的检出

取 1～2 滴试液，加入亚硝酰铁氰化钠 $Na_2[Fe(CN)_5NO]$溶液，如果显紫红色，表明有 S^{2-} 存在。

(2) S^{2-} 的分离

取 0.5 mL 试液加少量 $PbCO_3$ 固体(或 $CdCO_3$ 固体)，搅拌，离心分离，取 1 滴清液检查 S^{2-} 是否除净。如果还有 S^{2-}，应再加入 $PbCO_3$ 固体(或 $CdCO_3$ 固体)，直到检查不出 S^{2-} 为止。

(3) $S_2O_3^{2-}$ 的检出

取几滴清液加入试管中，再加 2 滴 $6\ mol \cdot L^{-1}$ HCl，加热，出现白色浑浊，表示有 $S_2O_3^{2-}$

存在。

(4) SO_3^{2-} 的分离和检出

另取一些清液,加到离心管中,并加入 0.5 mol·L^{-1} $Sr(NO_3)_2$ 溶液,使 SO_3^{2-}(SO_4^{2-})沉淀为 $SrSO_3$($SrSO_4$),加热 3～4 min,离心分离。弃去清液,沉淀用蒸馏水洗一次后,再用 2 mol·L^{-1} HCl 处理,搅拌后再进行离心分离。弃去沉淀,把清液移到另一支离心管中,并在清液中滴加 0.5 mol·L^{-1} $BaCl_2$ 溶液。如果有沉淀产生,进行离心分离,把上层清液移到一支试管中,往试管中加 3% H_2O_2 数滴,生成白色沉淀,表示有 SO_3^{2-} 存在。

操作流程见图 6.3 所示。

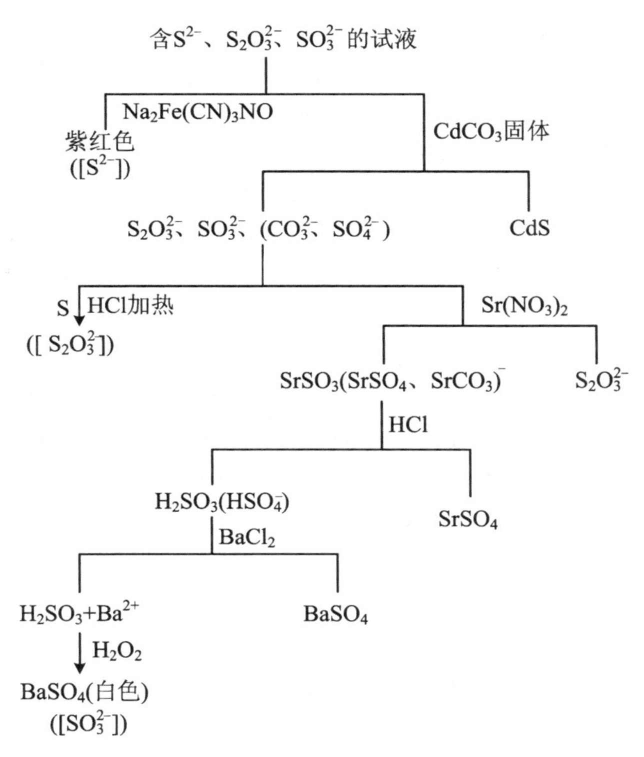

图 6.3 S^{2-}、$S_2O_3^{2-}$、SO_3^{2-} 的检出示意图

【思考题】

(1) H_2O_2 被氧化和被还原的产物分别是什么? H_2O_2 常被用作氧化剂的原因是什么?

(2) 长久放置的 H_2S、Na_2S 和 Na_2SO_3 溶液会发生什么变化?如何判断变化情况?

(3) 在 $S_2O_3^{2-}$ 的特征反应中,如果是往 $Na_2S_2O_3$ 溶液中滴入 $AgNO_3$,会出现什么现象?为什么?

(4) 混合离子的分离检出实验中,为什么 S^{2-} 会干扰 $S_2O_3^{2-}$ 的检出?而 $S_2O_3^{2-}$ 又会干扰 SO_3^{2-} 的检出?

(5) 有 3 瓶无色透明溶液,它们可能是 Na_2S、Na_2SO_3、Na_2SO_4、$Na_2S_2O_3$、$Na_2S_2O_8$ 中的

3个,怎样通过实验识别它们?

实验知识拓展

(1) 过氧化氢的鉴定反应原理:

在酸性溶液中,H_2O_2 和重铬酸盐反应生成蓝色的过氧化铬(过氧化铬结构:Cr 与 4 个过氧 O 及 1 个双键 O 相连)。反应方程式为

$$Cr_2O_7^{2-} + 4H_2O_2 + 2H^+ = 2Cr(O_2)_2O + 5H_2O$$

过氧化铬在戊醇或乙醚等有机溶剂中比较稳定,故通常在反应前预先加一些乙醚或戊醇。$Cr(O_2)_2O$ 被萃取到有机溶剂中呈现蓝色液层,但仍然会逐渐分解产生氧气,使戊醇层慢慢褪色,现出 Cr^{3+} 的绿色,离子方程式为

$$4Cr(O_2)_2O + 12H^+ = 4Cr^{3+} + 6H_2O + 7O_2\uparrow$$

但如果溶液中酸量比较大,同时不加戊醇或乙醚等有机溶剂以增加 $Cr(O_2)_2O$ 的稳定性,则 $K_2Cr_2O_7$ 与 H_2O_2 直接发生氧化还原反应,溶液直接呈现绿色,看不到蓝色的 CrO_5,离子方程式为

$$Cr_2O_7^{2-} + 3H_2O_2 + 8H^+ = 2Cr^{3+} + 3O_2 + 7H_2O$$

(2) Na_2S 固体试剂中往往含有多硫化钠。硫化物的水溶液随着放置时间的延长,多硫化钠的含量会增多,因此最好在 NaOH 溶液中通入 H_2S 气体来配制新鲜的 Na_2S 溶液。配制时要求溶液与空气接触面尽量小,并且随时检查是否产生了明显的多硫化物。其方法是:取几滴试液,往其中滴入 6 $mol\cdot L^{-1}$ HCl,如果有浑浊出现,表明试液中含有多硫化物。

实验10 卤　　素

【实验目的】

(1) 掌握卤素单质和卤素含氧酸盐的安全操作常识。
(2) 比较卤素单质的氧化性和卤离子的还原性。
(3) 熟悉卤素单质和次卤酸及其盐发生歧化反应的条件;掌握氯酸盐的氧化性特点。
(4) 掌握分离、检出溶液中 Cl^-、Br^-、I^- 离子的方法。

【预习内容】

(1) Br_2 和 I_2 在非极性溶剂 CCl_4 中溶解度较大,且溶液呈元素的特征颜色,为什么?

(2) 卤素含氧酸及其盐的氧化性与反应时介质的酸碱性直接相关，试用能斯特方程解释之。

(3) 为什么氯气通入热碱溶液中可产生 ClO_3^- 和 Cl^-，而在饱和 $KClO_3$ 溶液中加入浓 HCl 又会有 Cl_2 产生？

(4) 浓度为 2 $mol \cdot L^{-1}$ 的 $NH_3 \cdot H_2O$ 能溶解 AgCl、AgBr 和 AgI 中哪些沉淀？为什么？

【实验原理】

氟、氯、溴、碘和砹位于元素周期表中第ⅦA 族，总称为卤素。卤素单质是典型的非金属，具有很高的化学活性。在化合物中，常见氧化数为 −1，但也可形成氧化数为 +1，+3，+5，+7 的化合物，如氯、溴、碘的含氧酸及盐。卤族元素及其化合物的性质特征是几乎都具有氧化性和还原性。

在常温下，F_2 和 Cl_2 是气体，Br_2 是易挥发的液体，I_2 是固体。I_2 在加热时容易升华。气态卤素单质的颜色随着分子量的增大而由浅黄色→黄绿色→红棕色到紫色。

所有卤素均具有刺激性气味，强烈刺激眼、鼻、气管等黏膜，吸入较多的蒸气会发生严重中毒，因此有气态卤素产生的实验必须在通风橱中完成。液体溴有很强的腐蚀性，能灼伤皮肤，严重时会使皮肤溃烂，因此使用溴时要特别小心。

卤素在水中的溶解度不大。由于卤素单质是非极性分子，它在有机溶剂中的溶解度比在水中的溶解度大得多。如 Br_2 可溶于乙醇、乙醚、氯仿、四氯化碳等溶剂中。生成溶液的颜色随 Br_2 浓度的增加而逐渐加深，从黄色到棕红色。I_2 溶于溶剂中所形成溶液的颜色随溶剂不同而有区别。一般来说，在介电常数较大的溶剂中，I_2 呈棕色或棕红色，而在非极性或极性较低的溶剂中，呈现碘蒸气的紫色。

卤素单质均可作为氧化剂，其氧化性的强弱顺序为

$$F_2 > Cl_2 > Br_2 > I_2$$

Cl_2 可氧化 Br^- 和 I^- 离子，Br_2 可氧化 I^- 离子。

I^- 离子能被 Cl_2 氧化为 I_2，当 Cl_2 过量时，生成的 I_2 会被进一步氧化成无色的 IO_3^-。

卤素离子则均具有还原性，还原性强弱的顺序为

$$I^- > Br^- > Cl^-$$

例如 NaCl、KBr 和 KI 能分别将浓 H_2SO_4 还原为 HSO_4^-、SO_2 和 H_2S。反应方程式为

$$KBr + H_2SO_4(\text{浓}) = KHSO_4 + HBr \uparrow$$

$$2HBr + H_2SO_4(\text{浓}) = SO_2 \uparrow + Br_2 + 2H_2O$$

卤素单质可和水反应。如在氯水中存在着这样的平衡：

$$Cl_2 + H_2O = HCl + HClO$$

碱性介质有利于氯、溴、碘的歧化反应。若将氯气通入冷的碱液，上述平衡向右移动，生成次氯酸盐，若氯气通入热碱液(>75 ℃)，则最终产物是氯酸盐。

$$Cl_2 + 2OH^- = Cl^- + ClO^- + H_2O$$

$$3ClO^- = 2Cl^- + ClO_3^-$$

次氯酸、氯酸及其盐都是较强的氧化剂，而且其氧化性随介质酸性的增加而加强。

碱金属的次卤酸盐都易水解，而使溶液呈碱性，水解方程式为

$$XO^- + H_2O \rightleftharpoons HXO + OH^-$$

在酸性介质中，卤酸盐能氧化相应的卤离子生成卤素，发生逆歧化反应，离子方程式为

$$XO_3^- + 5X^- + 6H^+ \rightleftharpoons 3X_2 + 3H_2O$$

$KClO_3$是易爆化学品，使用时必须注意安全并切实遵守实验规则。

卤化银中仅 AgF 是可溶的。AgCl 为白色沉淀，AgBr 为淡黄色沉淀，AgI 为黄色沉淀，三者的溶度积相差较大。AgCl 可溶于氨水，$(NH_4)_2CO_3$ 溶液水解产生的氨也可使之溶解，反应方程式为

$$AgCl_{(s)} + 2NH_3 = [Ag(NH_3)_2]^+ + Cl^-$$

如向银氨配离子溶液中加硝酸，由于酸性使 NH_3 浓度减小，使 AgCl 析出，由此可以鉴定 Cl^- 的存在。

欲完全溶解 AgBr 和 AgI，应选用配合能力更强的试剂 $Na_2S_2O_3$ 或 NaCN。离子方程式为

$$AgBr_{(s)} + S_2O_3^{2-} = [Ag(S_2O_3^{2-})]^- + Br^-$$

$$AgI + 2CN^- = [Ag(CN)_2]^- + I^-$$

【实验物品】

1．仪器和材料

离心机，恒温水浴锅，试管，试管架，离心管，量筒（5～10 mL），烧杯（50 mL），玻璃棒，滴管，淀粉碘化钾试纸，醋酸铅试纸，pH 试纸

2．试剂

I_2(s)，NaCl(s)，KBr(s)，KI(s)，$KClO_3$(s)，锌粉，氯水，溴水，碘水，NaClO，浓 H_2SO_4，浓 HCl，浓氨水，HNO_3（6 mol·L^{-1}、2 mol·L^{-1}），NaOH（6 mol·L^{-1}、2 mol·L^{-1}），H_2SO_4（2 mol·L^{-1}），$NH_3·H_2O$（2 mol·L^{-1}），HCl（2 mol·L^{-1}），NaCl（0.5 mol·L^{-1}），$Na_2S_2O_3$（0.5 mol·L^{-1}、0.1 mol·L^{-1}），KI（0.1 mol·L^{-1}），KBr（0.1 mol·L^{-1}），$FeCl_3$（0.1 mol·L^{-1}），$AgNO_3$（0.1 mol·L^{-1}），$MnSO_4$（0.1 mol·L^{-1}），$NaHSO_3$（0.05 mol·L^{-1}），KIO_3（0.05 mol·L^{-1}），淀粉，品红，CCl_4，Cl^-、Br^-、I^-混合溶液。

【实验步骤】

1．卤素单质的性质

(1) 溴和碘的溶解性

① 在试管中加 0.5 mL 溴水，沿管壁加入 0.5 mL CCl_4，观察水层和 CCl_4 层的颜色。振荡试管，静置后，观察水层和 CCl_4 层的颜色有何变化，比较溴在水中和 CCl_4 中的溶解性。

② 取一小粒碘晶体放在试管中，加入 2 mL 蒸馏水，振荡试管，观察液体的颜色有什么变化？再加入几滴 0.1 mol·L^{-1} KI 溶液，摇匀，颜色发生什么变化？为什么？

③ 取 1 mL 上述碘溶液，加入 0.5 mL CCl_4，振荡试管，观察水层和 CCl_4 层的颜色有何

变化，比较碘在水中和 CCl_4 中的溶解性。用滴管吸取上层的碘溶液，移到另一支试管中，往此试管中加一滴淀粉溶液，即成蓝色（如颜色太深，可稀释后观察）。将此蓝色溶液保存，供下面实验用。以上两种方法都可以用来检验碘的存在。

注意：有机溶剂如苯、四氯化碳、氯仿（$CHCl_3$）等，与水不相溶。当它们与水混合时，明显分两层：苯比水轻，在上层；四氯化碳和氯仿比水重，在下层。卤素单质在有机溶剂中溶解度比在水中大，当它们被萃取到有机溶剂中显示明显的颜色，比如溴在 CCl_4 中显棕色或黄色，碘在 CCl_4 中显紫红色或粉红色。实验中往往用 CCl_4 萃取，然后利用颜色鉴定溴和碘的存在。

（2）卤素单质的氧化性

① 利用实验室已有试剂，自行设计实验，比较氯与溴、氯与碘、溴与碘的氧化性。可以加入 CCl_4 使实验现象更加明显。

综合实验结果，指出卤素单质的氧化性变化规律。

② 碘的氧化性

在（1）③实验后留下的蓝色溶液中，滴入 1 滴 0.1 $mol \cdot L^{-1}$ 的 $Na_2S_2O_3$ 溶液，观察颜色变化，解释反应现象。

（3）卤素的歧化反应

① 在溴水中滴加 2 $mol \cdot L^{-1}$ NaOH 溶液，有何变化？再加数滴 2 $mol \cdot L^{-1}$ HCl，又有什么现象？

② 用碘水代替溴水进行实验。

写出氯、溴、碘歧化反应的方程式。

2. 卤离子的还原性

（1）卤离子与浓 H_2SO_4 反应

往三只干燥的试管中分别加入黄豆大小的 NaCl、KBr、KI 固体，再分别加入 1 mL 浓 H_2SO_4，观察反应产物的颜色和状态。并分别用湿润的 pH 试纸、淀粉碘化钾试纸和醋酸铅试纸移近试管口，检验逸出的气体产物。写出反应方程式，并加以解释。

注意事项：

(a) 该步骤需要在通风橱中操作，操作同学要戴上耐酸碱的橡胶手套。用试管夹夹住试管时，试管口不能朝外对着自己或别人。

(b) 浓 H_2SO_4 需要缓慢滴加，防止气体生成过快过多，在试管内产生爆鸣。

(c) 实验完后试管不能立即拿出通风橱。

(d) 浓 H_2SO_4 与 KI 的反应有多种副反应同时发生，注意观察实验现象并加以解释。

（2）卤离子与 $FeCl_3$ 反应

往两支试管中分别加入 0.5 mL 0.1 $mol \cdot L^{-1}$ KI 溶液和 0.5 mL 0.1 $mol \cdot L^{-1}$ KBr 溶液，然后各加入两滴 0.1 $mol \cdot L^{-1}$ $FeCl_3$ 溶液和 0.5 mL CCl_4。充分振荡，观察两试管中 CCl_4 层的颜色有无变化，并加以解释。

综合以上实验，比较 Cl^-、Br^-、I^- 离子的还原性，得出它们还原性的变化规律。

3. 卤素含氧酸盐的氧化性

（1）次氯酸钠的氧化性

① 与浓盐酸作用，用淀粉碘化钾试纸证明气体产物。

② 在碘化钾的碱性溶液(pH>12)中,逐滴加入数滴次氯酸钠溶液,再加 0.5 mL CCl_4,振荡,观察 CCl_4 层中的颜色。若 CCl_4 层中无碘的颜色,酸化该溶液,再观察 CCl_4 层中的颜色。

③ 与硫酸锰(Ⅱ)溶液作用,观察产物及其颜色。

④ 与品红溶液作用。

根据以上实验,对于次氯酸钠的性质能得出什么结论?写出①、②、③的反应方程式,并用标准电极电势解释之。

(2) 氯酸钾的氧化性

用氯酸钾晶体进行如下实验:

① 与浓盐酸作用,并检验逸出的气体。

② 与碘化钾溶液分别在酸性和中性介质中作用。

根据以上实验,写出反应方程式,并对氯酸钾的氧化性作出结论。

(3) 碘酸钾的氧化性

在试管中加入 0.5 mL 0.05 mol·L^{-1} $NaHSO_3$ 溶液,加一滴稀硫酸和一滴可溶性淀粉溶液,滴加 0.05 mol·L^{-1} KIO_3 溶液,观察实验现象。向深蓝色溶液中继续加入 $NaHSO_3$ 溶液,边加边振荡,观察实验现象并解释。

4. 卤化银的性质

在三支离心试管中,分别加入 2 滴 0.5 mol·L^{-1} NaCl 溶液,然后滴加 0.1 mol·L^{-1} $AgNO_3$ 溶液至三支离心试管中的 AgCl 沉淀完全为止,离心分离,弃去溶液,观察沉淀的颜色。分别试验 AgCl 沉淀是否溶于 2 mol·L^{-1} HNO_3、2 mol·L^{-1}的氨水和 0.5 mol·L^{-1}的 $Na_2S_2O_3$ 溶液。

用 KBr、KI 代替 NaCl 溶液进行同样的实验,写出反应方程式。

5. Cl^-、Br^-、I^- 离子的分离和检出

(1) 在离心管加 1 mL Cl^-、Br^-、I^- 离子混合试液,加 2~3 滴 6 mol·L^{-1}硝酸酸化,再加 0.1 mol·L^{-1} $AgNO_3$ 溶液至沉淀完全。在水浴中加热 2 min,使卤化银聚沉。离心分离,弃去溶液,再用蒸馏水将沉淀洗涤 2 次。

(2) 往卤化银沉淀上加 2 mL 2 mol·L^{-1}氨水,搅拌 1 min,离心分离,沉淀供下面实验用。将清液移到另一支试管中,用 6 mol·L^{-1}硝酸酸化,振荡后如果有 AgCl 白色沉淀产生,表示有 Cl^- 离子存在。

(3) 往实验(2)的沉淀中加 1 mL 蒸馏水和少量锌粉,充分搅拌,使沉淀变为黑色,离心分离,弃去残渣。往清液中加 0.5 mL CCl_4,然后滴加氯水,每加一滴后,都要振荡试管,并观察 CCl_4 层的颜色变化。如果 CCl_4 层变为紫色,表示有 I^- 离子。继续滴加氯水,I_2 即被氧化为 HIO_3(无色)。这时,如果 CCl_4 层为黄色或橙黄色,即表示有 Br^- 离子存在于混合试液中。

【思考题】

(1) 从卤素发生歧化反应与逆歧化反应的特点出发,试设计从海水中提取溴的化学过程。写出有关的化学反应方程式并解释之。

(2) 在淀粉碘化钾溶液中加入少量 NaClO，得到蓝色溶液 A，再加入过量 NaClO 时，得到无色溶液 B，然后酸化之并加少量固体 Na_2SO_3 于 B 溶液，则 A 的蓝色复现。当 Na_2SO_3 过量时蓝色又褪去成为无色溶液 C。再加入 KIO_3 溶液蓝色的 A 溶液又出现。指出 A、B、C 各为何种物质，并写出各步的反应方程式。

(3) 为什么用 $AgNO_3$ 溶液检验卤离子混合溶液，要先加硝酸酸化？硝酸加多会有什么影响？可否换用 H_2SO_4 或 HCl？

(4) 在一未知溶液中，加入硝酸和 $AgNO_3$ 溶液，只见有气泡冒出，而没有沉淀产生。问在 Cl^-、SO_4^{2-}、SO_3^{2-}、CO_3^{2-} 和 I^- 中，有哪几种离子可能存在？

实验知识拓展

(1) 氯气有毒并有很强的刺激性，吸入后会刺激喉管，引起咳嗽、喘息。溴蒸气对气管、肺、眼、鼻、喉有强烈的刺激作用。因此操作氯水、溴水时鼻子不能直对瓶口。发生较严重的氯气中毒时，可以吸入酒精和乙醚混合蒸气作为解毒剂。吸入氨水蒸气也有效。

高浓度的液溴会使皮肤严重灼伤、产生疼痛并造成难以治愈的创伤，移用时需带橡皮手套。溴水的腐蚀性比液溴弱，但使用时也不能直接由瓶内倾注，而应用滴管移用。如果受溴腐蚀致伤，用苯或甘油洗涤伤口，再用水洗。

(2) 氯酸钾是强氧化剂，它与易燃物质如碳、硫、磷及有机物质相混合时，一受撞击即猛烈爆炸。使用氯酸钾时不宜用力研磨、烘干。如需烘干，温度一定要严格控制，不能过高。使用氯酸钾的实验，反应后应把残物回收，不容许倾入垃圾桶。

实验11　钛、钒、铬、锰

【实验目的】

(1) 熟悉钛、钒氧化物和含氧酸的生成和性质。
(2) 掌握钛、钒的鉴定反应。
(3) 比较铬、锰各种氧化态化合物的氧化性和还原性。
(4) 了解铬、锰氢氧化物的生成及性质，试验微溶铬酸盐的生成和溶解。

【预习内容】

(1) 比较 TiO_2 与 V_2O_5 的酸碱性。
(2) 钒的各种氧化态的化合物有哪几种颜色？稳定性如何？

(3) 请比较 $\varphi^{\ominus}(Cr_2O_7^{2-}/Cr^{3+})$ 与 $\varphi^{\ominus}(CrO_4^{2-}/Cr(OH)_4^-)$ 数值的大小。要使 Cr(Ⅲ)转变为 Cr(Ⅵ),在酸性或碱性介质中哪种较易实现? Cr^{3+} 与 $Cr(OH)_4^-$ 相比,何者还原性较强?

(4) 怎样实现 $MnO_2 \rightleftharpoons MnO_4^{2-}$、$MnO_4^{2-} \rightleftharpoons MnO_4^-$、$MnO_4^{2-} \rightleftharpoons Mn^{2+}$ 等氧化态之间的互相转化?主要途径和条件是什么?

(5) 能否将 $KMnO_4$ 晶体与有机物一起存放?

【实验原理】

周期表中的ⅢB族到ⅧB族(不包括镧以外的镧系元素和锕以外的锕系元素)称为过渡元素。过渡元素有许多共同性质,比如它们都是金属;大多数元素都存在多种氧化态;它们的原子和离子形成配合物的倾向较大。

1. 钛

钛、锆、铪属周期表中ⅣB族,它们的价电子层构型为$(n-1)d^2ns^2$。钛主要的氧化数为+4,在水溶液中主要以 TiO^{2+} 形式存在,并且容易水解。除此之外,钛还有氧化数为+3的化合物。

TiO_2 为白色粉末,既不溶于水也不溶于稀酸和稀碱溶液,但在热的浓硫酸中能够缓慢地溶解,生成硫酸钛,反应方程式为

$$TiO_2 + 2H_2SO_4 = Ti(SO_4)_2 + 2H_2O$$

但实际上并不能从溶液中析出 $Ti(SO_4)_2$,而是析出硫酸氧钛的白色粉末,这是因为 Ti^{4+} 离子容易与水反应,经水解得到 TiO^{2+} 离子。反应方程式为

$$TiO_2 + H_2SO_4 = TiOSO_4 + H_2O$$

TiO_2 是一种优良的白色颜料,在工业上被称为钛白。此外 TiO_2 在许多化学反应中用作催化剂。

钛的卤化物中最重要的是 $TiCl_4$。$TiCl_4$ 常温下是无色液体,具有刺激性的臭味;它在水中和潮湿的空气中都极易水解,暴露在空气中会发烟,水解方程式为

$$TiCl_4 + 3H_2O = H_2TiO_3 + 4HCl$$

$TiCl_4$ 与稀 H_2SO_4 反应可得到 $TiOSO_4$ 溶液。加碱于新配制的酸性钛盐中,则可得到能溶于稀酸或浓碱的 α-钛酸,反应方程式为

$$TiOSO_4 + 2NaOH + H_2O = Ti(OH)_4 + Na_2SO_4$$

若将新配制的硫酸氧钛溶液加热煮沸,则发生水解,得到不溶于酸碱的 β-钛酸,反应方程式为

$$TiOSO_4 + (n+1)H_2O = TiO_2 \cdot nH_2O + H_2SO_4$$

在 TiO^{2+} 溶液中加入过氧化氢,可以形成较稳定的过氧钛酸根,在强酸性溶液中显红色;在稀酸或中性溶液中显橙黄色。离子方程式为

$$TiO^{2+} + H_2O_2 = [TiO(H_2O_2)]^{2+}$$

该反应用于钛的比色分析,可检出0.01%的钛。在酸性溶液中用锌还原钛氧离子 TiO^{2+} 得到紫色的 Ti^{3+} 离子,离子方程式为

$$2TiO^{2+} + Zn + 10H_2O + 4H^+ \longrightarrow 2[Ti(H_2O)_6]^{3+} + Zn^{2+}$$

向 Ti^{3+} 的溶液中加入可溶性碳酸盐时，有 $Ti(OH)_3$ 沉淀生成，离子方程式为

$$2Ti^{3+} + 3CO_3^{2-} + 3H_2O \longrightarrow 2Ti(OH)_3\downarrow + 3CO_2\uparrow$$

在酸性溶液中，Ti^{3+} 有强还原性，能将 Cu^{2+}、Fe^{3+} 还原为 Cu^+、Fe^{2+}，也可被空气中的氧气氧化。

2. 钒

钒、铌、钽组成了周期表中的ⅤB族，它们的价电子层结构为 $(n-1)d^3ns^2$。钒的化合物中，主要为 +5 的氧化数，但也可以还原成 +4、+3、+2 等低氧化态。由于氧化数为 +5 的钒具有较大的电荷半径比，所以在溶液中不存在简单的 V^{5+} 离子，而是以钒氧基（VO_2^+、VO^{3+}）或含氧酸根（VO_3^-、VO_4^{3-}）等形式存在。

V_2O_5 是橙黄色或砖红色的晶体，无臭无味有毒。微溶于水，溶液呈淡黄色。V_2O_5 为两性偏酸的氧化物，主要为酸性，因此易溶于碱溶液而生成偏钒酸盐，反应方程式为

$$V_2O_5 + 2NaOH \longrightarrow 2NaVO_3 + H_2O$$

在强碱性溶液中则生成正钒酸盐，反应方程式为

$$V_2O_5 + 6NaOH \longrightarrow 2Na_3VO_4 + 3H_2O$$

同时，V_2O_5 也具有微弱的碱性，它能溶解在强酸中。在浓 H_2SO_4 中能生成 VO_2^+ 离子，反应方程式为

$$V_2O_5 + H_2SO_4 \longrightarrow (VO_2)_2SO_4 + H_2O$$

V_2O_5 在酸性介质中是一种较强的氧化剂，能把盐酸中的 Cl^- 氧化为 Cl_2，本身被还原为蓝色的 VO^{2+}，反应方程式为

$$V_2O_5 + 6HCl \longrightarrow 2VOCl_2 + Cl_2\uparrow + 3H_2O$$

钒酸盐可分为偏钒酸盐 MVO_3 和正钒酸盐 M_3VO_4。向钒酸盐的酸性溶液中加入还原剂（如锌粉），可以观察到溶液的颜色逐渐由蓝色→暗绿→紫红的演变过程，这些颜色分别对应于 V(Ⅳ)，V(Ⅲ)，V(Ⅱ)的化合物，反应方程式为

$$2VO_2Cl + Zn + 4HCl \longrightarrow 2VOCl_2(\text{蓝}) + ZnCl_2 + 2H_2O$$

$$2VOCl_2 + Zn + 4HCl \longrightarrow 2VCl_3(\text{暗绿}) + ZnCl_2 + 2H_2O$$

$$2VCl_3 + Zn \longrightarrow 2VCl_2(\text{紫色}) + ZnCl_2$$

向钒酸盐溶液中加酸，则生成不同缩合度的多钒酸盐。随着 pH 值下降，缩合度增加，溶液的颜色逐渐加深，由淡黄色变到深红色。溶液转为酸性后，缩合度就不再改变了。在 pH 约为 2 时，则有五氧化二钒水合物的红棕色沉淀析出。

在钒酸盐的溶液中加 H_2O_2，若溶液为弱碱性、中性或弱酸性时，可得到黄色的二过氧钒酸离子 $[VO_2(O_2)_2]^{3-}$；若溶液是强酸性时，得到红棕色的过氧钒阳离子 $[V(O_2)]^{3+}$，可用于钒的鉴定。

3. 铬

铬、钼、钨同属ⅥB族元素，铬的价电子层结构为 $3d^54s^1$。铬能生成多种氧化态的化合物，最常见的是 +3 和 +6 两种氧化态。

氢氧化铬 $Cr(OH)_3$ 可由铬(Ⅲ)盐溶液与氨水或氢氧化钠溶液反应而制得，反应方程式为

$$CrCl_3 + 3NaOH = 2Cr(OH)_3\downarrow + 3NaCl$$

氢氧化铬是灰蓝色的胶状沉淀，具有两性。在溶液中有如下的平衡：

$$\underset{\text{紫色}}{Cr^{3+}} + 3OH^- \rightleftharpoons \underset{\text{灰蓝色}}{Cr(OH)_3} \rightleftharpoons H_2O + HCrO_2 \rightleftharpoons H^+ + \underset{\text{绿色}}{CrO_2^{2-}} + H_2O$$

在碱性溶液中铬(Ⅲ)有较强的还原性。因此在碱性溶液中，亚铬酸盐可被 H_2O_2 或 Na_2O_2 氧化，生成铬(Ⅵ)酸盐。

$$2CrO_2^{2-} + 3H_2O_2 + 2OH^- = 2CrO_4^{2-} + 4H_2O$$

相反，在酸性溶液中，Cr^{3+} 的还原性就弱得多，只有像过硫酸铵、高锰酸钾等很强的氧化剂才能把铬(Ⅲ)氧化成铬(Ⅵ)。

常见的铬(Ⅵ)化合物是含氧酸盐，如铬酸盐和重铬酸盐。

碱金属和铵的铬酸盐易溶于水，碱土金属铬酸盐的溶解度从镁到钡依次锐减。

铬酸盐和重铬酸盐在水溶液中存在着下列平衡：

$$2CrO_4^{2-} + 2H^+ \rightleftharpoons Cr_2O_7^{2-} + H_2O$$

因此在酸性溶液中，铬(Ⅵ)主要以 $Cr_2O_7^{2-}$ 形式存在，在碱性溶液中，则以 CrO_4^{2-} 形式为主。

在重铬酸盐溶液中分别加入 Ag^+、Pb^{2+}、Ba^{2+} 等离子，能生成色彩鲜艳的铬酸盐沉淀。实验室中常利用 Ag^+、Pb^{2+}、Ba^{2+} 离子来检验 CrO_4^{2-} 离子的存在。

$Cr_2O_7^{2-}$ 具有强氧化性。实验室常用的铬酸洗液就是由重铬酸钾和浓硫酸混合制成(往 5 g $K_2Cr_2O_7$ 的热饱和溶液中加入 100 mL 浓硫酸)，有强氧化性，可用来洗涤玻璃器皿，以除去器壁上黏附的油脂污物。

4. 锰

锰的重要氧化值为 +2、+4、+6 和 +7。锰在酸性介质中有六种氧化态，即 MnO_4^-、MnO_4^{2-}、MnO_2、Mn^{3+}、Mn^{2+}、Mn。

多数锰(Ⅱ)盐如卤化锰、硝酸锰、硫酸锰等强酸盐都易溶于水。在水溶液中，Mn^{2+} 常以淡红色的$[Mn(H_2O)_6]^{2+}$水合离子存在。

酸性溶液中，Mn^{2+} 的还原性较弱，只有用强氧化剂才能将它们氧化为 MnO_4^-。在酸性条件下利用 Mn^{2+} 和 $NaBiO_3$ 的反应可以鉴定 Mn^{2+}，离子方程式为

$$5NaBiO_3 + 2Mn^{2+} + 14H^+ = 2MnO_4^- + 5Bi^{3+} + 5Na^+ + 7H_2O$$

在碱性介质中，Mn^{2+} 很容易被氧化。例如，向锰盐溶液中加入强碱，可得到白色的 $Mn(OH)_2$ 沉淀，它在碱性介质中很不稳定，与空气接触即被氧化生成棕色的 $MnO(OH)_2$ 或 $MnO_2 \cdot H_2O$。反应方程式为

$$MnSO_4 + 2NaOH = Mn(OH)_2 + Na_2SO_4$$

$$2Mn(OH)_2 + O_2 = 2MnO(OH)_2$$

MnO_2 在酸性条件下是一种强氧化剂。例如，二氧化锰与浓盐酸相作用生成四氯化锰，$MnCl_4$ 立即分解成二氯化锰及氯气，反应方程式为

$$MnO_2 + 4HCl = MnCl_2 + Cl_2\uparrow + 2H_2O$$

在碱性条件下，MnO_2 易被氧化成锰(Ⅵ)的化合物。例如，MnO_2 和 KOH 的混合物在空气中，或者与 $KClO_3$、KNO_3 等氧化剂一起加热熔融，可以得到绿色的锰酸钾 K_2MnO_4。

在酸性甚至近中性溶液中，MnO_4^{2-} 容易歧化为 MnO_4^- 和 MnO_2，离子方程式为

$$3MnO_4^{2-} + 4H^+ = 2MnO_4^- + MnO_2 + 2H_2O$$

高锰酸钾是最重要和常用的氧化剂之一，它的还原产物因介质的酸碱性不同而不同。在酸性、中性、强碱性溶液中的还原产物分别为 Mn^{2+}、MnO_2 沉淀和 MnO_4^{2-}。强碱性溶液中，MnO_4^- 与 MnO_2 反应能生成 MnO_4^{2-}。

MnS 需要在弱碱性溶液中制得。MnS 能溶于稀酸，还能溶于醋酸溶液。

【实验物品】

1. 仪器和材料

离心机，坩埚，试管，试管架，离心管，量筒(10～25 mL)，烧杯(50 mL)，短颈漏斗，玻璃棒，滴管，pH 试纸，滤纸。

2. 试剂

$NaBiO_3$(s)，MnO_2(s)，TiO_2(s)，NH_4VO_3(s)，$KClO_3$(s)，KOH(s)，锌粒，浓 HCl，浓 H_2SO_4，40% NaOH，3% H_2O_2，戊醇，NaOH(6 $mol \cdot L^{-1}$、2 $mol \cdot L^{-1}$)，HCl(6 $mol \cdot L^{-1}$、2 $mol \cdot L^{-1}$)，H_2SO_4(2 $mol \cdot L^{-1}$、1 $mol \cdot L^{-1}$)，HNO_3(2 $mol \cdot L^{-1}$)，HAc(2 $mol \cdot L^{-1}$)，$NH_3 \cdot H_2O$(2 $mol \cdot L^{-1}$)，Na_2CO_3(1 $mol \cdot L^{-1}$)，$TiCl_4$(0.5 $mol \cdot L^{-1}$)，Na_2S(0.5 $mol \cdot L^{-1}$)，$FeSO_4$(0.5 $mol \cdot L^{-1}$)，$CuCl_2$(0.2 $mol \cdot L^{-1}$)，$CrCl_3$(0.2 $mol \cdot L^{-1}$)，$MnSO_4$(0.2 $mol \cdot L^{-1}$)，$K_2Cr_2O_7$(0.1 $mol \cdot L^{-1}$)，K_2CrO_4(0.1 $mol \cdot L^{-1}$)，$AgNO_3$(0.1 $mol \cdot L^{-1}$)，$Pb(NO_3)_2$(0.1 $mol \cdot L^{-1}$)，$BaCl_2$(0.1 $mol \cdot L^{-1}$)，Na_2SO_3(0.1 $mol \cdot L^{-1}$)，$MnSO_4$(0.05 $mol \cdot L^{-1}$)，$KMnO_4$(0.01 $mol \cdot L^{-1}$)。

【实验步骤】

1. Ti(Ⅲ)和 Ti(Ⅳ)化合物的性质

(1) 二氧化钛的性质

取 5 支试管，每支分别加入少量 TiO_2 固体，再分别加入 2 mL 的去离子水、2 $mol \cdot L^{-1}$ H_2SO_4、2 $mol \cdot L^{-1}$ NaOH、浓 H_2SO_4、40% NaOH。摇荡试管，TiO_2 是否溶解？然后再逐个加热，此时 TiO_2 是否溶解？如能溶解，写出反应方程式。

注意：操作时务必小心浓 H_2SO_4 和 NaOH 溅出。

(2) $TiCl_4$ 的性质

① 将 $TiCl_4$ 试剂瓶塞打开(因烟雾较多，最好在通风橱内进行)，有何现象？

② 在试管中加入 2 mL 去离子水，滴加 0.5 $mol \cdot L^{-1}$ $TiCl_4$ 溶液，有何现象？再加入几滴浓盐酸，有无变化？

(3) α-钛酸和 β-钛酸的生成和性质

① α-钛酸的生成和性质：取液体 $TiCl_4$ 和 1 $mol \cdot L^{-1}$ H_2SO_4 按 1∶1 的比例配制成 $TiOSO_4$ 溶液，往里滴加 2 $mol \cdot L^{-1}$ $NH_3 \cdot H_2O$，至有大量沉淀产生为止，观察沉淀的颜色。离心分离，将沉淀分成四份。取两份沉淀分别加入过量的 6 $mol \cdot L^{-1}$ NaOH 溶液和 6 $mol \cdot L^{-1}$ HCl 溶液，沉淀是否溶解？写出反应方程式。另两份沉淀供下面实验用。

② β-钛酸的生成和性质：往上面剩余的两份 α-钛酸沉淀中加少量水，煮沸 1～2 min，然后向两份沉淀中分别加入过量的 6 $mol\cdot L^{-1}$ NaOH 溶液和 6 $mol\cdot L^{-1}$ HCl 溶液。观察 β-钛酸是否溶解？

比较 α-钛酸和 β-钛酸的生成条件和性质有何不同。

(4) Ti(Ⅳ)的鉴定反应

往 0.5 mL $TiOSO_4$ 溶液中滴加 3% H_2O_2 溶液，观察反应产物的颜色和状态。

(5) 三价钛化合物的生成和还原性

往 1 mL $TiOSO_4$ 溶液中加入一粒锌，观察溶液颜色的变化。把溶液放置几分钟后，将上层清液分成两份。一份加 1 $mol\cdot L^{-1}$ Na_2CO_3 溶液，另一份加入少量 0.2 $mol\cdot L^{-1}$ $CuCl_2$ 溶液，观察有什么现象？

2. 钒化合物的性质

(1) 五氧化二钒的性质

取少量钒酸铵固体放在坩埚中，用小火加热并不断搅拌，观察反应过程中固体颜色的变化。待产物呈现橙黄色时停止加热。冷却后把分解产物分成四份。

往第一份固体中加入少量蒸馏水，煮沸，观察固体是否溶解。待其冷却后，用 pH 试纸确定溶液的 pH 值。

往第二份固体中加入浓 H_2SO_4，固体是否溶解？然后把所得的溶液稀释(稀释时，应把含浓 H_2SO_4 的溶液倒入水中)，其颜色有什么变化？

往第三份固体中加入 6 $mol\cdot L^{-1}$ NaOH 溶液，加热，有何变化？

往第四份固体中加入浓 HCl，观察有何变化。煮沸，观察反应产物的颜色和状态，再用水稀释溶液，其颜色有什么变化？

(2) 低价钒化合物的生成

在 1 g 钒酸铵固体中加入 20 mL 6 $mol\cdot L^{-1}$ HCl 和 10 mL 蒸馏水，即制得 VO_2Cl 溶液。往 2 mL VO_2Cl 溶液中加入两粒锌，把溶液放置片刻，观察反应过程中溶液的颜色有何变化。

(3) 钒酸根的缩合反应

在小烧杯中加入 5 mL VO_2Cl 溶液，用 pH 试纸检验其酸碱性。逐滴加入 6 $mol\cdot L^{-1}$ NaOH 溶液，并不断搅拌，溶液的颜色有什么变化？至 pH = 9～10，微热溶液，观察溶液的颜色有何变化？

取 10 mL 上面实验所得的溶液，逐滴加入 6 $mol\cdot L^{-1}$ HCl 溶液，并不断搅拌，观察溶液的颜色有何变化？到 pH = 2 时，是否有沉淀产生？

用反应方程式表示钒酸根在不同 pH 值下的缩合反应。

(4) 过氧钒酸的生成

往 0.5 mL 饱和钒酸铵溶液中加入 0.5 mL 2 $mol\cdot L^{-1}$ HCl 溶液和两滴 3% H_2O_2 溶液，观察反应产物的颜色和状态。

3. Cr(Ⅲ)和 Cr(Ⅵ)化合物的性质

(1) Cr(Ⅲ)化合物的性质

① 氢氧化铬(Ⅲ)的生成和两性：往分别盛着 1 mL 0.2 $mol\cdot L^{-1}$ $CrCl_3$ 溶液的两支离心

管中，逐滴加入 2 mol·L^{-1} $NH_3 \cdot H_2O$ 至沉淀完全，观察产物的颜色。离心分离，弃去清液，即得到两份沉淀。

向一份沉淀中加 2 mol·L^{-1} HCl，沉淀是否溶解？往另一份沉淀中加 2 mol·L^{-1} NaOH 溶液，沉淀是否溶解？把所得到的溶液煮沸，哪个试管重新出现沉淀？写出相应的反应方程式。Cr^{3+} 与 $Cr(OH)_4^-$ 相比，何者更易水解？这与 $Cr(OH)_3$ 的酸碱性有何关系？

② Cr(Ⅲ)盐的水解作用：往盛着 1 mL 0.2 mol·L^{-1} $CrCl_3$ 溶液的离心管中，滴加 0.5 mol·l^{-1} Na_2S 溶液至有明显的沉淀生成，观察反应产物的颜色和状态，用实验证明产物是 $Cr(OH)_3$，而不是 Cr_2S_3。写出 Cr^{3+} 与 S^{2-} 相互促进水解的反应方程式。

③ Cr(Ⅲ)盐的还原性：往 0.5 mL 0.2 mol·L^{-1} $CrCl_3$ 溶液中，加入过量的 2 mol·L^{-1} NaOH 溶液，直到最初生成的沉淀溶解为止。往清液中逐滴加入 3% H_2O_2 溶液，微热之，溶液的颜色有什么变化？写出相应的反应方程式。再用 2 mol·L^{-1} H_2SO_4 溶液酸化前面溶液(必要时可再加入数滴 H_2O_2 溶液)，溶液的颜色又有何变化？由此说明酸、碱介质对此反应的影响。

④ Cr(Ⅲ)的水合异构体：取少量淡蓝紫色的 $CrCl_3$ 溶液于试管中，加热，观察溶液颜色的变化。溶液冷后颜色又有什么变化？解释以上实验现象。

$$[Cr(H_2O)_6]^{3+}(\text{紫色}) + 2Cl^- \longrightarrow [Cr(H_2O)_4Cl_2]^+(\text{绿色}) + 2H_2O$$

(2) Cr(Ⅵ)化合物的性质

① 重铬酸钾的氧化性：向两只试管中各加入 0.5 mL 0.1 mol·L^{-1} $K_2Cr_2O_7$ 溶液，分别加入少量 Na_2SO_3 固体和 0.5 mL 0.5 mol·L^{-1} $FeSO_4$ 溶液，有无变化？再分别加入 1 mL 1 mol·L^{-1} H_2SO_4，溶液的颜色发生什么变化？写出相应的反应方程式。

② CrO_4^{2-} 与 $Cr_2O_7^{2-}$ 在溶液中的平衡和相互转化：往 0.5 mL 0.1 mol·L^{-1} $K_2Cr_2O_7$ 溶液中先滴加 2 mol·L^{-1} NaOH 溶液，再滴加 2 mol·L^{-1} H_2SO_4 溶液，观察过程中溶液的颜色发生什么变化？写出相应的反应方程式。

再往 0.5 mL 0.1 mol·L^{-1} K_2CrO_4 溶液中先滴加 2 mol·L^{-1} H_2SO_4 溶液，再滴入 2 mol·L^{-1} NaOH 溶液，观察过程中溶液颜色又有何变化？写出相应的反应方程式。

③ Cr(Ⅵ)的鉴定：往试管中加 2～3 滴 0.1 mol·L^{-1} $K_2Cr_2O_7$ 溶液、0.5 mL 戊醇、1 滴 2 mol·L^{-1} H_2SO_4 溶液，然后加 2 mL 3% H_2O_2，摇荡试管，观察戊醇层和溶液颜色的变化。

这是检验铬或 H_2O_2 的灵敏反应。

(3) 难溶铬酸盐的生成和溶解

① 在三支试管中，各加入 0.5 mL 0.1 mol·L^{-1} K_2CrO_4 溶液，再分别加入 0.1 mol·L^{-1} $AgNO_3$ 溶液、$BaCl_2$ 溶液和 $Pb(NO_3)_2$ 溶液，观察产物的颜色和状态？写出相应的反应方程式，并试验这些铬酸盐沉淀能溶于什么酸中？

② 用 0.1 mol·L^{-1} $K_2Cr_2O_7$ 溶液和 0.1 mol·L^{-1} $BaCl_2$ 溶液反应，有什么现象？反应前后，溶液的 pH 值发生什么变化？试用 $Cr_2O_7^{2-}$ 与 CrO_4^{2-} 间的平衡关系说明这一实验结果并写出相应的反应方程式。

4. 锰化合物的性质

(1) Mn(Ⅱ)与 Mn(Ⅳ)之间的转化

在试管中加几滴 0.2 mol·L^{-1} $MnSO_4$ 溶液，再滴加 2 mol·L^{-1} NaOH 溶液，观察产物的

颜色和状态。往所得的 $Mn(OH)_2$ 沉淀上加几滴3% H_2O_2 溶液，沉淀有什么变化？这一反应中，哪个是氧化剂？哪个是还原剂？写出相应的反应方程式。再往试管中滴加少量 $2\ mol \cdot L^{-1}$ H_2SO_4 溶液后，加几滴3% H_2O_2 溶液，观察又有什么变化？这时的氧化剂、还原剂又各是什么？用 $\varphi^{\ominus}$ 解释实验现象。说明酸、碱介质对此反应的影响，写出相应的反应方程式。

把产物放置一段时间后，观察颜色有何变化？解释现象。

(2) Mn(Ⅱ)与Mn(Ⅶ)之间的转化(Mn^{2+} 的鉴定反应)

往盛着1 mL $0.05\ mol \cdot L^{-1}$ $MnSO_4$ 溶液和3 mL $2\ mol \cdot L^{-1}$ HNO_3 溶液的试管中，加入少量 $NaBiO_3$ 固体，搅拌并微热试管，有什么变化？写出相应的反应方程式。此反应可用来鉴定 Mn^{2+} 离子。

(3) 四氯化锰的生成和性质

往少量 MnO_2 固体中，加入2 mL浓HCl，观察反应产物的颜色和状态。把此溶液加热，溶液的颜色有何变化？有什么气体产生？写出相应的反应方程式。

(4) K_2MnO_4 的生成和性质

在干燥试管中加1/3匙 MnO_2、半匙 $KClO_3$、两粒固体KOH，将它们混匀后，加热至熔融。冷后加约5 mL水使熔块溶解，将溶液离心或过滤，得深绿色的 K_2MnO_4 溶液。写出反应方程式。

取少量 K_2MnO_4 溶液，滴加 $2\ mol \cdot L^{-1}$ HAc，观察溶液颜色变化和 MnO_2 的生成；再滴入40%的NaOH溶液，至溶液再变为绿色，比较所用酸碱的量。

以实验事实说明 MnO_4^{2-} 的稳定性与介质酸碱性的关系。

(5) 高锰酸钾的氧化性

① 往0.5 mL $0.01\ mol \cdot L^{-1}$ $KMnO_4$ 溶液中，滴加 $0.2\ mol \cdot L^{-1}$ $MnSO_4$ 溶液，观察反应产物的颜色和状态，并写出相应的反应方程式。

② 分别试验在酸性($1\ mol \cdot L^{-1}$ H_2SO_4 溶液)、中性(蒸馏水)、碱性($6\ mol \cdot L^{-1}$ NaOH溶液)介质中，$0.01\ mol \cdot L^{-1}$ $KMnO_4$ 溶液与 $0.1\ mol \cdot L^{-1}$ Na_2SO_3 溶液的反应，比较它们的产物因介质不同有什么不同？写出相应的反应方程式。

【思考题】

(1) 比较α-钛酸，β-钛酸与α-锡酸和β-锡酸的生成条件和性质有何异同。

(2) 比较低价钛的化合物与低价钒的化合物有什么相似之处。

(3) 为什么在水溶液中无法制得硫化铬？它只与阳离子 Cr^{3+} 水解有关吗？

(4) $K_2Cr_2O_7$ 与 $Ba(NO_3)_2$ 作用，为什么得到的是 $BaCrO_4$，而不是 $BaCr_2O_7$，怎样才能使这个反应进行得完全？

(5) 举出三种可以将 Mn^{2+} 氧化为 MnO_4^- 的强氧化剂，并写出相应的反应方程式。

(6) 由 Mn^{2+} 在碱性介质中制得的沉淀 $MnO(OH)_2$ 能溶于HCl或($H_2SO_4+H_2O_2$)中，但不溶于硫酸或硝酸，这是为什么？

实验12　铜、银、锌、镉、汞

【实验目的】

(1) 掌握铜、银、锌、镉、汞氧化物和氢氧化物的性质。
(2) 试验铜、银化合物的氧化性和还原性。
(3) 掌握铜(Ⅰ)与铜(Ⅱ)之间,汞(Ⅰ)与汞(Ⅱ)之间的转化反应及其条件。
(4) 了解铜(Ⅰ)、银、汞卤化物的溶解性。
(5) 掌握铜、银、锌、镉、汞硫化物及配合物的生成与溶解性。
(6) 学习 Cu^{2+}、Ag^{+}、Zn^{2+}、Cd^{2+} 和 Hg^{2+} 的鉴定方法。

【预习内容】

(1) 综合比较ⅠA与ⅠB族元素化合物的酸碱性、稳定性、溶解性,以及价态变化和生成配合物的能力。
(2) 锌盐、镉盐、汞盐与氨水作用有何不同?

【实验原理】

铜和银是周期系第ⅠB族元素,价层电子构型分别为 $3d^{10}4s^1$ 和 $4d^{10}5s^1$。铜的重要氧化数为+1和+2,银主要形成氧化数为+1的化合物。

锌、镉、汞是周期表中第ⅡB族元素,价层电子构型为 $(n-1)d^{10}ns^2$,它们都形成氧化值为+2的化合物,汞还能形成氧化值为+1的化合物。锌族元素比铜族元素活泼。铜族与锌族的金属活泼次序为

$$Zn>Cd>H>Cu>Hg>Ag>Au$$

$Cu(OH)_2$ 略显两性,所以既溶于酸,又能溶于过量的浓碱溶液生成蓝色的四羟基合铜配离子。反应方程式为

$$Cu(OH)_2+2NaOH=\!=\!=Na_2[Cu(OH)_4]$$

$Zn(OH)_2$ 是两性氢氧化物,溶于强酸成锌盐,溶于强碱成为四羟基配合物 $[Zn(OH)_4]^{2-}$。$Cd(OH)_2$ 是碱性氢氧化物。AgOH、$Hg(OH)_2$、$Hg_2(OH)_2$ 都很不稳定,极易脱水变成相应的氧化物,而 Hg_2O 也不稳定,易歧化为HgO和Hg。

某些Cu(Ⅱ),Ag(Ⅰ),Hg(Ⅱ)的化合物具有一定的氧化性。例如,Cu^{2+} 能与 I^- 反应生成白色的碘化亚铜和棕色的碘,离子方程式为

$$2Cu^{2+} + 4I^- = 2CuI\downarrow + I_2$$

$[Ag(NH_3)_2]^+$和$[Cu(OH)_4]^{2-}$都能被醛类或某些糖类还原，分别生成 Ag 和 Cu_2O。例如：

$$2Ag(NH_3)_2OH + C_6H_{12}O_6 = 2Ag\downarrow + C_6H_{12}O_7 + 4NH_3 + H_2O$$

银氨配离子与甲醛或葡萄糖的反应在工业上被称为“银镜反应”，广泛应用于化学镀银和醛的鉴定。

酸性介质中，$HgCl_2$ 是一个较强的氧化剂，同一些还原剂（如 $SnCl_2$）反应可被还原成 Hg_2Cl_2 或 Hg。$HgCl_2$ 与 $SnCl_2$ 的反应可用于 Hg^{2+} 或 Sn^{2+} 的检验。

Cu^+ 离子在溶液中不稳定，易歧化为 Cu^{2+} 和 Cu。

$$2Cu^+ \rightleftharpoons Cu^{2+} + Cu$$

因此 Cu_2O 溶于稀 H_2SO_4 中，得到的不是 Cu_2SO_4，而是 Cu 和 $CuSO_4$。

$$Cu_2O + H_2SO_4 = Cu + CuSO_4 + H_2O$$

Cu^{2+} 离子在水溶液中是稳定的。只有当形成沉淀或配合物，使溶液中 Cu^+ 浓度降低到非常小，才会向 Cu^+ 离子转化。比如 $CuCl_2$ 溶液与铜屑及浓 HCl 混合后加热可制得 $[CuCl_2]^-$，加水稀释时会析出 CuCl 沉淀。

CuCl 和 CuI 等一价铜的卤化物难溶于水，通过加合反应可分别生成相应的配离子 $[CuCl_2]^-$ 和 $[CuI_2]^-$ 等，它们在水溶液中较稳定。

Cu^{2+}、Ag^+、Zn^{2+}、Cd^{2+} 和 Hg^{2+} 都能与氨形成配合物。它们与适量氨水反应先生成氢氧化物、氧化物或碱式盐沉淀，而后溶于过量的氨水形成配合物（有的需要有 NH_4Cl 存在）。Cu_2O 溶于氨水中形成无色的$[Cu(NH_3)_2]^+$，$[Cu(NH_3)_2]^+$ 很快被空气中的氧气氧化为深蓝色的$[Cu(NH_3)_4]^{2+}$。

Cu^{2+} 与 $K_4[Fe(CN)_6]$在中性或弱酸性溶液中反应，生成红棕色的 $Cu_2[Fe(CN)_6]$沉淀，此反应用于鉴定 Cu^{2+}。

银盐的一个重要特点是多数难溶于水，但它形成配合物的倾向很大，把难溶盐转化成配合物是溶解难溶银盐的重要方法。

Ag^+ 与稀 HCl 反应生成 AgCl 沉淀，AgCl 溶于 $NH_3 \cdot H_2O$ 溶液生成$[Ag(NH_3)_2]^+$，再加入稀 HNO_3 又生成 AgCl 沉淀，或加入 KI 溶液生成 AgI 沉淀。利用这一系列反应可以鉴定 Ag^+。当加入相应的试剂时，还可以实现$[Ag(NH_3)_2]^+$、AgBr(s)、$[Ag(S_2O_3)_2]^{3-}$、AgI(s)、$[Ag(CN)_2]^-$、Ag_2S(s)的依次转化。AgCl、AgBr、AgI 等也能通过加合反应分别生成$[AgCl_2]^-$、$[AgBr_2]^-$、$[AgI_2]^-$等配离子。

在碱性条件下，Zn^{2+} 与二苯硫腙反应形成粉红色的螯合物，此反应用于鉴定 Zn^{2+}。

分别往 Cu^{2+}、Ag^+、Zn^{2+}、Hg^{2+} 等离子溶液中，加入 $Na_4P_2O_7$，均有沉淀生成。但由于这些金属离子能与过量的 $P_2O_7^{4-}$ 离子形成配离子，如$[Cu(P_2O_7)]^{2-}$，当 $Na_4P_2O_7$ 溶液过量时，沉淀便溶解。

Cu^{2+}、Ag^+、Zn^{2+}、Cd^{2+} 和 Hg^{2+} 与饱和 H_2S 溶液反应都能生成相应的硫化物。ZnS 能溶于稀 HCl。CdS 溶于浓 HCl。利用黄色 CdS 的生成反应可以鉴定 Cd^{2+}。CuS 和 Ag_2S 溶于浓 HNO_3。HgS 是溶解度最小的金属硫化物，在浓硝酸中也难溶解。实验室常用王水来溶解 HgS，反应方程式为

$$3HgS + 12HCl + 2HNO_3 = 3H_2[HgCl_4] + 3S\downarrow + 2NO\uparrow + 4H_2O$$

亚汞化合物中，汞总是以双聚体 Hg_2^{2+} 的形式出现。Hg_2^{2+} 在水溶液中较稳定，不易歧化为 Hg^{2+} 和 Hg。但如果向 Hg_2^{2+} 溶液中加入氨水、饱和 H_2S 或 KI 溶液，由于形成沉淀或配合物而大大降低 Hg^{2+} 离子的浓度，就会显著加速 Hg_2^{2+} 歧化为 Hg^{2+} 和 Hg 的反应进行。例如：Hg_2^{2+} 与 I^- 反应先生成 Hg_2I_2，当 I^- 过量时则生 $[HgI_4]^{2-}$ 和 Hg。

【实验物品】

1. 仪器和材料

离心机，恒温水浴锅，试管，试管架，离心管，量筒（10～25 mL），烧杯（50 mL、250 mL），玻璃棒，滴管，pH 试纸。

2. 试剂

铜屑，CH_3CSNH_2(s)，浓 HCl，浓 HNO_3，浓 $NH_3 \cdot H_2O$，饱和 NaCl，40% NaOH，王水，10%葡萄糖，HCl（6 $mol \cdot L^{-1}$、0.5 $mol \cdot L^{-1}$），HNO_3（6 $mol \cdot L^{-1}$），$NH_3 \cdot H_2O$（6 $mol \cdot L^{-1}$、2 $mol \cdot L^{-1}$），NaOH（6 $mol \cdot L^{-1}$、2 $mol \cdot L^{-1}$），H_2SO_4（2 $mol \cdot L^{-1}$），Na_2SO_3（2 $mol \cdot L^{-1}$），$CuCl_2$（1 $mol \cdot L^{-1}$），$CuSO_4$（0.1 $mol \cdot L^{-1}$），$AgNO_3$（0.1 $mol \cdot L^{-1}$），$ZnSO_4$（0.1 $mol \cdot L^{-1}$），$GdSO_4$（0.1 $mol \cdot L^{-1}$），$Hg(NO_3)_2$（0.1 $mol \cdot L^{-1}$），KI（0.1 $mol \cdot L^{-1}$），$K_4[Fe(CN)_6]$（0.1 $mol \cdot L^{-1}$），$HgCl_2$（0.1 $mol \cdot L^{-1}$），$SnCl_2$（0.1 $mol \cdot L^{-1}$），Cu^{2+}、Ag^+、Zn^{2+}、Cd^{2+} 和 Hg^{2+} 离子混合液。

【实验步骤】

1. Cu^{2+}、Ag^+、Zn^{2+}、Cd^{2+} 和 Hg^{2+} 离子与 NaOH 溶液的反应

在五只离心管中分别试验 0.1 $mol \cdot L^{-1}$ 的 $CuSO_4$、$AgNO_3$、$ZnSO_4$、$CdSO_4$ 和 $Hg(NO_3)_2$ 溶液与 2 $mol \cdot L^{-1}$ NaOH 溶液的作用，观察沉淀的颜色和形态。离心分离后将沉淀分为两份，试验这些沉淀与酸、碱的作用。根据实验现象总结 Cu^{2+}、Ag^+、Zn^{2+}、Cd^{2+} 和 Hg^{2+} 离子与 NaOH 溶液反应的产物及产物的性质。

2. Cu^{2+}、Ag^+、Zn^{2+}、Cd^{2+} 和 Hg^{2+} 离子与氨水反应

在五只试管中分别试验 0.1 $mol \cdot L^{-1}$ 的 $CuSO_4$、$AgNO_3$、$ZnSO_4$、$CdSO_4$ 和 $Hg(NO_3)_2$ 溶液与 2 $mol \cdot L^{-1}$ $NH_3 \cdot H_2O$ 的作用，加少量 $NH_3 \cdot H_2O$ 生成什么？加过量 $NH_3 \cdot H_2O$ 又发生什么变化？写出相应的反应方程式。

根据以上实验结果，总结ⅠB、ⅡB 族元素氢氧化物的稳定性和形成氨配合物的能力，并与ⅠA、ⅡA 族元素进行比较。

3. Cu^{2+}、Ag^+、Zn^{2+}、Cd^{2+} 和 Hg^{2+} 离子与硫代乙酰胺溶液的反应

在离心管中分别试验 0.1 $mol \cdot L^{-1}$ 的 $CuSO_4$、$AgNO_3$、$ZnSO_4$、$CdSO_4$ 和 $Hg(NO_3)_2$ 溶液与硫代乙酰胺溶液作用，在水浴上加热，观察沉淀的颜色。离心分离，弃去清液，试验这些硫化物能不能溶于 6 $mol \cdot L^{-1}$ HCl 中。如果不溶，再试验它们与 6 $mol \cdot L^{-1}$ HNO_3 溶液的作用，最后把不溶于 HNO_3 溶液的沉淀，与王水进行反应。写出相应的反应方程式。参考这几种硫化物的溶度积常数，解释上述实验现象。

4. Cu^{2+}、Ag^{+}和Hg^{2+}离子与KI溶液的反应

(1) 往0.5 mL 0.1 mol·L^{-1} $CuSO_4$溶液中，滴加0.1 mol·L^{-1} KI溶液，产物是什么？用什么方法来证明？写出反应方程式。

(2) 往0.5 mL 0.1 mol·L^{-1} $AgNO_3$溶液中，滴加0.1 mol·L^{-1} KI溶液，观察产物的颜色和状态。

(3) 往0.5 mL 0.1 mol·L^{-1} $Hg(NO_3)_2$溶液中，滴加0.1 mol·L^{-1}KI溶液，观察沉淀的生成和颜色。继续滴加KI溶液至沉淀溶解，再加一滴40% NaOH溶液，有无沉淀生成？为什么？得到的即是"奈斯勒试剂"，用以检出NH_4^{+}离子。

5. 铜、银化合物的氧化性和还原性

(1) 氯化亚铜的生成和性质

① 在烧杯内，加入10 mL 0.1 mol·L^{-1} $CuCl_2$溶液、3 mL浓盐酸和少量铜屑，加热之，直到溶液变成深棕色为止。然后取出几滴溶液，加到10 mL蒸馏水中，如果有白色沉淀产生，即可把深棕色的溶液倾入一个盛着100 mL蒸馏水的烧杯内。

② 在烧杯内加入10 mL 1 mol·L^{-1} $CuCl_2$溶液、3 mL 2 mol·L^{-1} Na_2SO_3。用0.5 mol·L^{-1}盐酸调pH至4～5，再加2 mL饱和NaCl溶液。观察产物的颜色和状态。等大部分沉淀下沉后，立即用倾析法除去上清液，并用20 mL蒸馏水洗涤沉淀。取少量沉淀，分别试验它们与浓$NH_3·H_2O$和浓盐酸的作用，沉淀是否溶解？写出反应方程式。把所得的溶液放置片刻，观察其颜色变化。为什么？

(2) 银镜反应

用浓HNO_3洗试管，再依次用自来水和蒸馏水洗净试管。往试管中加2 mL 0.1 mol·L^{-1} $AgNO_3$溶液，逐滴加入2 mol·L^{-1} $NH_3·H_2O$，直到生成的沉淀刚好溶解为止。这时，再滴加$AgNO_3$溶液，至刚出现浑浊。然后再往浊液上，加几滴10%葡萄糖($C_6H_{12}O_6$)溶液，并把试管放在水浴中加热，观察试管壁上生成的银镜。写出相应的反应方程式。

注意：镀银后的银氨溶液不能储存，因放置时(天热时不到一天)会析出强爆炸性的氮化银Ag_3N沉淀。为了破坏溶液中的银氨离子，可加盐酸，使它转化为AgCl回收。

6. Cu^{2+}和Hg^{2+}的鉴定反应

(1) Cu^{2+}的鉴定反应

可用Cu^{2+}生成$[Cu(NH_3)_4]^{2+}$的方法来鉴定。但当Cu^{2+}的量较少时，可用更灵敏的亚铁氰化钾法鉴定：在试管中加一滴0.1 mol·L^{-1} $CuSO_4$溶液和几滴0.1 mol·L^{-1} $K_4[Fe(CN)_6]$溶液，生成红褐色的$Cu_2[Fe(CN)_6]$沉淀，证明有Cu^{2+}存在。

(2) Hg^{2+}的鉴定反应

向0.5 mL 0.1 mol·L^{-1} $HgCl_2$溶液中，逐滴加入0.1 mol·L^{-1} $SnCl_2$溶液，继续加过量$SnCl_2$溶液，并不断搅拌，然后放置2～3 min，直至Hg(黑色)被还原出来。写出相应的反应方程式。

【思考题】

(1) 进行银镜反应时为什么要把Ag^{+}变成银氨配离子？镀在试管上的银镜怎样洗掉？

(2) 根据实验结果,比较 Cu^{+} 与 Cu^{2+} 化合物的稳定性。为何向 $Cu(NO_3)_2$ 溶液中加入 KI 生成 CuI 沉淀,而 KCl 的加入则不出现 CuCl 沉淀?

(3) 写出 $Hg_2(NO_3)_2$ 溶液与 H_2S 溶液、NaOH、KI、$NH_3 \cdot H_2O$ 的反应方程式,并与 $Hg(NO_3)_2$ 溶液的类似反应相对比。

(4) 用 $SnCl_2$ 鉴定 Hg^{2+} 时,当 $SnCl_2$ 用量不同时产生的现象也不相同,为什么?

实验知识拓展

(1) 含镉或汞的化合物进入人体后会逐渐积累起来,造成中毒,产生肠胃炎、肾炎、上呼吸道炎症等疾病,严重的镉中毒会引起极痛苦的“骨痛病”,因此,要严防镉或汞的化合物进入口中。同时,含镉和汞的废水应倒入指定的回收容器中,集中处理后方可排放。

含镉的废水通常采用离子交换法进行处理。基本原理是利用 Cd^{2+} 离子与阳离子交换树脂有较强的结合力,能优先交换。除此之外,还有中和沉淀法、碱性氯化法等。

含汞的废水可以用金属还原法处理。比如铜屑置换:

$$Cu + Hg^{2+} = Cu^{2+} + Hg\downarrow$$

硼氢化钠还原法:

$$BH_4^- + Hg^{2+} + 2OH^- = BO_2^- + 3H_2\uparrow + Hg\downarrow$$

含汞废水的处理方法还有化学沉淀法、活性炭吸附法、微生物法等。

(2) 本实验中 Cu^{2+}、Ag^{+}、Zn^{2+}、Cd^{2+} 和 Hg^{2+} 与硫代乙酰胺溶液的反应都是在近中性环境中进行。如果体系的 pH<1,Cu^{2+} 与硫代乙酰胺反应就会先被还原成 Cu^{+},然后 Cu^{+} 再与硫代乙酰胺形成配合物。加热时配合物分解,生成 Cu_2S 沉淀。随着溶液酸度的降低,Cu^{2+} 与 CH_3CSNH_2 将生成 Cu_2S 与 CuS 的混合物。

Hg^{2+} 在 HCl 溶液中与硫代乙酰胺反应时,常生成一系列中间产物,从而出现不同颜色的沉淀。

实验13　铁、钴、镍

【实验目的】

(1) 了解铁、钴、镍氢氧化物的生成和性质。

(2) 掌握铁盐的氧化性、还原性。

(3) 了解铁、钴、镍配合物的生成和性质。

(4) 掌握 Fe^{2+}、Fe^{3+}、Co^{2+} 和 Ni^{2+} 等离子的鉴定反应。

【预习内容】

(1) 怎样鉴别 Fe^{2+}、Fe^{3+}、Co^{2+} 和 Ni^{2+}?

(2) 试举例说明二价铁、钴、镍的还原性大小和三价铁、钴、镍的氧化性大小。

(3) 比较 $Fe(OH)_3$、$Al(OH)_3$、$Cr(OH)_3$ 的性质。怎样利用这些性质把 Fe^{2+}、Fe^{3+}、Al^{3+} 和 Cr^{3+} 从混合溶液中分离出来?

【实验原理】

铁、钴、镍是第四周期第Ⅷ族元素,能形成 +2 和 +3 氧化态的化合物,都是中等活泼的金属。

Fe_2O_3、Co_2O_3 和 Ni_2O_3 都是具有较强氧化性的氧化物,它们按 Fe、Co、Ni 的顺序氧化能力增强和稳定性降低。

在铁(Ⅱ)、钴(Ⅱ)、镍(Ⅱ)的盐溶液中加入碱,均能得到相应的氢氧化物。$Fe(OH)_2$ 很容易被空气中的氧所氧化,因此很难得到白色的 $Fe(OH)_2$,而是变成灰绿色,最后成为红棕色的 $Fe(OH)_3$。反应方程式为

$$4Fe(OH)_2 + O_2 + 2H_2O = 4Fe(OH)_3$$

$Co(OH)_2$ 在空气中也能被缓慢地氧化成棕色的 $Co(OH)_3$,若用氧化剂可使反应迅速进行。$Ni(OH)_2$ 不能与空气中的氧反应,它只能被强氧化剂如 NaOCl、Br_2 等氧化。例如

$$2Ni^{2+} + 6OH^- + Br_2 = 2Ni(OH)_3\downarrow + 2Br^-$$

$Fe(OH)_3$ 略有两性,但碱性强于酸性。只有新沉淀出来的 $Fe(OH)_3$ 能溶于浓的强碱溶液中。比如热的浓氢氧化钾可以溶解 $Fe(OH)_3$ 而生成铁酸钾,反应方程式为

$$Fe(OH)_3 + KOH = KFeO_2 + 2H_2O$$

$Fe(OH)_3$ 溶于盐酸的情况和 $Co(OH)_3$、$Ni(OH)_3$ 不同。$Fe(OH)_3$ 与盐酸作用,仅发生中和反应。而 $Co(OH)_3$ 和 $Ni(OH)_3$ 都是强氧化剂,它们与浓盐酸反应时,分别生成 Co(Ⅱ)和 Ni(Ⅱ),并放出氯气。例如

$$2Co(OH)_3 + 6HCl = 2CoCl_2 + Cl_2\uparrow + 6H_2O$$

在酸性介质中,Fe^{2+} 较稳定,而在碱性介质中立即被氧化。因此在保存 Fe^{2+} 盐溶液时,应加入足够的酸,必要时应加入几颗铁钉来防止氧化。

Fe^{3+} 具有一定的氧化性。在酸性溶液中,Fe^{3+} 能被强还原剂,如 H_2S、KI、$SnCl_2$ 等还原成 Fe^{2+}。例如

$$2FeCl_3 + H_2S = 2FeCl_2 + S\downarrow + 2HCl$$

三氯化铁以及其他铁(Ⅲ)盐溶于水后都易发生水解,使溶液显酸性。

铁、钴、镍都能形成多种配合物。

在 Fe^{3+} 的溶液中,加入硫氰化钾会生成血红色的溶液。这一反应非常灵敏,常用来检出 Fe^{3+} 和比色测定 Fe^{3+}。

$$Fe^{3+} + nSCN^- = [Fe(NCS)_n]^{3-n}$$

Fe^{2+}与$[Fe(CN)_6]^{3-}$反应生成滕氏蓝沉淀，或Fe^{3+}与$[Fe(CN)_6]^{4-}$反应生成普鲁士蓝沉淀，分别用于鉴定Fe^{2+}和Fe^{3+}。

在pH为2.5～7.5的条件下，Fe^{2+}与邻二氮菲反应，生成稳定的橘红色配合物$Fe(phen)_3{}^{2+}$。此反应可在Fe^{3+}的存在下鉴定出Fe^{2+}。

Co^{2+}与过量的氨水反应能生成可溶性的$[Co(NH_3)_6]^{2+}$。$[Co(NH_3)_6]^{2+}$容易被空气中的O_2氧化为$[Co(NH_3)_6]^{3+}$。

Co^{2+}离子与SCN^-反应生成蓝色的$[Co(NCS)_4]^{2-}$，它在水溶液中不稳定，但在丙酮、乙醚或戊醇等有机溶剂中较稳定，此反应用于鉴定Co^{2+}。

Ni^{2+}也能与过量的氨水反应生成蓝色的镍氨配合物。$[Ni(NH_3)_6]^{2+}$遇酸和碱都会分解，稀释和加热的情况下会转化为碱式硫酸镍。反应方程式为

$$2NiSO_4 + 2NH_3 + 2H_2O = Ni_2(OH)_2SO_4 \downarrow + (NH_4)SO_4$$

$$Ni_2(OH)_2SO_4 + (NH_4)_2SO_4 + 10NH_3 = 2[Ni(NH_3)_6]SO_4 + 2H_2O$$

$$[Ni(NH_3)_6]SO_4 + 3H_2SO_4 = NiSO_4 + 3(NH_4)_2SO_4$$

$$[Ni(NH_3)_6]SO_4 + 2NaOH = Ni(OH)_2 \downarrow + Na_2SO_4 + 6NH_3 \uparrow$$

Ni^{2+}与丁二酮肟在弱碱性条件下反应生成鲜红色的螯合物，此反应常用于鉴定Ni^{2+}。

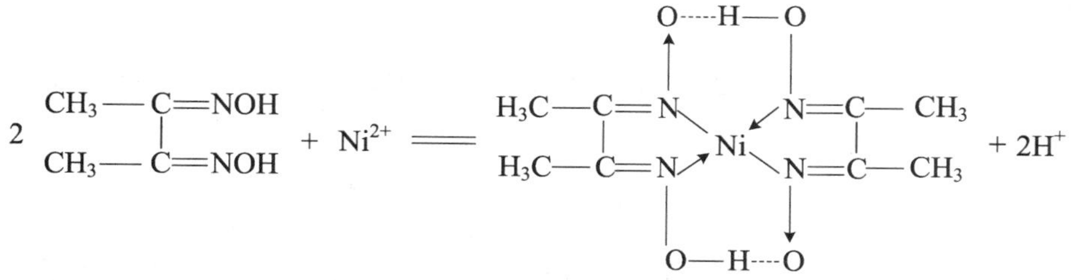

$$2\ \begin{matrix} CH_3-C=NOH \\ | \\ CH_3-C=NOH \end{matrix} + Ni^{2+} = \begin{matrix} & & O\cdots H-O & & \\ & & \uparrow \quad\quad | & & \\ H_3C-C=N & & & N=C-CH_3 \\ | & \searrow & Ni & \swarrow & | \\ H_3C-C=N & \nearrow & & \nwarrow N=C-CH_3 \\ & & | \quad\quad \downarrow & & \\ & & O-H\cdots O & & \end{matrix} + 2H^+$$

此螯合物在强酸性溶液中分解，生成游离的丁二酮肟。在强碱性溶液中Ni^{2+}形成$Ni(OH)_2$沉淀，使鉴定反应不能进行，所以此反应的合适酸度是pH＝5～10。

【实验物品】

1. 仪器和材料

离心机，试管，试管架，离心管，量筒（5～10 mL），烧杯（50 mL），玻璃棒，滴管，淀粉碘化钾试纸。

2. 试剂

$FeSO_4 \cdot (NH_4)_2SO_4 \cdot 6H_2O(s)$，$NH_4Cl(s)$，$SnCl_2(s)$，浓HCl，$NH_3 \cdot H_2O$，6% H_2O_2，溴水，乙醚，25% KSCN，丁二酮肟酒精液，邻菲罗啉，CH_3CSNH_2，亚硝基R盐，H_2SO_4（$6\ mol \cdot L^{-1}$、$2\ mol \cdot L^{-1}$），NaOH（$6\ mol \cdot L^{-1}$、$2\ mol \cdot L^{-1}$），NH_4Ac（$3\ mol \cdot L^{-1}$），HCl（$6\ mol \cdot L^{-1}$、$2\ mol \cdot L^{-1}$），KSCN（$1\ mol \cdot L^{-1}$），$CoCl_2$（$0.5\ mol \cdot L^{-1}$），$NiSO_4$（$0.2\ mol \cdot L^{-1}$），$FeCl_3$（$0.2\ mol \cdot L^{-1}$），$FeSO_4$（$0.2\ mol \cdot L^{-1}$），$K_3[Fe(CN)_6]$（$0.1\ mol \cdot L^{-1}$），$K_4[Fe(CN)_6]$（$0.1\ mol \cdot L^{-1}$），NH_4F（$0.5\ mol \cdot L^{-1}$），$KMnO_4$（$0.01\ mol \cdot L^{-1}$）。

【实验步骤】

1. 二价铁、钴、镍氢氧化物的生成和性质

(1) $Fe(OH)_2$

在一支试管中，加入 2 mL 蒸馏水和几滴稀硫酸，煮沸，以赶尽溶液中的氧气，然后加入少量硫酸亚铁铵晶体。在另一试管中加入 2 mL 6 mol·L^{-1} NaOH 溶液，煮沸，以赶尽氧气，冷却后用一滴管吸取 1 mL 该溶液，把滴管插入硫酸亚铁铵溶液内，直至试管底部，慢慢放出滴管内溶液，观察产物颜色和状态。

将沉淀分为两份。一份加入 2 mol·L^{-1} HCl，观察沉淀是否溶解。另一份摇荡后放置一段时间，观察有何变化，写出相应的反应方程式。

(2) $Co(OH)_2$

往一支盛有 1 mL 0.5 mol·L^{-1} $CoCl_2$ 溶液的试管中，滴加 2 mol·L^{-1} NaOH 溶液，注意观察反应产物的颜色和状态。微热之，观察产物的颜色有何变化？

将沉淀分为两份。往一份沉淀中加入 2 mol·L^{-1} HCl，观察沉淀是否溶解。另一份沉淀放置一段时间后，观察有何变化。解释现象并写出相应的反应方程式。

(3) $Ni(OH)_2$

往一支装有 1 mL 0.2 mol·L^{-1} $NiSO_4$ 溶液的试管中，滴加 2 mol·L^{-1} NaOH 溶液，观察反应产物的颜色和状态。

同样将沉淀分为两份。往一试管中，加入 2 mol·L^{-1} HCl，观察沉淀是否溶解。把另一试管放置一段时间，观察沉淀有何变化。写出相应的反应方程式。

综合上述实验，说明氢氧化铁(Ⅱ)、氢氧化钴(Ⅱ)与氢氧化镍(Ⅱ)的稳定性。

(4) $Co(OH)_2$、$Ni(OH)_2$ 与 H_2O_2 的反应

新制取少量 $Co(OH)_2$、$Ni(OH)_2$，比较它们与 6% H_2O_2 的反应情况。观察颜色变化，解释实验现象，写出反应方程式。

2. 三价铁、钴、镍氢氧化物(或水合氧化物)的生成和性质

(1) $Fe(OH)_3$

往装有 2 mL 0.2 mol·L^{-1} $FeCl_3$ 溶液的试管中，滴加 2 mol·L^{-1} NaOH 溶液，观察反应产物的颜色和状态。将沉淀分为两份，往一个试管中加入 0.5 mL 浓盐酸，观察是否有气体产生，沉淀是否溶解。往另一试管中加几滴 6 mol·L^{-1} NaOH，并加热至沸，观察有无变化，解释上述现象，并写出相应的反应方程式。

(2) $Co(OH)_3$

往 0.5 mL 0.5 mol·L^{-1} $CoCl_2$ 溶液的离心管中，加入数滴溴水，再滴加 2 mol·L^{-1} NaOH 溶液，观察反应产物的颜色和状态。离心分离，沉淀用蒸馏水洗 2 次，然后往沉淀中加 0.5 mL 浓盐酸，微热之，观察有何现象。用淀粉碘化钾试纸检验气体产物。最后用水稀释上述溶液，其颜色有何变化？解释现象，并写出相应的反应方程式。

(3) $Ni(OH)_3$

往 0.5 mL 0.2 mol·L^{-1} $NiSO_4$ 溶液的离心管中，加入数滴溴水，再滴加 2 mol·L^{-1}

NaOH 溶液，观察反应产物的颜色和状态。离心分离，沉淀用蒸馏水洗 2 次，然后往沉淀中加 0.5 mL 浓盐酸，观察有何变化？用淀粉碘化钾试纸检验气体产物。写出相应的反应方程式。

综合上述实验，比较氢氧化铁(Ⅲ)、氢氧化钴(Ⅲ)与氢氧化镍(Ⅲ)的生成条件有何不同，说明在酸性溶液中，三价铁、三价钴与三价镍的氧化性有何不同？

3．铁盐的氧化性和还原性

(1) 二价铁盐的还原性

往盛有 0.5 mL 0.2 mol·L^{-1} $FeSO_4$ 溶液和 0.5 mL 6mol·L^{-1} H_2SO_4 溶液的试管中，加入几滴 0.01 mol·L^{-1} $KMnO_4$ 溶液。振荡试管，观察 $KMnO_4$ 溶液的颜色有何变化。解释现象，写出相应的反应方程式。

(2) 三价铁盐的氧化性

① 往盛有 0.5 mL 0.2 mol·L^{-1} $FeCl_3$ 溶液的离心管中，滴加硫代乙酰胺水溶液，在水浴上加热，观察反应产物的颜色和状态。离心分离，往清液中加入几滴 0.1 mol·L^{-1} $K_3[Fe(CN)_6]$溶液，以检验反应产物。解释现象，写出相应的反应方程式。

② 在几滴 $FeCl_3$ 溶液中加 2 滴 6 mol·L^{-1} HCl，加 1 滴 KSCN 溶液，再加入少许 $SnCl_2$ 固体。观察溶液的颜色变化，写出反应方程式并加以解释。

4．配合物的生成和离子鉴定

(1) Fe^{3+}、Co^{2+}、Ni^{2+} 与氨水的反应

① 往少量 0.2 mol·L^{-1} $FeCl_3$ 溶液中逐滴加入浓 $NH_3·H_2O$，有何现象？沉淀能否溶于过量氨水中？

② 往 0.5 mL 0.5 mol·L^{-1} $CoCl_2$ 溶液中，加入一小匙 NH_4Cl 固体，然后逐滴加入浓 $NH_3·H_2O$，振荡试管，观察沉淀颜色。再继续加入过量的浓 $NH_3·H_2O$，至沉淀溶解为止，观察反应产物的颜色。最后把溶液放置一段时间，观察溶液的颜色有何变化。

③ 往 2 mL 0.2 mol·L^{-1} $NiSO_4$ 溶液中，逐滴加入浓 $NH_3·H_2O$，并振荡试管，观察沉淀颜色。再加入过量的浓 $NH_3·H_2O$，观察产物的颜色。然后把溶液分成四份，往两份溶液中，分别加入 2 mol·L^{-1} NaOH 溶液和 2 mol·L^{-1} H_2SO_4 溶液，观察有何变化？把另一份溶液用水稀释，是否有沉淀产生？把最后一份溶液煮沸，观察有何变化？综合实验结果，说明镍氨配合物的稳定性。

(2) Fe^{2+} 的鉴定反应

① 藤氏蓝的生成：往 0.5 mL 0.2 mol·L^{-1} $FeSO_4$ 溶液中，加入 1 滴 0.1 mol·L^{-1} $K_3[Fe(CN)_6]$溶液，观察产物的颜色和状态。写出相应的反应方程式。

② 往 0.5 mL 0.2 mol·L^{-1} $FeSO_4$ 溶液中，加入几滴邻菲罗啉溶液，即生成橘红色的配合物。

(3) Fe^{3+} 的鉴定反应

① 普鲁士蓝的生成：往 0.5 mL 0.2 mol·L^{-1} $FeCl_3$溶液中，加入 1 滴 0.1 mol·L^{-1} $K_4[Fe(CN)_6]$溶液，观察产物的颜色和状态。写出相应的反应方程式。

② 取几滴 0.2 mol·L^{-1} $FeCl_3$ 溶液，加入 1 滴 6 mol·L^{-1} HCl 溶液，观察溶液颜色有什么变化？再加 1 滴 1 mol·L^{-1} KSCN 溶液，颜色又有什么变化？然后向溶液中滴加 0.5 mol·L^{-1} NH_4F 溶液至溶液颜色褪去。解释所观察看到的现象。

注意：Fe^{3+}、Co^{2+} 与 KSCN 的配位反应需在酸性溶液中进行。因为溶液酸度小时，金属离子会发生水解，破坏了异硫氰配合物。另外 $[Fe(NCS)_n]^{3-n}$ 能溶于乙醚、异戊醇中。当 Fe^{3+} 浓度很低时，可以用乙醚或异戊醇萃取，使反应现象更加明显。

(4) Co^{2+} 的鉴定反应

① 在试管中加几滴 0.5 $mol \cdot L^{-1}$ $CoCl_2$ 溶液，滴加 25% KSCN 溶液，溶液颜色是否有变化？再加入少量乙醚，观察颜色变化。再加入一滴 $FeCl_3$ 溶液，观察现象。

注意事项：

(a) $[Co(SCN)_4]^{2-}$ 在水中不稳定，易解离，但溶于丙酮、乙醚或戊醇，在有机溶剂中较稳定。故加入有机溶剂萃取，溶液变为蓝色。

(b) 若有 Fe^{3+} 存在，$[Co(SCN)_4]^{2-}$ 配离子的蓝色会被 $[Fe(NCS)_6]^{3-}$ 的血红色掩蔽，这时可加入 NH_4F 溶液，使 Fe^{3+} 生成无色的 $[FeF_6]^{3-}$，以消除 Fe^{3+} 的干扰。

② 在试管中，加 2 滴 0.5 $mol \cdot L^{-1}$ $CoCl_2$ 溶液和 1 滴 3 $mol \cdot L^{-1}$ NH_4Ac 溶液，再加一滴亚硝基红盐，如呈红褐色，表示有 Co^{2+}。为了与试剂本身的颜色作区别，可以用 2 滴蒸馏水代替 $CoCl_2$ 试液，作空白试验，进行对比。

(5) Ni^{2+} 的鉴定反应

在试管中，加几滴 0.2 $mol \cdot L^{-1}$ $NiSO_4$ 溶液和 2 滴 3 $mol \cdot L^{-1}$ NH_4Ac 溶液，混匀后，再加入几滴丁二酮肟(又名二乙酰二肟)的酒精溶液，生成桃红色沉淀。

【思考题】

(1) 为什么在碱性介质中，Fe^{2+} 极易被空气中的 O_2 氧化成 Fe^{3+}？

(2) 在碱性介质中氯水能把二价钴氧化成三价钴，而在酸性介质中，三价钴又能把 Cl^- 氧化成氯气，二者有无矛盾，为什么？

(3) 某未知固体混合物，可能由 $FeCl_3$、$BaCrO_4$、$MnSO_4$ 和 $AgNO_3$ 组成，试样经盐酸处理后得一白色沉淀 A 及橙色溶液 B。A 能全部溶于 $NH_3 \cdot H_2O$。往 B 中通入 H_2S 气体则生成白色物质 C 及溶液 D，C 使溶液变浑浊，用 Na_2CO_3 中和 D，冒出气泡并得一灰绿色沉淀 E。问此混合物由哪几种物质组成？A、B、C、D、E 各是什么？写出有关的反应方程式。

实验知识拓展

亚硝基红盐，又名亚硝基 R 盐，化学名称为 4-亚硝基-3-羟基-2,7-萘二磺酸二钠。在 pH 为 5.5～6 的乙酸介质中，能与钴生成可溶性的红色配合物，是测定痕量钴最灵敏的试剂。化学结构式为

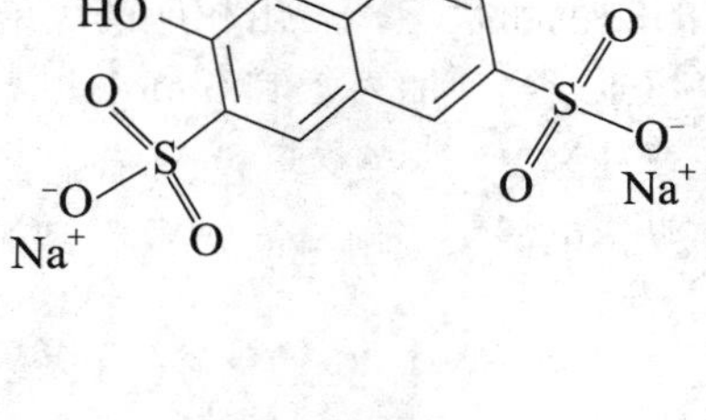

实验14　固体试样的定性分析[①]

【实验目的】

(1) 了解固体试样的分析原理、方法及实验步骤。

(2) 运用所学的元素及化合物的基本知识，练习根据试样的外形、溶解性、溶液的酸碱性和阴、阳离子的检出结果等，全面分析判断未知试样的组分。

(3) 复习常见阴、阳离子的有关性质，进一步巩固常见阳离子和阴离子重要反应。

(4) 综合训练阴、阳离子定性分析技术，进行常见物质的鉴定或鉴别。

【预习内容】

(1) 如何设计总体实验方案？

(2) 对离子进行鉴定和鉴别怎样进行？

(3) 元素及化合物的基本知识。

(4) 常见阳离子和阴离子重要反应。

【实验原理】

固体试样的定性分析目的是鉴定出试样中存在的各种阴阳离子。固体试样多种多样，有盐类、难溶化合物、矿石、合金、陶器、建筑材料和其他化工产品等。不同的试样组成各不相同，因此所采用的分析方法也就不一样。

1. 初步实验

在进行固体试样分析时，一般先进行初步实验：外表观察，包括颜色、光泽、形状、均匀程度，是否潮解、风化、腐蚀等，根据其物理及化学特征性质，估计存在某些离子的可能性。

接着进行溶解性试验：溶于水的，根据溶液颜色、pH 值就可做出初步判断；不溶于水的依次用稀 HCl、浓 HCl、稀 HNO_3、浓 HNO_3 和王水等溶剂处理；若不溶于酸，可采用熔融法熔解不溶部分。根据溶解情况作出粗略判断。

再进行化学性质试验：根据固体试样与常用试剂的反应情况，包括有无沉淀、气体，预测可能存在的离子和不可能存在的离子。

2. 确证性试验

最后进行确证性试验：对试样进行系统分析，根据具体情况，采用无损检测技术、研细成

---

① 刘洪来，任玉杰. 实验化学原理与方法[M]. 北京：化学工业出版社，2007.

粉末或制备阳离子分析试液和阴离子分析试液，设计合理的分析方案并实施，作出正确判断和结论。

【实验物品】

1．仪器和材料

台秤，加热装置，水浴锅，离心机，试管，表面皿，研钵，量筒(5 mL)，pH试纸，淀粉碘化钾试纸，$Pb(Ac)_2$ 试纸。

2．试剂

固体试样，锌粉，浓 HCl，浓 HNO_3，$(NH_4)_2MoO_4$，HCl($6\ mol\cdot L^{-1}$)，HNO_3($6\ mol\cdot L^{-1}$)，$NH_3\cdot H_2O$($6\ mol\cdot L^{-1}$)，H_2SO_4($2\ mol\cdot L^{-1}$)，Na_2CO_3($2\ mol\cdot L^{-1}$)，$AgNO_3$($1\ mol\cdot L^{-1}$)，$BaCl_2$($0.5\ mol\cdot L^{-1}$)，$KMnO_4$($0.02\ mol\cdot L^{-1}$)。

【实验步骤】

领取0.3 g未知固体试样，用约0.05 g试样配制阳离子分析溶液，用0.1 g配制阴离子分析溶液，剩余的作初步检验、复查和备用。然后按以下步骤进行分析：

1．外形观察

结晶形的固体一般为盐类，粉末状的固体一般为氧化物，再观察它们的颜色，闻气味，然后把少量固体放在干燥的试管中用小火加热，观察它是否会分解或升华。

2．溶解性试验

(1) 在试管中加少量试样和1 mL蒸馏水，放在水浴中加热，如果看不出它有显著的溶解，可取出上层清液放在表面皿上，小火蒸干，若表面皿上没有明显的残迹就可判断试样不溶于水。对可溶于水的试样，应检查溶液的酸碱性。

(2) 试样中不溶于水的部分依次用稀 HCl、浓 HCl、稀 HNO_3、浓 HNO_3 和王水试验它的溶解性(包括不加热和在水浴中加热两种情况)，然后取最容易溶解的酸作溶剂。

3．阳离子分析

将0.05 g试样溶于2.5 mL蒸馏水中(若溶液呈碱性，可用 HNO_3 酸化)。如果试样不溶于水而溶于酸，则取0.05 g试样，用尽量少的酸溶解，然后稀释到2.5 mL。

取少量试液，按各组的沉淀条件顺序，用 $6\ mol\cdot L^{-1}$ HCl等四种组成试剂检验试液中含有哪几种离子。

用剩下的试液先检出 NH_4^+、Fe^{3+} 和 Fe^{2+}，然后按阳离子系统分析的步骤检出各个阳离子。

4．阴离子分析

取0.1 g研细的试样，放在烧杯内，加2.5 mL $2\ mol\cdot L^{-1}$ Na_2CO_3 溶液，搅拌，加热至沸，保持微沸5 min，应随时加水补充蒸发掉的水分。如果有 NH_3 放出，继续煮沸至 NH_3 放完为止。然后把烧杯内的溶液及残渣全部转移到离心管中，离心分离，把清液移到另一支试管中，按阴离子分析步骤，检出各种阴离子。保留残渣。

如果在以上清液中没有检查出 PO_4^{3-}、S^{2-}、Cl^-、Br^-、I^- 等离子，则需按以下方法在残渣中检验这些阴离子：

(1) 取一部分残渣，放在离心试管内，用几滴 6 mol·L^{-1} HNO_3 加热处理，离心分离，把清液移到另一支试管中，再加过量$(NH_4)_2MoO_4$ 溶液检查 PO_4^{3-}。

(2) 取一些残渣放在离心试管中，用蒸馏水洗净后，加少量锌粉，4 滴蒸馏水、4 滴 2 mol·L^{-1} H_2SO_4，搅拌之，用湿 $Pb(Ac)_2$ 的试纸放在管口，检查 H_2S。

离心分离，弃去残渣，检出清液中是否有 Cl^-、Br^-、I^- 等离子。

由于在制备阴离子试液时，加入了大量的 CO_3^{2-} 离子，所以在用 $BaCl_2$ 检出阴离子时，应按以下步骤进行：

取 3 滴试液，加 6 mol·L^{-1} HCl 酸化，并加热赶掉 CO_2，然后加 6 mol·L^{-1} $NH_3 \cdot H_2O$ 至溶液刚好呈碱性。如果酸化时溶液浑浊(有 $S_2O_3^{2-}$，因酸化时，会析出 S)，应离心分离，设法检查溶液中是否有 SO_4^{2-}、SO_3^{2-}、$S_2O_3^{2-}$ 等离子。

5. 分析结果

根据已检出的阴、阳离子，结合试样的初步检验，判断固体试样中含有哪些组分。

注意事项：

(a) 固体的溶解、加热，参见基础知识。

(b) 检测阴离子时，注意还原性阴离子和氧化性阴离子的变化。

(c) 由于制备溶液中引入了大量的 CO_3^{2-} 离子，所以检查 CO_3^{2-} 离子时，要用原试样。

【思考题】

(1) 根据自己所领的未知固体试样，写出实际操作的步骤(或画出流程图)，分析结果，并说明判断理由，写出有关的化学或离子方程式。

(2) 一份固体试样可溶于水，在阳离子分析中，检出了 Ag^+ 离子，则哪些阴离子不可能存在？

(3) 一份白色固体试样，不溶于水，但溶于 2 mol·L^{-1}的盐酸，并产生大量的 H_2S 气体，则哪些阳离子不可能存在？

(4) 用一种什么试剂可以区分出硫化钠、多硫化钠、硫代硫酸钠、亚硫酸钠、硫酸钠？

(5) 一份未知溶液，无色无味，呈弱碱性，则可能存在哪些阳离子？与这几种阳离子共存的阴离子可能有哪些？

(6) 分别用简单的方法鉴别：

① 三瓶红色粉末：HgS、HgI_2、Fe_2O_3。

② 三瓶白色粉末：AgCl、$PbCl_2$、$ZnCl_2$。

第 7 章　物理化学参数的测定

实验 15　金属镁的相对原子量测定[①]

【实验目的】

(1) 学会用置换法测定镁的相对原子量的原理和步骤。
(2) 掌握理想气体状态方程和气体分压定律的应用。
(3) 练习使用量气管基本操作技术和学会气压计使用方法。
(4) 了解测量误差,初步掌握有效数字的概念及运算规则。

【预习内容】

(1) 用什么原理测定金属的相对原子量？这种方法还可测什么？
(2) 了解测定金属的相对原子量的装置及操作要点。
(3) 镁条打磨光亮后,怎么进行准确称取？多了或少了分别怎么办？
(4) 怎么检查装置气密性才可靠？
(5) 反应管需要冷至室温才能开始读数,为什么？如何知道？

【实验原理】

在一定温度(T)和压力(P)下,用已知质量的金属镁(m_{Mg})与过量的稀硫酸作用,产生一定量的氢气(m_{H_2}),测出反应所放出氢气的体积(V_{H_2})。反应按如下方程式定量进行:

$$Mg + H_2SO_4(稀) = MgSO_4 + H_2\uparrow$$

反应中镁的物质的量(n_{Mg})与生成氢气的物质的量(n_{H_2})之比等于 1。设所称取金属镁条的质量为 m_{Mg},镁的摩尔质量为 M_{Mg}。则

$$\frac{m_{Mg}}{M_{Mg}} : n_{H_2} = 1,\quad 即\quad M_{Mg} = \frac{m_{Mg}}{n_{H_2}}$$

---

① 石晓波,杜建中,沈戳.现代化学基础实验[M].北京:化学工业出版社,2009.

镁的摩尔质量在数值上等于镁的相对原子量。假设该实验中的气体为理想气体，则有

$$P_{H_2} \cdot V_{H_2} = n_{H_2} RT$$

$$n_{H_2} = \frac{P_{H_2} \cdot V_{H_2}}{RT}$$

由于实验中氢气是在量气管的水面上收集的，其中混有水蒸气，即氢气是被水蒸气所饱和的，所以量气管内气体的压力是氢气的分压（P_{H_2}）与实验温度时水的饱和蒸气压的分压（P_{H_2O}）的总和，并等于外界大气压（P）。根据道尔顿分压定律有

$$P = P_{H_2} + P_{H_2O}$$

$$P_{H_2} = P - P_{H_2O}$$

所以

$$M_{Mg} = \frac{m_{Mg} RT}{(P - P_{H_2O}) V_{H_2}}$$

若 m_{Mg}的单位为 g，V_{H_2} 的单位为 mL，则

$$M_{Mg} = \frac{m_{Mg} RT}{(P - P_{H_2O}) V_{H_2}} \times 10^3$$

即由理想气体公式算出氢气的质量（m_{H_2}）

$$m_{H_2} = \frac{P_{H_2} V_{H_2} M_{H_2}}{RT}$$

利用镁与氢置换时的质量关系，便可计算出镁的原子量

$$M_{Mg} = \frac{2.016\, m_{Mg}}{m_{H_2}}$$

式中，m_{Mg}为镁的质量，通过电子天平准确称量得到；V_{H_2} 为置换出来的氢气的体积，通过量气法测定；T 为实验时热力学温度(K)，由温度计读取并换算；P 为量气管内气体压力，当其等于大气压时，可直接由气压计读取；P_{H_2O}为室温时饱和水蒸气压，由不同温度下的饱和水蒸气压表查到；P_{H_2} 为氢气的分压，根据道尔顿分压定律计算获得；R 为摩尔气体常数（$8.314\ J \cdot mol^{-1} \cdot K^{-1}$）。

【实验物品】

1. 仪器和材料

万分之一天平，镊子，砂纸，烧杯(400 mL)，温度计(0～100 ℃)，气压计或电子压力表，测定气体常数装置：反应管、玻璃管、橡皮塞、橡皮管、量筒(5 mL)、量气管(50 mL 或 50 mL 碱式滴定管)、漏斗、储水管(橡皮管)、水平管(长颈漏斗)、铁架台或滴定管架、滴定管夹。

2. 试剂

镁条，H_2SO_4($2\ mol \cdot L^{-1}$)，甘油。

【实验步骤】

1. 装配装置，赶气泡

按图 7.1 所示装配好仪器装置，水平管（长颈漏斗）由橡皮管与量气管相连。取下反应管，从漏斗处注入自来水到量气管中，使液面略低于量气管刻度 0.00 mL 位置，上下移动漏斗，以赶尽附着在胶管和量气管内壁的气泡，然后，连接好反应管和量气管，并将橡皮塞塞紧。

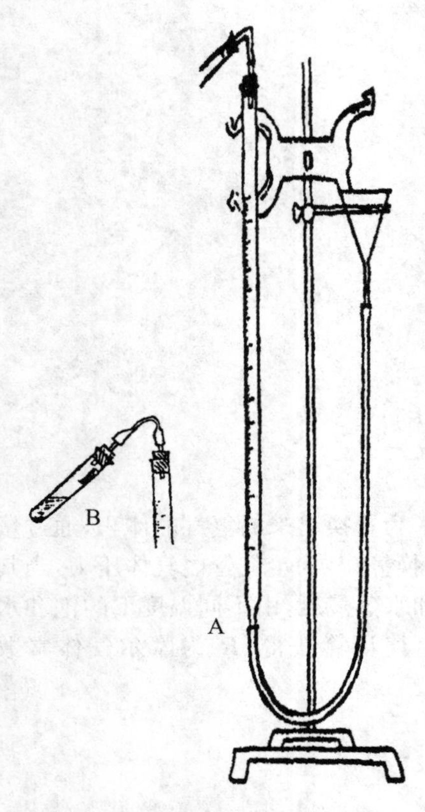

图 7.1　测定镁的相对原子量装置

A. 测定装置；B. 镁条放置

2. 检查装置是否漏气

将水平管下移或上移一段距离，使漏斗端的水面略低于或高于量气管的水面，并固定在一定位置上。如果量气管中的液面，只在开始时稍有下降或上升，以后即维持恒定（须经过3～5 min以上时间观察才能判断），便表明装置不漏气。如果液面继续下降或上升，则说明量气管和反应管与外界连通，装置漏气。这时就要检查各个接口处是否严密，胶管是否老化龟裂等。经过检查并改装之后，消除漏点，再重复试验，直至确保不漏气为止。

3. 分析天平准确称量镁条

打磨数根镁条，至完全光亮。用分析天平准确称取三份已擦去表面氧化膜的镁条，每份质量 0.025 0～0.035 0 g（±0.000 1 g）。

4. 加入反应物

镁与硫酸作用前的准备：取下反应管，使得量气管内水面保持在刻度 0.00 mL 以下。量取 1.5 倍理论值的 2 $mol \cdot L^{-1}$ H_2SO_4，用一个洁净的漏斗注入反应管底部，小心取出漏斗，切勿使酸液沾在反应管上半部的壁上。稍倾斜反应管，将已称重的镁条滴一滴甘油或者水，贴放在反应管中上部（切勿使镁条触及酸液），装好反应管，塞紧橡皮塞。再按步骤 2 检查一次装置是否漏气。若不漏气将漏斗移至量气管的右侧，使两者的液面保持同一水平，记下量气管中液面的位置。

5. 化学反应

本步骤主要进行氢气的发生、收集和体积的量度。把反应管底部略微抬高（切勿使管口的橡皮塞松动），使镁条与 H_2SO_4 接触，放下反应管，镁条落入 H_2SO_4 中，反应放出氢气。这时反应产生的 H_2 进入量气管中，将管中水压入漏斗内，为避免量气管内气压过大而造成漏气，在管内液面下降的同时，漏斗可相应地向下移动，使两液面大体保持在同一水平面上。

6. 记录液面位置

镁条与 H_2SO_4 反应完毕后，待反应管冷却至室温。然后使漏斗与量气管的液面处于同一水平，记下液面位置。稍等 2～3 min，再记录液面位置，如两次读数一致，即前后两次记录的液面相差不超过 0.1 mL，表明管内气体温度已与室温相同。

7. 相关数据记录

记录实验室的室温和大气压 P，并从不同温度下的饱和水蒸气气压表中查出对应的室温下水的饱和蒸气压 P_{H_2O}。

重复另外两份镁条实验：按照上述步骤，每次实验都要检查装置是否漏气，且实验过程中一定要保持装置的气密性良好。

注意事项：

(a) 量气管的起始水面为 0～5.00 mL（估计读一位数字），否则反应后水面可能会低于 50.00 mL，造成无法读取第二次读数。

(b) 镁条表面无氧化膜则不需打磨，有氧化膜则必须除净。

(c) 镁条位置在反应管中部偏上，反应前切勿与酸接触。

(d) 反应前要排出水平管与量气管中的气泡，否则收集的气体体积偏大。

(e) 必须耐心等待反应管冷却至室温，读取量气管读数时，必须使水平管与量气管中水面处于同一水平。

(f) 读数时，量气管读数精确至 0.01 mL，温度精确至 0.01 ℃。

【思考题】

(1) 本实验中检查实验装置是否漏气的操作原理是什么？

(2) 反应前量气管上部留有空气，反应后计算氢气的分压时，为什么不考虑空气的分压？量气管内所增加的体积是否就是氢气的分体积？

(3) 反应过程中，讨论出现下列情况，对实验结果有何影响，即造成镁的原子量测定值偏高还是偏低？

① 镁条表面氧化物没有擦净。

② 在称量镁条时，把 10 mg 误读或误写成 20 mg。

③ 量气管没有洗净，排水后管内壁上沾有水珠。

④ 读取液面位置时，量气管和漏斗中的液面没有保持在同一水平面上。

⑤ 没有等反应管冷却到室温，就读取液面高度。

⑥ 在测定大气压时，把 101.30 kPa 误写成 103.30 kPa。

(4) 本实验中甘油起什么作用？能用别的代替吗？

(5) 如果测定锌的摩尔质量，锌片的称量范围是多少？

(6) 怎样利用本实验的装置和操作测定摩尔气体常量？需测定哪些数据？原理是什么？

实验 16　阿伏伽德罗常数的测定(电解铜法)

【实验目的】

(1) 了解电解铜法测定阿伏伽德罗常数的原理。
(2) 熟悉电解方法与操作。

【预习内容】

(1) 若用两块粗糙不平的铜片来电解,会有什么影响?
(2) $CuSO_4$ 溶液的浓度对电解有什么影响?
(3) 由阴、阳极板质量的变化可以获得两个 N_A 值,误差较大的是哪一块极板? 为什么?

【实验原理】

阿伏伽德罗常数(N_A)表示 1 mol 任何物质所含有的微粒数,是化学中非常重要的物理常数,它的测定方法很多,本实验采用电解铜法进行测定。

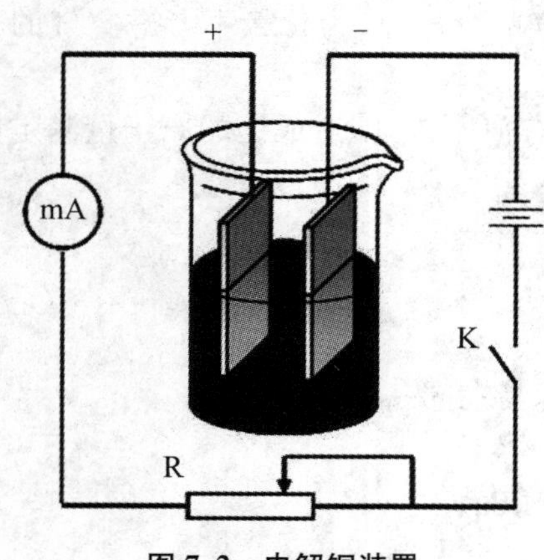

图 7.2　电解铜装置

将两块已知质量的铜片分别作为阴极和阳极,以硫酸铜溶液为电解质进行电解。阳极上铜失去电子,从而溶解,生成 Cu^{2+} 进入溶液;阴极上溶液中的 Cu^{2+} 得到电子,析出金属铜,沉积在铜片上。电解装置如图 7.2 所示。

电极反应如下:

阴极反应:$Cu^{2+} + 2e \longrightarrow Cu$

阳极反应:$Cu \longrightarrow Cu^{2+} + 2e$

电解时,若电流强度为 I(A),则在时间 t(s)内,通过的总电量 Q 为

$$Q = It\text{(C)}$$

设在阴极上铜片的质量增加 m(g),则电解 1 mol 铜需要的电量为 $63.5\ It/m$(C),$M_{Cu} = 63.5\ g \cdot mol^{-1}$。

已知一个一价离子所带电量(即 1 个电子的电量)为 1.60×10^{-19} C,则 1 mol 铜含的原子个数为

$$N_A = It \times 63.5/(m \times 2 \times 1.60 \times 10^{-19})$$

N_A即为阿伏伽德罗常数。

【实验物品】

1．仪器

万分之一分析天平；电解装置：直流电源（10 V），开关，变阻箱，毫安表，带夹导线，烧杯（100 mL），砂纸。

2．试剂

$CuSO_4$ 溶液（每升含 $CuSO_4 \cdot 5H_2O$ 125 g 和浓 H_2SO_4 25 mL），紫铜片（3 cm×5 cm），无水乙醇。

【实验步骤】

取两块紫铜片（3 cm×5 cm），用砂纸打磨除去表面氧化物，然后用蒸馏水洗净，再用沾有乙醇的棉球擦净，吹干。在万分之一分析天平上精确称重，分别作为阴、阳极。

在 100 mL 烧杯中加入 80 mL $CuSO_4$ 溶液，将每个铜片高度约 2/3 处浸没于 $CuSO_4$ 溶液中，电极之间距离保持约 1.5 cm，然后按图 7.2 所示连接好电路图。

直流电源的电压设定为 10 V。实验开始时，电阻控制在 70 Ω 左右。接通电路，迅速调节电阻使电流为 100 mA，同时准确记录时间。通电 60 min 后，断开电路，停止电解，取下电极，先用蒸馏水漂洗，再用沾有乙醇的棉球轻拭电极表面，晾干，在天平上准确称重。利用所测数据，计算阿伏伽德罗常数。

注意事项：

(a) 称重前须将阴、阳极作好标记。

(b) 电解过程中，应随时调节电阻，维持电流为 100 mA。

【思考题】

(1) 分析实验中产生误差的原因。

(2) 若电解过程中电流不能维持稳定，将对实验结果产生什么影响？

(3) 试分析在恒电流下，电解时间的长短对准确测定 N_A有何影响？

(4) 电解过程中，若不小心将两铜片碰在一起，会造成什么影响？

(5) 除电解法外，还有哪些方法可以测定 N_A？试简述它们的原理。

实验 17 pH 法测定醋酸电离常数

【实验目的】

(1) 了解弱酸电离常数的测定方法。
(2) 掌握 pH 法测定醋酸电离常数的原理和方法。
(3) 掌握酸度计的使用。

【预习内容】

(1) 在测定醋酸溶液的 pH 值时,为什么要采取由稀到浓的顺序?若采取由浓到稀的顺序测定,会有什么弊端?
(2) "电离度越大酸度就越大"的说法是否正确?为什么?

【实验原理】

醋酸是一元弱酸,在水溶液中存在下列电离平衡

$$HAc \rightleftharpoons H^+ + Ac^-$$

其电离常数表达式为

$$K_{HAc} = \frac{[H^+][Ac^-]}{[HAc]} \tag{1}$$

设 HAc 的起始浓度为 c,若忽略水电离所提供 H^+ 的量,则达到平衡时溶液中$[H^+]=[Ac^-]$,$[HAc]=c-[H^+]$,代入式(1)得

$$K_{HAc} = \frac{[H^+]^2}{c-[H^+]} \tag{2}$$

电离度 $\alpha=\frac{[H^+]}{c}\times 100\%$,代入式(2)得

$$K_{HAc} = \frac{c\alpha^2}{1-\alpha} \tag{3}$$

当 $\alpha<5\%$时,$1-\alpha\approx 1$,即弱电解质趋近于全部电离。当温度一定时,弱电解质溶液在各种不同浓度时,电离度 α 只与在该浓度时所生成的离子数有关,因此可通过测量在该浓度所生成的离子数有关的物理量,如 pH 值、电导率等来测定 α。本实验是通过 pH 计测定不同浓度的醋酸溶液的 pH 值,并运用公式(2)或(4)计算得到该温度下醋酸的电离度和电离常数。

$$K_{HAc} = \frac{[H^+]^2}{c} \tag{4}$$

【实验物品】

1. 仪器和材料

滴定管(25 mL),吸量管(5 mL、25 mL),移液管(25 mL),容量瓶(50 mL),锥形瓶(250 mL),烧杯(50 mL),pHS－3B型酸度计一套,复合电极。

2. 试剂

HAc溶液(约0.2 $mol \cdot L^{-1}$),NaOH标准溶液(0.200 0 $mol \cdot L^{-1}$),酚酞指示剂,标准缓冲溶液(pH＝6.86、pH＝4.00)。

【实验步骤】

1. 醋酸溶液浓度的测定

用移液管吸取25.00 mL HAc溶液,置于250 mL锥形瓶中,加入2滴酚酞指示剂,用标准NaOH溶液滴定至溶液呈微红色,半分钟内不褪色即为滴定终点。记下所消耗的NaOH溶液的体积,平行标定3次,计算HAc溶液的浓度。

2. 不同浓度醋酸溶液的配制

用吸量管准确移取2.50 mL、5.00 mL和25.00 mL已测得准确浓度的HAc溶液,分别加入三个50 mL容量瓶中,用去离子水稀释至刻度,摇匀,计算三个容量瓶中HAc溶液的准确浓度。将溶液从稀到浓依次编号为:Ⅰ、Ⅱ、Ⅲ,原溶液为Ⅳ。

3. 醋酸溶液pH值的测定

将上述四种不同浓度的HAc溶液分别加入四个洁净干燥的50 mL烧杯中,按照由稀到浓的顺序在pH计上依次测定pH值,记录数据和室温。根据数据计算HAc电离度和电离常数。

注意事项:

(a) 电极在使用前须用标准缓冲液进行定位校正,其值越接近被测值越好。

(b) 测定HAc溶液的pH值时,要按照溶液从稀到浓的顺序依次测定。

(c) 测量后,应及时将电极保护套套上,套内应放少量补充液以保持电极球泡的润湿。

【思考题】

(1) 如果改变醋酸溶液的温度,K_{HAc}与α有无变化?

(2) 下列情况能否用近似公式$K_{HAc}=[H^+]^2/c$来计算标准解离常数,为什么?

① 所测HAc溶液浓度极稀。

② 在HAc溶液中加入一定数量的NaAc(s)。

③ 在HAc溶液中加入一定数量的NaCl(s)。

(3) 试总结本实验中测定结果与理论值发生偏差的原因。

(4) 还有哪些方法可以测定弱电解质的电离常数?

实验 18 电导法测定醋酸的电离常数

【实验目的】

(1) 掌握通过电导率仪测定醋酸的电离常数 K_{HAc}的方法。

(2) 通过实验了解溶液的电导(L),摩尔电导率(λ),弱电解质的电离度(α),电离常数(K)等概念及它们之间的相互关系。

(3) 掌握电导率仪的使用。

【实验原理】

醋酸的电离常数表达式为

$$K_{HAc} = \frac{c\alpha^2}{1-\alpha} \tag{1}$$

根据电离学说,弱电解质的 α 随溶液的稀释而增加。当溶液无限稀释时,$\alpha \to 1$,即弱电解质趋近于全部电离。当温度一定时,弱电解质溶液在各种不同浓度时,电离度 α 只与在该浓度时所生成的离子数有关,因此可通过测量在该浓度所生成的离子数有关的物理量,如pH 值、电导率等来测定 α。本实验是通过测量不同浓度时溶液的电导率来计算 α 和 K_{HAc}值。

电导,即电阻的倒数,单位为 Ω^{-1}(欧姆)或 S(西门子)。对于金属导体,电导(L)的数值和导体的长度(l)成反比,和导体的截面积(A)成正比。即

$$L = L_0 \frac{A}{l} \tag{2}$$

式中,L_0称为电导率或比电导,其物理意义为长 l 为 1 m,截面积 A 为 1 m^2的导体的电导,单位为 $\Omega^{-1} \cdot m^{-1}$或 $S \cdot m^{-1}$。对于每种金属导体,温度一定,电导率(L_0)是一定的,因此可以用它来衡量金属导体的导电能力。

但是对于电解质溶液,其导电机制是依靠正、负离子的迁移来完成的,电导率不仅与温度有关,还与该电解质溶液的浓度有关,因此用电导率 L_0来衡量电解质溶液的导电能力是不准确的。因此引入了摩尔电导率 λ 的概念,其定义为:含有 1 mol 电解质的溶液,全部置于相距为单位距离(SI 单位为 1 m)的两个平行电极之间,该溶液的电导称为摩尔电导率(λ)。摩尔电导率 λ 与 L_0的关系为

$$\lambda = \frac{L_0}{C \times 1\,000} \tag{3}$$

式中 C 为电解质溶液的摩尔浓度(单位为 $mol \cdot L^{-1}$)。

根据柯耳劳许的离子移动定律,在无限稀释的溶液中,正、负每种离子对电解质的电导均有贡献,且互不干扰。因此有如下关系式

$$\lambda_0 = \lambda_{+0} + \lambda_{-0} \tag{4}$$

即无限稀释溶液的摩尔电导率(λ)为无限稀释的溶液中两种离子的摩尔电导率(简称离子电导)之和。对于无限稀释的醋酸溶液来说,可近似认为

$$\lambda_0 = \lambda_{0H^+} + \lambda_{0Ac^-} \tag{5}$$

根据电离学说,在一般浓度的弱电解质(例如醋酸)溶液中,其离子电导为

$$\lambda = \alpha(\lambda_{H^+} + \lambda_{Ac^-}) \tag{6}$$

在弱电解质溶液中,离子的浓度较小,离子之间的相互作用也较小,因此可近似认为弱电解质的离子电导(λ_{H^+},λ_{Ac^-})与无限稀释溶液中的离子电导(λ_{0H^+},λ_{0Ac^-})相等。因此将式(6)代入式(5),有

$$\alpha = \frac{\lambda}{\lambda_0} \tag{7}$$

将式(7)代入式(1),得

$$K_{HAc} = \frac{C\lambda^2}{\lambda_0(\lambda_0 - \lambda)} \tag{8}$$

因此,可通过测定 HAc 的电导率 L_0代入式(3)求得 λ;λ_0则由表 7.1 查得,再将 λ,λ_0代入式(7)、式(8),求得 α 和K_{HAc}。

式(8)亦可写成

$$\frac{1}{\lambda} = \frac{1}{\lambda_0} + \frac{C\lambda}{K_{HAc}\lambda_0^2} \tag{9}$$

若以 $1/\lambda$ 对$C\lambda$ 作图,截距即为 $1/\lambda_0$,由直线的斜率即可求得 K_{HAc}。

表 7.1　不同温度下无限稀释的醋酸溶液的摩尔电导率($10^{-4}\ S \cdot m^{-1} \cdot mol^{-1}$)

温度/℃	0	18	25	30	50	100
λ_0	260.3	348.6	390.8	421.8	532	774

【实验物品】

1. 仪器和材料

电导率仪(DDS－11D 型),烧杯(50 mL)。

2. 试剂

HAc 溶液($0.100\,0\ mol \cdot L^{-1}$)。

【实验步骤】

(1) 按照实验 17 的实验步骤 2 配制 4 份不同浓度的醋酸溶液。

(2) 将上述四种不同浓度的醋酸溶液分别加入四个洁净干燥的 50 mL 烧杯中，按照由稀到浓的顺序在电导率仪上依次测定电导率，记录数据和室温。

(3) 分别用平均值法和作图法求 K_{HAc}，并由公式(7)计算醋酸电离度 α。

【思考题】

(1) 电解质溶液的导电与金属导电有什么不同?

(2) 弱电解质的 α 与哪些因素有关?

实验 19　醋酸银溶度积的测定

【实验目的】

(1) 了解测定醋酸银溶度积的原理和方法。

(2) 练习微量滴定管的使用方法。

【预习内容】

(1) 微型滴定方法。

(2) 怎样测定醋酸银溶度积?

(3) 难溶盐的溶解平衡、溶度积与物质的溶解度、温度的关系。

【实验原理】

微型定量滴定分析是指在微型滴定装置中，用少量的试液和滴定剂进行有效滴定测试的一种分析方法。

醋酸银是一种微溶性的强电解质，其在不同温度下的溶解度见表 7.2。

表 7.2　醋酸银在不同温度下的溶解度

温度/℃	0	10	20	30	40	60	80
溶解度/(g/100 mL)	0.73	0.89	1.05	1.23	1.43	1.93	2.59

在一定温度下，饱和的 AgAc 溶液存在着下列平衡：

$$AgAc(s) \rightleftharpoons Ag^+(aq) + Ac^-(aq)$$

$$K_{sp,AgAc} = [Ag^+][Ac^-] \tag{1}$$

当温度恒定时，$K_{sp,AgAc}$为常数，它不随$[Ag^+]$和$[Ac^-]$的变化而改变。因此，测出饱和溶液中 Ag^+ 和 Ac^- 的浓度，即可求出该温度时 $K_{sp,AgAc}$。

本实验以铁铵钒$[(NH_4)_2SO_4 \cdot Fe_2(SO_4)_3 \cdot 24H_2O]$作指示剂，用 NH_4SCN 标准溶液进行沉淀滴定的方法测定饱和溶液中 Ag^+ 的浓度，此法又称 Volhard（佛尔哈德）法，其原理如下

$$SCN^- + Ag^+ \Longrightarrow AgSCN\downarrow（白色）\qquad K_{sp,AgSCN} = [Ag^+][SCN^-] = 1.0 \times 10^{-12}$$

$$SCN^- + Fe^{3+} \Longrightarrow FeSCN^{2+}（红色）\qquad K = \frac{[FeSCN^{2+}]}{[SCN^-][Fe^{3+}]} = 8.9 \times 10^2$$

当 Ag^+ 全部沉淀后，溶液中$[SCN^-] = 10^{-6}\ mol \cdot L^{-1}$，而要肉眼观察到 $FeSCN^{2+}$ 的红色，浓度约为 $10^{-5}\ mol \cdot L^{-1}$，则要求$[SCN^-]$约为 $2 \times 10^{-5}\ mol \cdot L^{-1}$，必须在 Ag^+ 全部转化为 AgSCN 白色沉淀后再过量半滴（约 0.02 mL），才能使$[SCN^-]$达到 $2 \times 10^{-5} mol \cdot L^{-1}$，所以可用铁铵钒作指示剂测定 Ag^+ 浓度。

AgAc 饱和溶液中$[Ac^-]$计算：设 $AgNO_3$ 溶液的浓度为 c_{Ag^+}，NaAc 溶液的浓度为 c_{Ac^-}，取 V_{Ag^+} mL $AgNO_3$溶液与 V_{Ac^-} mL NaAc 溶液混合后总体积为$(V_{Ag^+} + V_{Ac^-})$mL（混合后体积变化忽略不计）。用 Volhard 法测出 AgAc 饱和溶液中 Ag^+ 的浓度为$[Ag^+]$。则 AgAc 饱和溶液中 Ac^- 的浓度为

$$[Ac^-] = \frac{c_{Ac^-} \times V_{Ac^-} - c_{Ag^+} \times V_{Ag^+}}{V_{Ac^-} + V_{Ag^+}} + [Ag^+] \tag{2}$$

将测得的$[Ag^+]$与式(2)计算得到的$[Ac^-]$代入式(1)求得 $K_{sp,AgAc}$值。

【实验物品】

1. 仪器和材料

试管（15 mL，2 支），试管架，吸量管（5 mL，3 支），细玻璃棒（2 根），短颈漏斗（1 个），漏斗架，量筒（5 mL），锥形瓶（50 mL，2 只），滴定管（10 mL），脱脂棉。

2. 试剂

$AgNO_3$（0.200 $mol \cdot L^{-1}$），NaAc（0.200 $mol \cdot L^{-1}$），HNO_3（1.6 $mol \cdot L^{-1}$），NH_4SCN（0.100 0 $mol \cdot L^{-1}$）标准溶液，饱和铁铵钒溶液。

【实验步骤】

1. AgAc 饱和溶液的配制

取 1 支洁净干燥的试管，用 5 mL 吸量管分别加入 $AgNO_3$ 和 NaAc 溶液各 5.00 mL。混匀后，用洁净、干燥的玻璃棒搅拌、摩擦 2～5 min，待析出 AgAc 沉淀后，继续平衡 10 min，用塞有棉花条的干漏斗进行过滤，然后小心地用 5 mL 干燥的吸量管吸取 5.00 mL 滤液至 50 mL 锥形瓶中。

2. 滴定法测定溶度积

往锥形瓶中加入 5 mL 1.6 $mol \cdot L^{-1}$ HNO_3，8 滴（约 0.4 mL）铁铵钒溶液，摇匀后，以

0.100 0 $mol \cdot L^{-1}$ NH_4SCN 溶液滴至浅红色不再消失为止(在近终点时,摇动要剧烈,以减少 AgSCN 对 Ag^+ 的吸附)。记下 NH_4SCN 溶液的体积数,平行测定两份,并计算[Ag^+]、[Ac^-]和 $K_{sp,AgAc}$ 值。

注意事项:

(a) 溶液必须呈酸性(加 HNO_3 酸化),因在碱性或中性溶液中,Fe^{3+} 会水解生成褐色 $Fe(OH)_3$ 沉淀,从而影响终点的判断。

(b) 将所有废液倒入指定的废液瓶中。

【思考题】

(1) 当溶液用 AgAc 饱和后,在分子水平上描述一旦达到平衡时将会发生什么情况?

(2) 为什么要对混合液进行搅拌?

(3) 在酸性介质中用 NH_4SCN 溶液滴定 Ag^+ 的优点有哪些?为什么要用 HNO_3 而不用 HCl 或 H_2SO_4 呢?

(4) 若 AgAc 溶液未达饱和,或吸取的清液中带有少量 AgAc 沉淀,则结果会产生怎样的影响?为什么?

(5) 除用滴定法测定外,还有哪些方法可测定 AgAc 的溶度积?

☞ 实验知识拓展

醋酸银(silver acetate)常用作分析试剂,也用于制药工业。醋酸银真空浸渍法制备的载银活性炭(Ag/AC),实现了 Ag/AC 的高抗菌活性和银缓释功能,对国内外饮用水深度净化 AC 具有重要意义。

实验 20　氯化铅的溶度积和溶解热以及溶解度测定

第 1 部分　氯化铅的溶度积和溶解热测定

【实验目的】

(1) 掌握有关难溶电解质的溶度积原理、测定及计算方法。

(2) 熟悉盐类溶解热、溶解熵和溶解过程中自由能变化的一种简易测定方法。

【预习内容】

(1) 查阅资料,了解测定溶度积难溶电解质的溶度积有哪些原理和方法。
(2) 溶度积与温度有何关系?
(3) 了解难溶电解质的溶解热是如何测定计算的。

【实验原理】

在饱和溶液中,难溶电解质在固相和液相之间存在着动态平衡。例如

$$PbCl_2(s) \rightleftharpoons Pb^{2+}(aq) + 2Cl^-(aq)$$

在一定温度下,难溶电解质的饱和溶液中离子浓度(确切地说应是离子活度)的乘积为一常数,称为溶度积(solubility product)(K_{sp})。例如氯化铅在25℃时的溶度积为

$$K_{sp,PbCl_2} = [Pb^{2+}][Cl^-]^2 = 1.7 \times 10^{-5} \quad (1)$$

式中,$[Pb^{2+}]$、$[Cl^-]$分别为平衡时 Pb^{2+} 和 Cl^- 的浓度($mol \cdot L^{-1}$)。

在不同温度下,难溶电解质的 K_{sp}是不同的。按

$$\Delta_r G = \Delta_r G^{\ominus} + RT\ln K_{sp} \quad (2)$$

可推导出 K_{sp}与绝对温度 T 的关系式为

$$\lg K_{sp} = -\frac{\Delta_r H^{\ominus}}{2.303R} \cdot \frac{1}{T} + \frac{\Delta_r S^{\ominus}}{2.303R} \quad (3)$$

式中,$\Delta_r H^{\ominus}$ 为标准焓变化($kJ \cdot mol^{-1}$),即反应热,物质溶解时称溶解热;$\Delta_r H^{\ominus}$ 为正,是吸热反应,$\Delta_r H^{\ominus}$ 为负,则是放热反应;R 为气体常数($8.314\ J \cdot mol^{-1} \cdot K^{-1}$);$\Delta_r S^{\ominus}$ 为标准熵变化($J \cdot mol^{-1}$);T 为绝对温度(K)。

由于在室温至100 ℃的温度范围内,$\Delta_r H^{\ominus}$和 $\Delta_r S^{\ominus}$随温度变化而改变不大,因此可把它们视为常数。因此,在式(3)中 $\lg K_{sp}$ 对 $1/T$ 作图,应为一条直线,所得直线斜率为($-\Delta_r H^{\ominus}/2.303R$)。由斜率可求得 $\Delta_r H^{\ominus}$。由此就能判断物质溶液时是放热反应还是吸热反应。

【实验物品】

1. 仪器和材料

移液管(10 mL),吸量管(2 mL),大试管,铁夹,双孔软木塞,温度计,带环搅拌棒,加热装置,水浴装置。

2. 试剂

HNO_3($6\ mol \cdot L^{-1}$),KCl($1.0\ mol \cdot L^{-1}$),$Pb(NO_3)_2$($0.10\ mol \cdot L^{-1}$)。

【实验步骤】

1. 测定室温时 $PbCl_2$ 的溶度积

用移液管向一个干燥的大试管中加入 0.70 mL 1.0 $mol \cdot L^{-1}$ KCl 溶液,再加入

10.00 mL 0.10 mol·L^{-1} $Pb(NO_3)_2$ 溶液。充分振荡，观察有无沉淀生成。若无沉淀，继续向试管中加入 0.10 mL 1.0 mol·L^{-1} KCl 溶液，充分振荡，观察有无沉淀，依次试验下去（即若无沉淀，再加 0.10 mL 1.0 mol·L^{-1} KCl 溶液），直至产生的沉淀不再消失。

在表 7.3 中做好各次实验记录。

表 7.3 室温时 $PbCl_2$ 的溶度积测定

实验编号	1	2	3	4	5	6
$V_{Pb(NO_3)_2}$/mL	10.00	10.00	10.00	10.00	10.00	10.00
V_{KCl}/mL	0.70	0.80	0.90	1.00	1.10	1.20
是否产生沉淀						

2. 溶度积与温度的关系

向干燥的大试管中加入 10.00 mL 0.10 mol·L^{-1} $Pb(NO_3)_2$ 溶液和 1.50 mL 1.0 mol·L^{-1} KCl 溶液。将大试管上端用铁夹固定，大试管下端的溶液部位浸在用烧杯作的水浴中。大试管口装一个双孔软木塞，中间孔插温度计，边缘孔插入带环搅拌棒。

开始加热水浴，同时小心搅拌溶液。当沉淀接近溶解完时，溶液温度的上升速度要慢一些，记下沉淀刚好完全溶解时的温度。也可以先加热使沉淀全部溶解，再缓慢冷却，观察并记录刚出现结晶时的温度。

继续向大试管中加入 0.50 mL 1.0 mol·L^{-1} KCl 溶液，重复上述操作，完成第 2 号试验。同样，依次完成第 3、4 号试验，分别把这次沉淀刚溶解的温度记录在表 7.4 中。

表 7.4 溶度积与温度的关系

实验编号	$V_{Pb(NO_3)_2}$/mL	V_{KCl}/mL	温度*		平衡时		K_{sp}	lg K_{sp}	1/T
			℃	K	[Pb^{2+}]	[Cl^-]			

* 沉淀刚溶解完的温度。

注意事项：

(a) 温度计水银端必须全部浸在溶液中，但不可碰到试管底。

(b) 搅拌要特别小心，否则很容易搞破结晶管。

(c) 实验中所用的 $Pb(NO_3)_2$ 和 KCl 晶体，都要在 110℃ 的烘箱中干燥 2 h，然后精确称量配制。在配制 1 L 的溶液时，需加入 15 mL 6 mol·L^{-1} HNO_3 以防铅盐水解。

【思考题】

(1) 以 lg K_{sp}为纵坐标，1/T 为横坐标作图，得一条直线。求出该直线斜率，进而计算出

$PbCl_2$ 的溶解热 $\Delta_r H^{\ominus}$。

(2) 从表7.4中找出室温时的 K_{sp}，并与步骤1中测得的 K_{sp} 作比较。

(3) 在什么情况下必须考虑离子的活度？在什么情况下可以直接用浓度来代替活度？

(4) 已知 $Fe(OH)_3$ 的 K_{sp} 为 1.0×10^{-38}，试问 $Fe(OH)_3$ 饱和溶液的 pH 值是多少？

(5) 已知 Ag_2CrO_4 的 K_{sp} 为 1.1×10^{-12}，AgCl 的 K_{sp} 为 1.8×10^{-10}，你能否推断 AgCl(s)的溶解度比 Ag_2CrO_4(s)的溶解度大？实际上，上述两种银盐中何者的溶解度大？从该实例中能获得什么结论？

第2部分 离子交换法测定氯化铅的溶解度

【实验目的】

(1) 了解离子交换法测定氯化铅溶解度的原理和方法。

(2) 熟练滴定分析法的基本操作。

【预习内容】

(1) 何谓离子交换法？

(2) 饱和溶液的配制方法。

(3) 滴定分析法如何进行？

【实验原理】

离子树脂分为阳离子交换树脂和阴离子交换树脂，它们与离子发生的交换反应可表示为

$$R—SO_3H + Na^+ \rightleftharpoons R—SO_3Na + H^+$$

$$R=NOH + Cl^- \rightleftharpoons R=NCl + OH^-$$

其中，R 为树脂的网络骨架，$R—SO_3H$ 中可交换离子为 H^+，称 H 型树脂；若为 Na^+，称 Na 型树脂。本实验中采用732# 强酸型阳离子交换树脂，市售产品为 Na 型，必须转换为 H 型。

$PbCl_2$ 是具有一定共价性的离子化合物，其溶解度包括离解成离子的溶解度(计算溶度积的)和 $PbCl_2$ 分子存在的溶解度(称分子溶解度或固有溶解度)，存在如下的离解平衡

$$PbCl_2(s) \rightleftharpoons PbCl_2(aq) \rightleftharpoons Pb^{2+} + 2Cl^-$$

当 $PbCl_2$ 饱和溶液通过强酸型阳离子交换树脂时，发生交换反应为

$$2R—SO_3H + Pb^{2+} = (R—SO_3)_2Pb + 2H^+$$

当 $PbCl_2$ 饱和溶液通过强酸型阳离子交换树脂后变成 HCl 溶液，可用 NaOH 标准溶液交换滴定，求出 $PbCl_2$ 的溶解度。

设 NaOH 标准溶液的摩尔浓度为 C_{NaOH}，通过交换树脂的 $PbCl_2$ 饱和溶液的体积为

V_{PbCl_2}，滴定终点时所消耗的 NaOH 标准溶液的体积为 V_{NaOH}，则 $PbCl_2$ 饱和溶液的浓度为

$$C_{PbCl_2} = C_{NaOH} \times V_{NaOH} / 2V_{PbCl_2}$$

【实验物品】

1. 仪器和材料

离子交换柱，移液管（25 mL），碱式滴定管（50 mL），量筒（100 mL），烧杯（100 mL，3个），干燥漏斗，漏斗架，滴定台，蝴蝶夹，试管（2个），锥形瓶（250 mL），温度计（0～100 ℃）。

2. 试剂

$PbCl_2$(s)，NaOH 标准溶液（0.050 0 $mol \cdot L^{-1}$），强酸性离子交换树脂（Na 型/H 型，20 mL），HNO_3（2 $mol \cdot L^{-1}$），溴百里酚蓝指示剂。

【实验步骤】

1. 装柱

取 20 mL 左右市售的 Na 型阳离子交换树脂于 100 mL 烧杯中，加适量水，用玻璃棒搅成糊状，一起倒入离子交换柱中，如果水太多，打开活塞让水慢慢流出，直至液面略高于树脂面，关上活塞。在以后的操作中，始终保持树脂浸泡在溶液中，否则气泡浸入树脂床中，影响离子交换的进行。若出现气泡，可加少量蒸馏水，使液面高于树脂面，并用玻璃棒搅动树脂以赶走气泡；若气泡在深处，则需要重新装柱。

2. 树脂再生

用 30 mL 2 $mol \cdot L^{-1}$ HNO_3，以每分钟 20 滴左右的速度通过树脂，完成时，用蒸馏水洗至 pH＝6～7（约 70 mL），此时树脂转成 H 型。

3. $PbCl_2$ 饱和溶液的制备

将 70 mL 左右的去离子水加热煮沸，然后冷至室温，加入 1 g $PbCl_2$ 固体，搅拌 15 min，再放置 15 min，待其平衡。测量并记录液温，并用定量滤纸过滤（所用漏斗、接收器必须是干燥的）。

4. 交换①

用移液管取 25.00 mL $PbCl_2$ 饱和溶液，放入离子交换柱中，控制交换速度为每分钟20～25滴，用洗净的锥形瓶承接流出液，待 $PbCl_2$ 饱和溶液差不多完全流出树脂床时，用50 mL去离子水分批淋洗，淋洗的流出液一并收集于同一只装有交换流出液的锥形瓶中。

注意：淋洗时，每次用水量要少，次数要多，直至流出液呈中性。

5. 滴定

以溴百里酚蓝作指示剂，用 0.050 0 $mol \cdot L^{-1}$ NaOH 标准溶液滴定流出液至蓝色为终

---

① 离子在树脂上的交换反应需经过膜扩散（film diffusion）、颗粒扩散（bead diffusion）和交换反应三个步骤才能完成，其中交换反应的速度是较快的，膜扩散和颗粒扩散速度较慢，决定着整个交换反应的速度。除此之外，溶液的浓度以及欲交换离子本身的动能都对交换反应速度产生一定影响，柱子的形状和溶液在柱中的流速对交换反应的效率也产生一定影响。

点。记录 V_{NaOH}，计算 $PbCl_2$ 的溶解度。

【思考题】

(1) 在交换操作过程中，为什么要保持液面高于树脂面？为什么要控制液体的流速？
(2) 为什么树脂再生时只能用 HNO_3，而不能用 HCl 或者 H_2SO_4 呢？
(3) 为什么要将淋洗液合并在 $PbCl_2$ 的交换流出液中？

实验知识拓展①

难溶电解质溶度积的测定是无机化学实验的基本内容之一，通常采用氯化铅进行溶度积的测定实验，主要方法有观察法、电位法和离子交换法。这三种方法都具有简单易行的优点，从氯化铅饱和溶液中求出铅离子、氯离子的总浓度或氯离子的活度，便可计算出氯化铅的溶度积。

实验21 磺基水杨酸铜(Ⅱ)的组成及稳定常数的测定

【实验目的】

(1) 了解分光光度法测定配合物的组成及其稳定常数 $K_{稳}$ 的一种原理和方法，测定 pH＝4.5～5.0 时磺基水杨酸铜的组成及其稳定常数。
(2) 巩固溶液配制、酸式滴定管的洗涤与使用、容量瓶的使用等操作。
(3) 练习并掌握电磁搅拌器、酸度计、分光光度计的使用。
(4) 学习利用参数方程及作图法处理数据的方法，进一步练习用计算机处理数据并作图。

【预习内容】

(1) 配合物的概念。
(2) 本实验测定配合物的组成及稳定常数的原理。
(3) 酸度计、分光光度计的使用方法。
(4) 使用分光光度法测量配合物的组成及稳定常数的前提是什么？

---

① 陈全禄. 离子交换树脂法测定氯化铅溶度积实验条件的控制[J]. 固原师专学报：自然科学版，1996，17(6)：27～32.

（5）本实验如何通过作图法计算出配合物的组成及稳定常数？

【实验原理】

1．朗伯－比尔定律

当一束具有一定波长的单色光通过一定厚度的有色物质溶液时，有色物质便吸收一部分光能，于是透射出来的光的强度（I_t）就比原来入射光的强度（I_0）有所减弱。按照朗伯－比尔定律，溶液中有色物质对光的吸收程度（用 $\lg I_0/I_t$ 即吸光度 A 或称光密度 D 或称消光度 E 来表示）与液层的厚度（l）及有色物质的浓度（c）成正比

$$A = \lg I_0/I_t = \varepsilon lc \tag{1}$$

式中，ε 为比例常数，称为摩尔吸光系数（或称消光系数），ε 的大小与入射光波长、溶液的性质、温度等有关，它是每一有色物质的特征常数。从公式（1）可知，如果入射光波长、比色皿（溶液）的厚度 l 均一定（液层的厚度 l 不变）时，吸光度（光密度）只与有色物质的浓度 c 成正比。

设金属离子 M 和配位体 L 形成一种有色配合物 ML_n（电荷省略）

$$M + nL \Longrightarrow ML_n \quad (n \text{ 为配位体数})$$

如果被研究的配合物 ML_n（省去电荷）的中心离子 M 与配位体 L 在溶液中都是无色的，或者对所选定的波长的光不吸收，而所形成的配合物则是有色的，而且在一定条件下只生成这一种配合物，那么溶液的吸光度就与配合物的浓度成正比。在此前提条件下，便可从测得的吸光度来求出配合物的组成和稳定常数。

2．摩尔比法

配制一系列溶液，各溶液中金属离子的浓度、酸度、离子强度及温度相同，只改变配位体的浓度，在配合物最大吸收波长处测定各溶液的吸光度，以吸光度对摩尔比 $R(C_L/C_M)$ 作图（图 7.3）。

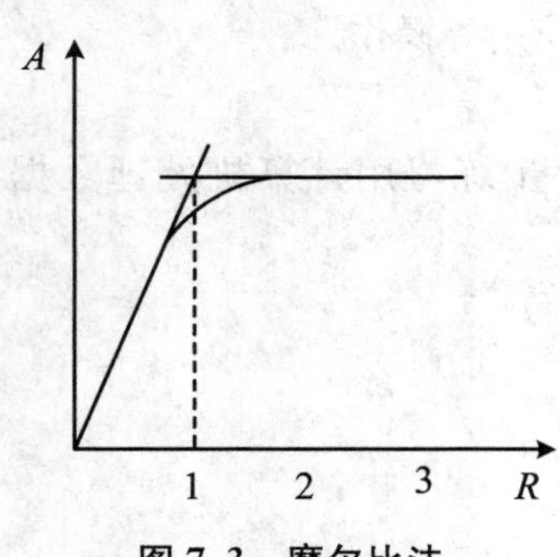

图 7.3　摩尔比法

当配合物的 $K_稳$ 较大时，当 $R<n$（配位体数），可视为配位体 L 全部转化为 ML_n，吸光度 A 与 R 成线性关系；当 $R>n$时，M 全部转化为 ML_n，则吸光度 A 达到最大值，A 不变；当 R 在 n 附近时，出现弯曲，即配合物有离解，弯曲越大，表示离解程度越大，$K_稳$越小。因此，将曲线的线性部分延长与 A_{max}平线相交之点即为 $R = n$ 之点，对应的 R 值即位配合物的组成比。也可利用弯曲处求 $K_稳$ 的近似值，方法如下：

当 $n = R$ 处所得A 值比A_{max}小，可认为 A_{max}为 100%完全配位的吸光度，则离解度 α 为

$$\alpha = \frac{A_{max} - A}{A_{max}}$$

$$K_稳 = \frac{[ML_n]}{[M][L]^n} = \frac{C'_M(1-\alpha)}{C'_M\alpha\ (nC'_M \cdot \alpha)^n}$$

式中，C'_M为溶液中金属离子的总浓度。

注意此法不适用于 $K_{稳}$太大的配合物，因为($A_{max}-A$)值太小，仪器读数误差影响极大；本法也不适用于 $K_{稳}$太小的，因线形部分缺少或太少，也会造成误差太大。

3. 等摩尔系列法(或浓比递变法)测定配合物组成

本实验是用等摩尔系列法(或浓比递变法)进行测定，方法原理和操作步骤介绍如下：

测定配合物的组成，即确定 ML_n 中的 n(即金属离子和配位体在配合物中的个数之比)。以相同浓度的金属离子水溶液和配位体水溶液，配制一系列的混合物，在配制这一系列混合溶液时要满足如下两个条件：一是金属离子溶液的用量依次从多到少逐渐递减；二是每一个混合溶液的总体积(或总摩尔)保持不变(例 $V_M+V_L=$常数$=24$ mL，V_M为金属离子溶液体积，V_L为配体溶液体积)。在这一系列的溶液中形成配合物的浓度必定是先递增后递减，因此它们的颜色必定是由浅变深，然后由深变浅。根据比尔定律，有色配合物的浓度的大小(即溶液颜色的深浅变化)可以精密地用吸光度值来表示。

以所配溶液的吸光度为纵坐标、体积分数 $V_M/(V_M+V_L)$(亦即摩尔分数)为横坐标作图，得如图 7.4 所示的吸光度-摩尔分数曲线图。从理论上讲，根据比尔定律应该得到以 A 为交点的两条线，但实验上在顶端出现了弯曲部分，这是由于部分配合物离解所致。将实验图形上两边的直线部分加以延长，相交即找到了 A 点，显然与 A 点(其吸光度值为 A_1)相对应的溶液的组成(即金属离子配位体溶液体积比或摩尔数之比)即为配合物的组成。因为只有在组成与配离子组成一致的溶液中形成配合物的浓度最大，因而对光的吸收也最大。比如 A 对应的组成比(V_M ∶ V_L)为 1 ∶ 1，则配合物为 ML；如果组成比为 1 ∶ 2，则配合物为 ML_2。如图中所示，在极大值 B 左边的所有溶液中，对于形成 ML 配合物来说，M 离子是过量的，配合物的浓度由 L 决定。而这些溶液中的 L 组成(体积比)都小于 0.5，所以它们形成的配合物 ML 的浓度也都小于与极大值 B 相对应的溶液，L 是过量的，配合物的浓度由 M 决定。而这些溶液中 M 的组成(体积比)也都小于 0.5，因而形成 ML 的浓度也都小于极大值 B 相对应的溶液。所以只有在 L 的组成和 M 的组成皆为 0.5 时，也就是其组成的摩尔比与配合物的组成相一致的溶液中，配合物浓度最大，因而吸光度也最大。

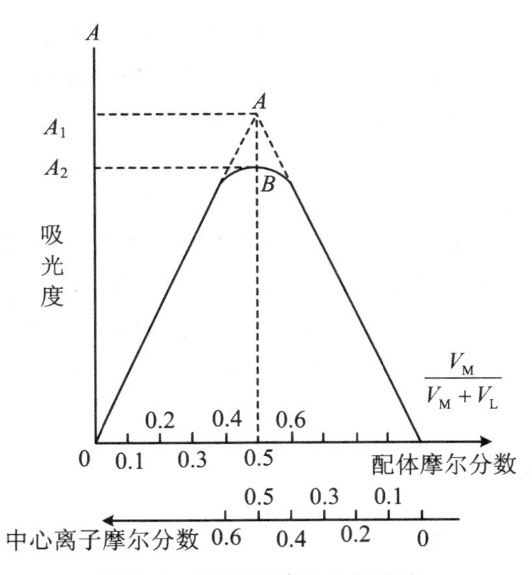

图 7.4　吸光度-摩尔分数曲线

4. 等摩尔系列法计算配合物的稳定常数

在图 7.4 中，在极大值两侧，其中 M 或 L 过量较多的溶液中，配合物离解度都是很小，所以吸光度与溶液组成(或配合物浓度)几乎成直线关系。当 M 或 L 过量都不多时，形成配合物的离解度相对比较大，当溶液组成与配合物的组成相一致时离解度为最大，表现为吸光度-摩尔分数图偏离两条相交直线而在最大值区间曲线出现了圆滑的部分。图中 A 点相当于假定配合物完全没有离解时吸光度极大值（A_1），而 B 则为实验测得的吸光度的极大值（A_2）。显然配合物的离解度越大，则（$A_1 - A_2$）差值越大。设 c 为配合物完全没有离解时的浓度，其值为对应于 A 点的金属离子总浓度，即 $c = c(\mathrm{M})$；若配合物的配位数 $n = 1$，则根据配位反应配合平衡

$$\mathrm{M} + \mathrm{L} \rightleftharpoons \mathrm{ML}$$

平衡浓度 $\alpha c \quad \alpha c \quad c - \alpha c$

其离解度 α 为

$$\alpha = \frac{A_1 - A_2}{A_1} \tag{2}$$

平衡常数 $K_{稳}$ 为

$$K_{稳} = \frac{[\mathrm{ML}]}{[\mathrm{M}][\mathrm{L}]} = \frac{c - \alpha c}{\alpha c \cdot \alpha c} = \frac{1 - \alpha}{\alpha^2 c} \tag{3}$$

将 c 和 α 值代入式(3)便可计算出配位反应平衡常数 $K_{稳}$ 的值。

5. 测定 Cu^{2+} 与磺基水杨酸形成的配合物的组成和稳定常数

本实验是测定 Cu^{2+} 与磺基水杨酸（以 H_3R 代表，$HO_3SC_6H_3(OH)CO_2H$）形成的配合物的组成和稳定常数。Cu^{2+} 与磺基水杨酸在 pH = 5 左右形成 1∶1 配合物，溶液显亮绿色；pH = 8.5 以上，形成 1∶2 配合物，溶液显深绿色。我们在 pH = 4.5～5.0 溶液中选用波长为 440 nm 的单色光进行测定。在此实验条件下，磺基水杨酸是无色的，不发生吸收，Cu^{2+} 离子溶液的浓度很稀，也几乎不发生吸收，形成的配合物是有色的，则有一定的吸收，因此溶液的吸光度只与配离子的浓度成正比。通过对溶液吸光度的测定，可以求出该配离子的浓度，从而确定其组成和稳定常数。

【实验物品】

1. 仪器

酸度计，电磁搅拌器，分光光度计，酸式滴定管（25 mL，2 根），烧杯（50 mL，13 个），容量瓶（50 mL，13 个）。

2. 试剂

pH = 6.86、pH = 4.00（20 ℃）标准缓冲溶液，NaOH（1 mol·L^{-1}），KNO_3（0.1 mol·L^{-1}），$Cu(NO_3)_2$（0.05 mol·L^{-1}），磺基水杨酸标准溶液（0.05 mol·L^{-1}），NaOH（0.05 mol·L^{-1}），HNO_3（0.01 mol·L^{-1}）。

【实验内容】

1. 系列溶液配制

按等摩尔系列法，用 0.05 mol·L^{-1} 硝酸铜溶液和 0.05 mol·L^{-1} 磺基水杨酸溶液（硝酸铜和磺基水杨酸均用 0.1 mol·L^{-1} KNO_3 配制，事先进行标定），在 13 个 50 mL 烧杯中依照

表 7.5 所列体积比配制混合溶液(用滴定管量取溶液)。

表 7.5　磺基水杨酸铜(Ⅱ)配制和吸光度测定

溶液编号	1	2	3	4	5	6	7	8	9	10	11	12	13
磺基水杨酸溶液体积/mL	0	2	4	6	8	10	12	14	16	18	20	22	24
硝酸铜溶液体积/mL	24	22	20	18	16	14	12	10	8	6	4	2	0
$V_L/(V_M+V_L)$													
溶液的 A/D 值													

2. 调节混合液 pH 并定容

依次在每个混合液中插入电极与酸度计连接。在电磁搅拌器搅拌下,慢慢滴加 1 mol·L^{-1} NaOH 溶液以调节 pH 为 4 左右,然后改用 0.05 mol·L^{-1} NaOH 溶液以调节 pH 在 4.5～5.0 之间(此时溶液的颜色为黄绿色,不应有沉淀产生,若有沉淀产生,说明 pH 值过高,Cu^{2+} 离子已水解)。若 pH 超过 5,则可用 0.01 mol·L^{-1} HNO_3溶液调回,各溶液 pH 均应在 4.5～5 之间有统一的确定值。溶液的总体积不得超过 50 mL。

将调节好 pH 的溶液分别转移到预先编有号码的干净的 50 mL 容量瓶中。用 pH 为 5 的 0.1 mol·L^{-1} KNO_3溶液稀释至标线,摇匀备用。

3. 测定系列溶液的吸光度

在波长为 440 nm 条件下,用分光光度计分别测定每个混合溶液的吸光度(若用光电比色计,则应选用紫色滤片调节波长范围)。记入表中。

注意事项:

(a) 调 pH 值时,先用 1 mol·L^{-1} NaOH,当 pH 值至 4 左右时改用 0.05 mol·L^{-1} NaOH 调节。

(b) 若有 $Cu(OH)_2$ 沉淀生成,则必须充分搅拌使其溶解后方可继续(若搅拌不溶,加少许 HNO_3 使其溶解)。

【思考题】

(1) 为什么说在等摩尔系列中,金属离子的浓度与配位体的浓度之比恰好等于其配离子组成时,其配合离子浓度最大?

(2) 磺基水杨酸铜的组成和稳定常数的测定,为什么用硝酸钾溶液定容?

(3) 在测定吸光度时,如果温度有变化,对测得的配合物稳定常数有何影响?

(4) 等摩尔连续变化法溶液的 pH 在多少之间?若溶液 pH 不在此范围,将会有什么情况发生?

(5) 试举例说明本法还可测定的磺基水杨酸－金属配合物的组成?

实验知识拓展

测定配位数及稳定常数的方法有分光光度法、pH 法(电位法)、极谱法、离子选择电极法。

在用分光光度法测定溶液中配合物的组成时，通常有摩尔比法、等摩尔连续变化法、斜率法和平衡移动法等，每种方法都有一定的适用范围。

本实验采用分光光度法中的等摩尔连续变化法测定配合物的稳定常数，测得的是配位反应的表观稳定常数。如欲得到热力学 $K_{稳}$，还需要控制测定时的温度、溶液的离子强度以及配位体在实验条件下的存在状态等因素。如当溶液具有一定酸度时，弱酸性的配体存在酸效应。溶液的酸度越大，酸效应越明显。如果考虑弱酸配体的电离平衡，则要对表观稳定常数加以校正。

第8章　化学原理的应用实验

实验22　化学反应速率与活化能

【实验目的】

(1) 了解浓度、温度和催化剂对化学反应速率的影响。

(2) 加深对活化能的理解，并学习采用Origin软件处理实验数据的方法。

(3) 测定过二硫酸与碘化钾反应的反应速率，并计算反应级数、反应速率常数及反应活化能。

【预习内容】

(1) 根据反应方程式能否确定反应级数？为什么？

(2) 本实验添加$(NH_4)_2SO_4$和KNO_3的目的是什么？为何使用这两种试剂？

【实验原理】

在水溶液中，过二硫酸铵$(NH_4)_2S_2O_8$和KI发生如下反应

$$S_2O_8^{2-} + 3I^- = 2SO_4^{2-} + I_3^- \qquad (1)$$

该反应的平均反应速率可用下式表示

$$v = -\Delta[S_2O_8^{2-}]/\Delta t = k[S_2O_8^{2-}]^m[I^-]^n$$

式中，v为平均反应速率，$\Delta[S_2O_8^{2-}]$为Δt时间内$S_2O_8^{2-}$的浓度变化，$[S_2O_8^{2-}]$和$[I^-]$分别为$S_2O_8^{2-}$与I^-的起始浓度，k为反应速率常数，m与n之和为反应级数。

为了测定Δt时间内$S_2O_8^{2-}$的浓度变化，在将$(NH_4)_2S_2O_8$溶液和KI溶液混合的同时，加入一定体积的已知浓度的$Na_2S_2O_3$溶液和淀粉溶液，在反应(1)进行的同时，还发生如下反应

$$2S_2O_3^{2-} + I_3^- = S_4O_6^{2-} + 3I^- \qquad (2)$$

反应(2)的速度比反应(1)快得多，因此反应(1)生成的I_3^-立即与$S_2O_3^{2-}$作用，生成无色的$S_4O_6^{2-}$和I^-。所以在开始的一段时间内，观察不到碘与淀粉反应而显示的特有蓝色。一

且 $S_2O_3^{2-}$ 耗尽，反应(1)继续生成的微量碘就立即与淀粉溶液作用，溶液显蓝色。

比较反应方程式(1)和反应方程式(2)可知

$$\Delta[S_2O_8^{2-}] = \Delta[S_2O_3^{2-}]/2$$

记录从反应开始到溶液出现蓝色所需要的时间 Δt。由于在 Δt 时间内 $S_2O_3^{2-}$ 全部耗尽，因此由 $Na_2S_2O_3$ 的起始浓度即可求出 $\Delta[S_2O_8^{2-}]$，进而可以计算反应速率 $-\Delta[S_2O_8^{2-}]/\Delta t$。

对反应速率表示式 $v = k[S_2O_8^{2-}]^m[I^-]^n$ 的两边取对数，得到

$$\lg v = m\lg[S_2O_8^{2-}] + n\lg[I^-] + \lg k$$

当 $[I^-]$ 不变时，以 $\lg v$ 对 $\lg[S_2O_8^{2-}]$ 作图，可得一条直线，斜率即为 m。同理，当 $[S_2O_8^{2-}]$ 不变时，以 $\lg v$ 对 $\lg[I^-]$ 作图，可求得 n。

求出 m 和 n 后，再由 $k = v/([S_2O_8^{2-}]^m[I^-]^n)$，求得反应速率常数 k。

反应速率常数 k 与反应温度 T 一般有以下关系

$$\lg k = \lg A - E_a/(2.303RT) \tag{3}$$

式中，E_a 为反应的活化能，R 为气体常数，T 为绝对温度。测出不同温度时的 k 值，以 $\lg k$ 对 $1/T$ 作图，可得一直线。由直线斜率(即 $-E_a/2.303R$)可求得反应活化能 E_a。

【实验物品】

1．仪器和材料

烧杯(100 mL)，量筒(25 mL)，温度计，秒表。

2．试剂

KI (0.20 mol·L^{-1})，$Na_2S_2O_3$ (0.010 mol·L^{-1})，$(NH_4)_2S_2O_8$ (0.20 mol·L^{-1})，KNO_3 (0.20 mol·L^{-1})，$(NH_4)_2SO_4$ (0.20 mol·L^{-1})，$Cu(NO_3)_2$ (0.020 mol·L^{-1})，0.2%淀粉溶液。

【实验步骤】

1．试验浓度对化学反应速率的影响

室温下，量取 20.0 mL 0.20 mol·L^{-1} KI 溶液，8.0 mL 0.010 mol·L^{-1} $Na_2S_2O_3$ 溶液和 4.0 mL 0.2%的淀粉溶液，于 100 mL 烧杯中混匀，然后量取 20.0 mL 0.20 mol·L^{-1} $(NH_4)_2S_2O_8$ 溶液，迅速倒入烧杯中，同时开启秒表，并不断搅拌，仔细观察。当溶液刚出现蓝色时，立即停止秒表，记录反应时间和室温。

注意事项：

(a) 量取每种试剂所用量筒都要贴上标签，以免混淆。

(b) $(NH_4)_2S_2O_8$ 溶液必须最后加入，加入后立即计时。

计算各实验组的反应速率 v。

用表 8.1 中实验Ⅰ、Ⅱ、Ⅲ的数据作 $\lg v - \lg[S_2O_8^{2-}]$ 图，求出 m；用实验Ⅰ、Ⅳ、Ⅴ的数据作 $\lg v - \lg[I^-]$ 图，求出 n。

求出 m 和 n 后，再算出各实验的反应速率常数 k，将数据与计算结果填入实验报告中。

表 8.1 不同实验组的试剂用量

实验序号		Ⅰ	Ⅱ	Ⅲ	Ⅳ	Ⅴ
试剂用量/mL	0.20 $mol \cdot L^{-1}$ 的 $(NH_4)_2S_2O_8(aq)$	20	10	5	20	20
	0.20 $mol \cdot L^{-1}$ 的 KI(aq)	20	20	20	10	5
	0.010 $mol \cdot L^{-1}$ 的 $Na_2S_2O_3(aq)$	8	8	8	8	8
	0.2%淀粉溶液	4	4	4	4	4
	0.20 $mol \cdot L^{-1}$ 的 $KNO_3(aq)$	0	0	0	10	15
	0.20 $mol \cdot L^{-1}$ 的 $(NH_4)_2SO_4(aq)$	0	10	15	0	0

2. 试验温度对化学反应速率的影响

依照表 8.1 中编号为Ⅳ的实验组用量，将 KI、$Na_2S_2O_3$、KNO_3 和淀粉溶液加入至 100 mL烧杯中，将 $(NH_4)_2S_2O_8$ 溶液加在另一个烧杯中，并将它们同时放在冰水浴中冷却。等烧杯中的溶液都冷却到 0 ℃左右时，把 $(NH_4)_2S_2O_8$ 溶液加入至 KI 的混合溶液中，同时开启秒表，并不断搅拌。当溶液刚出现蓝色时，立即停止秒表，记下反应时间。

在约 10 ℃、20 ℃、30 ℃的条件下，重复以上实验，即可得到 4 个温度(0 ℃、10 ℃、20 ℃、30 ℃)下的反应时间。计算 4 个温度下的反应速率及速率常数，将数据及计算结果填入实验报告中。

用各次实验的 $\lg k$ 对 $1/T$ 作图，求出反应(1)的活化能。

3. 试验催化剂对反应速率的影响

$Cu(NO_3)_2$ 催化 $(NH_4)_2S_2O_8$ 氧化 KI 的反应：依照表 8.1 中编号为Ⅳ的实验组用量，将 KI、$Na_2S_2O_3$、KNO_3 和淀粉溶液加入至 100 mL 烧杯中，再加入 1 滴 0.020 $mol \cdot L^{-1}$ 的 $Cu(NO_3)_2$ 溶液，搅匀，然后迅速加入 $(NH_4)_2S_2O_8$ 溶液，记时，搅拌。将 1 滴 $Cu(NO_3)_2$ 溶液改成 2 滴和 3 滴，分别重复上述试验。将结果填入实验报告的表中。将该实验的反应速率与步骤 2 中室温下得到的反应速率进行比较，得出结论。

【思考题】

(1) 下列情况对实验结果有何影响？

① 取用 6 种试剂的量筒没有专门分开；

② 先加 $(NH_4)_2S_2O_8$ 溶液，最后加 KI 溶液；

③ 慢慢加入 $(NH_4)_2S_2O_8$ 溶液。

(2) 实验中为什么可以由反应溶液出现蓝色的时间长短来计算反应速率？反应溶液出现蓝色后，反应是否就终止？

(3) 实验中 $Na_2S_2O_3$ 的用量过多或过少，会对实验结果造成什么影响？

(4) 若不用 $S_2O_8^{2-}$ 的浓度变化而用 I^- 或 I_3^- 的浓度变化来表示速率，则反应速率常数 k 是否一样？

(5) 活化能的文献数据为 $E_a = 518\ kJ\cdot mol^{-1}$，将实验值与文献值比较，并分析产生误差的原因。

实验知识拓展①

淀粉是由 α-葡萄糖分子缩合而成的螺旋体(图 8.1)，表面含有大量羟基，能与碘分子作用使其嵌入淀粉螺旋体的轴心部位。碘跟淀粉的这种作用称为包合作用，生成物叫做包合物。在淀粉与碘生成的包合物中，每个碘分子与 6 个葡萄糖单元配合，淀粉以直径 0.13 pm 绕成螺旋状，碘分子处于螺旋体的轴心部位，其结构示意图如图 8.2 所示。

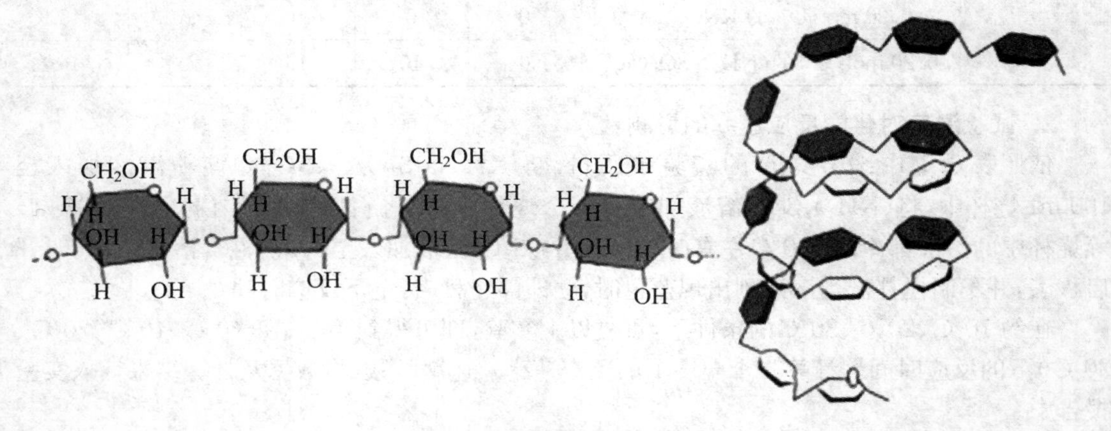

图 8.1　淀粉的螺旋体结构

图 8.2　碘与淀粉形成包合物的结构示意图

淀粉和碘生成的包合物的颜色，与淀粉的聚合度或相对分子量有关。在一定的聚合度或相对分子量范围内，随聚合度或相对分子量的增加，包合物的颜色逐渐表现为无色、淡红、紫色和蓝色，见表 8.2。

① http://jpkc.hactcm.edu.cn/2009swhx/tu/71.html.
http://www.g12e.com/html.

表 8.2 淀粉聚合度与包合物颜色的关系

葡萄糖单位的聚合度	3.8	7.4	12.9	18.3	20.2	29.3	$>$34.7
包合物的颜色	无色	淡红	红色	棕红	紫色	蓝紫	蓝色

实验 23 氧化还原反应和电化学

【实验目的】

(1) 通过试验掌握电极电势与氧化还原反应方向的关系。

(2) 掌握反应物浓度和介质对氧化还原反应的影响。

(3) 通过实验对氧化还原反应的可逆性有进一步的理解。

【预习内容】

(1) 氧化剂和还原剂是否一定要相互接触才能发生反应?

(2) 盐桥的作用是什么? 你所了解的盐桥种类有哪些?

(3) 电极反应中,若氧化态或还原态形成难溶沉淀或络合物,将会对电极电势产生什么影响?

(4) 含氧酸作氧化剂时,其氧化能力与溶液的酸度有何关系?

【实验原理】

氧化还原反应是物质间发生电子转移的一类重要反应。氧化剂在反应中得到电子,还原剂失去电子,其得、失电子能力的大小,即氧化、还原能力的强弱,可用其电极电势的相对高低来衡量。电对的电极电势越高,其氧化型物质的氧化能力越强,而还原型物质的还原能力越弱,反之亦然。

标准电极电势是处于标准状态的电对相对于标准氢电极的电极电势,规定标准氢电极的电极电势 $\varphi^{\ominus}_{H^+/H_2}=0.000\ V$。根据电对的标准电极电势($\varphi^{\ominus}$)的相对大小,可以判断氧化还原反应进行的方向和程度,计算氧化还原反应的标准平衡常数。

电对的电极电势不仅取决于电对的本性,而且还取决于电对平衡式中各物质的浓度和温度。对水溶液中任一电对平衡

$$Ox + ne = Red$$

其电对的电极电势与浓度和温度的关系用能斯特方程表示为

$$\varphi = \varphi^{\ominus} + \frac{RT}{nF}\ln\frac{[Ox]}{[Red]} \tag{1}$$

当温度为25 ℃时，能斯特方程可写成

$$\varphi = \varphi^{\ominus} + \frac{0.059\,2}{n}\lg\frac{[Ox]}{[Red]} \tag{2}$$

其中，φ 是指定浓度下的电极电势，$\varphi^{\ominus}$ 是标准电极电势，n 是电极反应中转移的电子数，[Ox]和[Red]分别表示氧化型及还原型物质的浓度。

由式(2)可知，氧化型物质的离子浓度越高，或是还原型物质的离子浓度越小，其电极电势均越高。而影响溶液中离子浓度的因素（如浓度、酸度、或形成沉淀、配合物等）均会影响电对的电极电势，从而影响氧化还原反应的进行。

【实验物品】

1. 仪器和材料

(1) 铜锌原电池组成

（负极）$Zn|ZnSO_4$（0.5 mol·L^{-1}）‖ $CuSO_4$（0.5 mol·L^{-1}）|Cu（正极）；

伏特计，导线，小烧杯，盐桥（琼脂、KCl、U形管），量筒，滴管，浓氨水，砂纸。

(2) 气室法检验 NH_4^+ 用品

表面皿，pH试纸。

2. 试剂

锌粒，锌片，铅粒，铜片，CCl_4，浓 HNO_3，浓氨水，浓HCl，溴水，碘水，10% NH_4F，NaOH（6 mol·L^{-1}），HAc（6 mol·L^{-1}），H_2SO_4（2 mol·L^{-1}、3 mol·L^{-1}），HNO_3（2 mol·L^{-1}），$Pb(NO_3)_2$（0.5 mol·L^{-1}），$ZnSO_4$（0.5 mol·L^{-1}），$CuSO_4$（0.5 mol·L^{-1}），KI（0.1 mol·L^{-1}），KBr（0.1 mol·L^{-1}），$FeCl_3$（0.1 mol·L^{-1}），$FeSO_4$（0.1 mol·L^{-1}），Na_2SO_3（0.1 mol·L^{-1}），Na_3AsO_4（0.1 mol·L^{-1}），$(NH_4)_2SO_4 \cdot FeSO_4$（0.1 mol·L^{-1}），$KMnO_4$（0.01 mol·L^{-1}）。

【实验步骤】

1. 电极电势与氧化还原反应关系

(1) 比较锌、铅、铜在电位序中的位置：在两支小试管中分别加入0.5 mol·L^{-1}的 $Pb(NO_3)_2$ 溶液和0.5 mol·L^{-1}的 $CuSO_4$ 溶液，各放入一块表面擦净的锌片，放置片刻，观察锌片表面有何变化。

用表面擦净的铅粒代替锌片，分别与0.5 mol·L^{-1}的 $ZnSO_4$ 溶液和0.5 mol·L^{-1}的 $CuSO_4$ 溶液反应，观察铅粒表面有何变化。

写出反应方程式，确定锌、铜、铅在电位序中的相对位置。

(2) 往试管中加入0.5 mL 0.1 mol·L^{-1}的KI溶液和2滴0.1 mol·L^{-1}的 $FeCl_3$ 溶液，摇匀后加入0.5 mL CCl_4，充分振荡，观察 CCl_4 层颜色有无变化。

用0.1 mol·L^{-1}的KBr溶液代替KI溶液进行相同的实验，观察反应能否发生，为什么？

根据实验结果，定性比较 Br_2/Br^-、I_2/I^-、Fe^{3+}/Fe^{2+} 三个电对电势的相对高低，并指出三者中哪个物质是最强的氧化剂，哪个是最强的还原剂。

(3) 分别用碘水和溴水同 0.1 $mol\cdot L^{-1}$ 的 $FeSO_4$ 溶液反应，观察 CCl_4 层有无变化。

根据上面三个实验的结果说明电极电势与氧化还原反应方向的关系。

2. 浓度和酸度对电极电势的影响

(1) 浓度的影响：在两只 50 mL 的小烧杯中，分别加入 30 mL 0.5 $mol\cdot L^{-1}$ 的 $ZnSO_4$ 溶液和 0.5 $mol\cdot L^{-1}$ $CuSO_4$ 溶液。在 $ZnSO_4$ 溶液中插入锌片，$CuSO_4$ 溶液中插入铜片组成两个电极，中间以盐桥相通。用导线将锌片和铜片分别与伏特计的负极和正极相接，测量两电极之间的电压。

在 $CuSO_4$ 溶液中加入浓氨水至生成的沉淀溶解为止，形成深蓝色的溶液，观察原电池的电压有何变化。

再往 $ZnSO_4$ 溶液中加浓氨水至生成的沉淀完全溶解为止，观察电压有何变化。解释上述现象。

(2) 酸度的影响：在两个各盛 0.5 mL 0.1 $mol\cdot L^{-1}$ KBr 溶液的试管中，分别加入 0.5 mL 3 $mol\cdot L^{-1}$ H_2SO_4 溶液和 6 $mol\cdot L^{-1}$ HAc 溶液，然后往两个试管中各加入 2 滴 0.01 $mol\cdot L^{-1}$ $KMnO_4$ 溶液。观察并比较两个试管中紫色溶液褪色的快慢。写出反应方程式，并解释所观察到的现象。

3. 浓度和酸度对氧化还原产物的影响

(1) 往两个各盛一粒锌粒的试管中，分别加入 2 mL 浓硝酸和 2 $mol\cdot L^{-1}$ 的 HNO_3 溶液，观察所发生的现象。它们的反应产物是否相同？浓 HNO_3 被还原后的主要产物可通过观察气体产物的颜色来判断。稀 HNO_3 的还原产物可通过检验溶液中是否有 NH_4^+ 离子生成的方法来确定。

(2) 在三支试管中，各加入 0.5 mL 0.1 $mol\cdot L^{-1}$ Na_2SO_3 溶液。此外，在第一支试管中再加入 0.5 mL 2 $mol\cdot L^{-1}$ H_2SO_4 溶液；第二支试管中再加入 0.5 mL 水；第三支试管中再加入 0.5 mL 6 $mol\cdot L^{-1}$ NaOH 溶液，然后往三支试管中各滴几滴 0.01 $mol\cdot L^{-1}$ $KMnO_4$ 溶液，观察反应产物有何不同。写出各自离子方程式。

4. 浓度和酸度对氧化还原反应方向的影响

(1) 浓度的影响：Fe^{3+} 与 I^- 发生反应的离子方程式为

$$2Fe^{3+} + 2I^- \Longrightarrow 2Fe^{2+} + I_2$$

① 往盛有 2 mL 水和 1 mL CCl_4 的试管中，加入 2 mL 0.1 $mol\cdot L^{-1}$ $FeCl_3$ 溶液，即 Fe^{3+} 溶液，再加入 2 mL 0.1 $mol\cdot L^{-1}$ KI 溶液，振荡后观察 CCl_4 层的颜色。如在 Fe^{3+} 溶液中先加 2 mL 10% NH_4F 溶液，再进行该实验，结果如何？

② 往盛有 2 mL 0.1 $mol\cdot L^{-1}$ $(NH_4)_2SO_4\cdot FeSO_4$ 溶液和 1 mL CCl_4 的试管中，加入 2 mL 0.1 $mol\cdot L^{-1}$ $FeCl_3$ 溶液，再加入 2 mL 0.1 $mol\cdot L^{-1}$ KI 溶液，振荡后观察 CCl_4 层的颜色与上面实验中的 CCl_4 层颜色。

用化学平衡移动的观点解释上述实验现象。

(2) 酸度的影响：AsO_4^{3-} 与 I^- 发生反应的离子方程式为

$$AsO_4^{3-} + 2I^- + 2H^+ \Longrightarrow AsO_3^{3-} + I_2 + H_2O$$

往盛有 2 mL 0.1 mol·L^{-1} Na_3AsO_4 溶液中加入 1 mL 0.1 mol·L^{-1} KI 溶液，逐滴加入浓盐酸，振荡试管，观察现象。再逐滴加入 40% NaOH 溶液（pH 不能高于 9，为什么?），观察现象，讨论各步现象出现的原因。

注意事项：

(a) 严格控制每步实验过程中试剂的用量，同时注意观察实验现象并及时记录。

(b) 移取液溴和溴水时，须戴橡胶手套，并在通风橱内进行。若不慎将溴水溅至皮肤上，应立即用水冲洗，再用碳酸氢钠溶液或稀硫代硫酸钠溶液冲洗。

(c) 电极的锌片、铜片要用砂纸打磨干净，以免增大电阻。

(d) 连接电池的导线要用砂纸打磨除去表面的氧化膜，防止接触不良。

【思考题】

(1) 通过本实验，你能归纳出哪些影响电极电势的因素？怎样影响？

(2) 为什么重铬酸钾溶液能氧化 HCl 中的 Cl^-？而不能氧化 NaCl 溶液中的 Cl^-？

(3) 即使在很浓的 Fe^{3+} 酸性溶液中，仍然不能抑制 MnO_4^- 与 Fe^{2+} 之间发生氧化还原反应，这与氧化还原反应是可逆的说法有无矛盾？

(4) 用实验分别证明在下述条件下：反应 $KMnO_4$(aq) + KI (aq) + H_2SO_4(aq)⟶产物是什么？

① $KMnO_4$ 过量。

② KI 过量。

实验 24　分光光度法测定邻二氮菲合铁(Ⅱ)离子中的铁

【实验目的】

(1) 了解分光光度法的实验原理和分光光度计的基本构造。

(2) 熟练掌握 721 型分光光度计的使用。

(3) 掌握分光光度法测铁的处理过程和数据处理。

【预习内容】

(1) 分光光度计如何操作？使用时有哪些注意事项？

(2) 本实验量取各种试剂时应分别采用何种量器较为合适？为什么？

【实验原理】

721 型分光光度计的原理、结构和使用见本书仪器部分。

用分光光度法测铁可以使用的显色剂较多，有邻二氮菲（邻菲罗啉，phen）及其衍生物、磺基水杨酸、硫氰酸盐等。其中邻二氮菲分光光度法的灵敏度高，稳定性好，干扰容易消除，是目前普遍采用的一种方法。

在 pH＝2.5～7.5 的条件下，Fe^{2+} 与邻二氮菲反应，生成稳定的橘红色配合物 $Fe(phen)_3^{2+}$。反应方程式如下

Fe^{2+} ＋ 3（phen：N　N）⟶ $[(\text{N　N} \rightarrow \text{Fe})_3]^{2+}$

此反应 $\lg K_{稳}=21.3$，摩尔吸光系数 $\varepsilon_{508}=1.1\times10^4\ L\cdot mol^{-1}\cdot cm^{-1}$。邻二氮菲显色法测铁方法简便、快速、选择性很高。

因为 Fe^{2+} 不稳定，溶液中需加入过量还原剂——盐酸羟胺（$NH_2OH\cdot HCl$），防止 Fe^{2+} 离子被氧化成 Fe^{3+} 离子，离子方程式为

$$2Fe^{3+}+2NH_2OH\cdot HCl = 2Fe^{2+}+N_2\uparrow+4H^{+}+2H_2O+2Cl^{-}$$

为防止 Fe^{2+} 的水解，溶液中还需加入酸性缓冲溶液。

选择还原剂和缓冲溶液时，要注意其在待测离子的特征吸收波段没有或只有很少的吸收。

在测未知样品前，要先作吸收曲线确定合适的测量波长，原则是选择吸收最大干扰最小的波段。一般选择最大吸收波长 λ_{max} 为测量波长，但如果 λ_{max} 处有共存组分干扰，则应该选择灵敏度稍低但能避免干扰的波段进行测量。此外还需就溶剂、溶液酸度、显色剂用量、显色时间、温度以及共存离子干扰及其消除等做系列条件实验。

Cd^{2+}、Mn^{2+}、Co^{2+}、Ni^{2+}、Cu^{2+}、Zn^{2+}、Hg^{2+} 等离子也能和 phen 生成稳定配合物，在量少的情况下，不影响 Fe^{2+} 的测定。量大时需用 EDTA 掩蔽或预先分离。

【实验物品】

1. 仪器和材料

721 分光光度计或 722 型分光光度计（每台配有 4 个 1 cm 比色皿）；吸量管（5 mL），容量瓶（50 mL），量筒（5～10 mL），烧杯（100～250 mL），滴管，吸耳球，镜头纸坐标纸。

2. 试剂

10%盐酸羧胺，0.15%邻二氮菲（邻菲罗啉）溶液，HAc/NaAc 缓冲溶液（pH≈4.5），NaOH（0.1 $mol\cdot L^{-1}$），标准铁（Fe^{2+}）溶液（0.01 $mg\cdot mL^{-1}$），未知铁溶液。

【实验步骤】

1. 吸收曲线的制作和最大吸收波长的选择

取两个 50 mL 的容量瓶。用吸量管吸取 5.0 mL 0.01 mg·mL^{-1}的标准铁溶液，置于其中一个容量瓶中。然后在两个容量瓶中分别加入 1 mL 10%盐酸羟胺溶液，摇匀，放置 5 min。再加入 2 mL 0.15%邻二氮菲溶液和 5 mL pH = 4.5 的缓冲溶液，用蒸馏水稀释至刻度，定容，放置 10 min 待测。用 1 cm 的比色皿，以未加标准铁的溶液作为参比溶液，在 480～550 nm 之间，每隔 10 nm 测定 1 次吸光度(A)。在最大吸收峰左右，每隔 2 nm 补充测定 2 次吸光度，作出 $A-\lambda$ 的吸收曲线。从吸收曲线上确定铁的最大吸收波长。

注意事项：

(a) 标准 Fe^{2+} 溶液由铁粉和盐酸反应制得。

(b) 本实验中还原剂、显色剂和缓冲液都是过量加入，可以用量筒量取。

2. 标准工作曲线的制作

取四个 50 mL 容量瓶(或比色管)，用吸量管分别吸取标准铁溶液 1.0 mL、2.0 mL、3.0 mL、4.0 mL。按上面作吸收曲线的方法，分别加入还原剂、显色剂和缓冲溶液，加入还原剂后要摇匀放置 5 min。然后用水稀释到刻度，定容，配成 0.000 2 mg·mL^{-1}、0.000 4 mg·mL^{-1}、0.000 6 mg·mL^{-1}、0.000 8 mg·mL^{-1}浓度的溶液。放置 10 min 待测。以试剂为空白，在最大吸收峰处(510 nm 左右)测吸光度 A，以 $A-C$ 作出标准工作曲线。

3. 未知样品中铁含量的测定

准确吸取 3.0 mL 未知样于 50 mL 容量瓶中，按作吸收曲线的方法加入各种试剂。在最大吸收峰处测定未知样的吸光度 A。通过工作曲线，查得未知样浓度。

【思考题】

(1) 制作吸收曲线和工作曲线时，加入试剂的顺序是否能改变？为什么？

(2) 如果未知样的浓度太大，无法测出吸光度 A，或者能测出 A，但如果超出工作曲线范围，应采取什么措施？

(3) 能否用分光光度法测出样品中的全铁(总铁)和亚铁的含量？试拟出一简单步骤。

☞ 实验知识拓展

如果待测体系中成分复杂，在分光光度法测定时有时需先做溶液酸度的条件试验，即在显色之后加入不同浓度梯度的 NaOH 溶液，定容配制成不同的酸度。然后以 pH 为横坐标，吸光度 A 为纵坐标，作出 A - pH 关系的酸度影响图，得出测定铁的适宜酸度范围。

也可以直接用 pH 试纸测定待测铁溶液的酸度，看是否在 2.5～7.5 之间，否则需加入盐酸或 NaOH 溶液调节。加盐酸须在显色剂加入之前加入，加 NaOH 应在显色剂之后加入。

实验25　铬(Ⅲ)配合物的制备及其分光化学序测定①

【实验目的】

(1) 了解不同配体对配合物中心离子d轨道能级分裂的影响。

(2) 学习铬(Ⅲ)配合物的制备及提纯方法。

(3) 了解分光光度法的仪器测试基本原理，掌握721/722型系列分光光度计的使用方法。

(4) 通过测定某些铬配合物的吸收光谱，计算晶体场分裂能(Δ)值，确定铬配合物某些配体的分光化学序。加深对配体场理论的理解，绘制配合物电子光谱。

【预习内容】

(1) 无机化合物的一般合成及提纯方法。

(2) 化合物的分裂能如何测定?

(3) 分光光度法测定配合物分光化学序的基本原理。

(4) 721/722型系列分光光度计的使用方法。

【实验原理】

系列Cr(Ⅲ)配合物的合成

Cr(Ⅲ)形成配位化合物的能力很强，除少数例外，Cr(Ⅲ)的配位数都是6，其单核配位化合物的空间构型为八面体，氧化数为+3的Cr^{3+}离子提供6个空轨道，形成6个d^2sp^3杂化轨道，最外电子层结构为$3s^23p^63d^3$，其基本特征是有较强的正电场和空的d、s、p轨道和3个不成对电子，因此，在可见光的照射下可以发生d-d跃迁，而使化合物都显颜色，同时容易同H_2O、NH_3、Cl^-、CN^-、$C_2O_4^{2-}$、en、SCN^-生成各种配位数为6的配合物。

凡能够提供电子对，起路易斯碱作用的离子和分子都能作为配位体与Cr^{3+}配位，形成配阴离子或配阳离子或中性配合分子。

Cr(Ⅲ)配合物电子光谱的测定

在配合物中，大多数中心离子为过渡元素离子，其价电子层有5个简并的d轨道，由于

① 张先道.关于光谱化学序测定的实验[J].湖南师院学报：自然科学版，1984，2：88～92.
余新武，曾兵，王园朝.Cr(Ⅲ)配合物的合成与分光序的研究[J].咸宁师专学报，1999，3：55～58.

五个 d 轨道的空间伸展方向不同，因而受配体场的影响情况各不相同，所以在不同配体场的作用下会发生能级分裂，使中心离子原来能量相同的 d 轨道分裂为能量不同的两组或两组以上的轨道，d 轨道的分裂形式和分裂轨道间的能量差也不同，如图 8.3 所示。

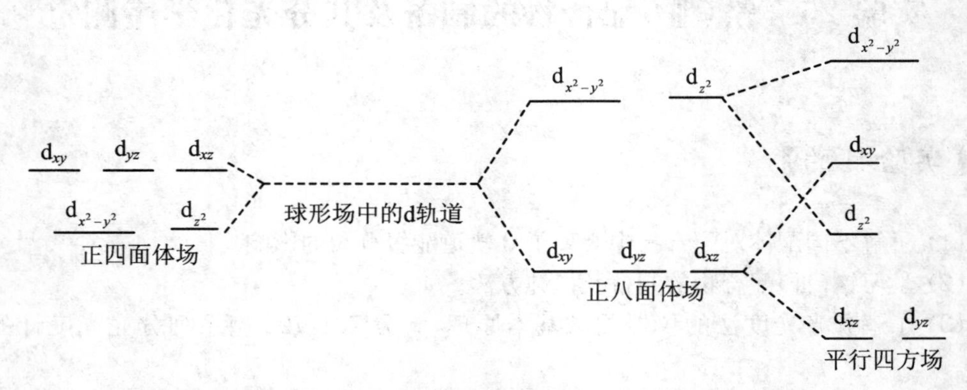

图 8.3　d 轨道在不同配体场中的分裂

金属离子 d 轨道没有被电子充满时，处于能量 d 轨道上的电子吸收了一定波长的可见光后，就跃迁到高能量的 d 轨道。电子在分裂的 d 轨道之间的跃迁称为 d-d 跃迁，这种 d-d 跃迁的能量相当于可见光区的能量范围，这就是过渡金属配合物呈颜色的原因。

分裂的最高能量的 d 轨道和最低能量的 d 轨道之间的能量差称为分裂能，用 Δ 表示。Δ 值的大小受中心离子的电荷，周期数，d 电子数和配体性质（配体场的强弱）等因素的影响，可以通过实验来测定。由实验总结得出诸因素影响的一般规律为

(1) 对于相同的中心离子，不同的配体，Δ 值随配体的不同而不同，其大小顺序为

$I^- < Br^- < Cl^- \approx SCN^- < F^- < OH^- \approx NO_3^- \approx HCOO^- < C_2O_4^{2-} \approx Ac^- < H_2O < NCS^- < NH_2CH_2COO^- <$ EDTA $<$ py(吡啶) $\approx NH_3 <$ en(乙二胺) $< SO_3^{2-} <$ phen $< NO_2^- < CN^-$

对于同一中心离子和相同构型的配合物，Δ 值的大小取决于配体的强弱。上述按分裂能 Δ 值的相对大小来排列的配体次序称为光谱化学序列（分光化学序），因此，如果配合物中的配体被序列右边的配体所取代，则吸收峰朝短波长方向位移，即向紫增色效应，也就是朝高波束方向移动。但上述光谱化学序列仅是一个近似的规则，在某些金属配合物中，该序列中相邻配体的次序可能会发生变化。

(2) 对于相同的配体，不同的中心离子，Δ 值随金属离子的不同而不同，其大小顺序为

$Mn^{2+} < Ni^{2+} < Co^{2+} < Fe^{2+} < V^{2+} < Fe^{3+} < Cr^{3+} < V^{3+} < Co^{3+} < Mn^{4+} < Mo^{4+} < Rh^{4+} < Ir^{4+} < Re^{4+} < Pt^{4+}$

(3) 对相同的配体，同一中心离子，高价中心离子配合物比低价中心离子配合物的 Δ 值大，如

$$[M(H_2O)_6]^{2+},\quad \Delta \approx 2\,000\ cm^{-1}$$
$$[M(H_2O)_6]^{+},\quad \Delta \approx 1\,000\ cm^{-1}$$

这反应在一般高价中心离子配合物的颜色比低价中心离子配合物的颜色要深。

(4) 相同配体，相同价数的同族中心离子的配离子的 Δ 值随所处周期表中周期数的增大而增大，第二系列过渡元素的 Δ 值比第一系列过渡元素的 Δ 值约增大 40%～50%，即由

3d→4d，Δ_0增大40%～50%，第三系列过渡元素比第二系列又增大20%～25%，即由4d→5d，Δ_0增大20%～25%。

本实验是测定八面体铬配合物中某些配体的配合物吸收曲线并找出最大吸收光谱数据，计算在各种配体情况下的Δ值，从而与光谱化学序列进行比较。

Δ值计算如下

$$\Delta = E_{光} = h\nu = hc/\lambda$$

式中，$E_{光}$为可见光光能，h为普朗克常量，ν为频率，c为光速，λ为波长，单位为nm。

当1 mol电子跃迁时，有

$$hc = 1$$

$$\Delta = 1/\lambda \times 10^7 (cm^{-1})$$

不同d电子及不同构型的配合物的电子吸收光谱是不同的，因此计算分裂Δ值的方案也各不同。在八面体和四面体的配体场中，配离子的中心离子的电子数为d^1、d^4、d^6、d^9，其吸收光谱只有一个简单的吸收峰，根据此吸收峰位置的波长，计算Δ值；配离子的中心离子的电子数为d^2、d^3、d^7、d^8，其吸收光谱应该有三个吸收峰，对于八面体配体场的d^3、d^8电子和四面体配体场中的d^2、d^6电子，由吸收光谱中最大波长（能量最低）的吸收峰位置的波长，计算Δ值；对八面体场中的d^2、d^7电子和四面体配体场中的d^3、d^8电子，由吸收光谱中最大波长的吸收峰和最小波长的吸收峰之间的波长差，计算Δ值。

【实验物品】

系列Cr(Ⅲ)配合物的合成

1. 仪器和材料

台秤或电子天平，研钵，量筒，烧杯若干，磨口烧瓶，多孔恒温水浴锅，回流冷凝管，分液漏斗，滴管，吸滤瓶，布氏漏斗，长颈漏斗，热水漏斗，燃气灯，蒸发皿，烘箱，容量瓶，棕色瓶。

2. 试剂

(1) $[Cr(en)_3]Cl_3$的制备：

$CrCl_3 \cdot 6H_2O$(s)，Zn片或锌粒或锌粉，沸石，甲醇，无水乙二胺，10%甲醇的无水乙二胺，乙醚。

(2) $K_3[Cr(NCS)_6] \cdot 4H_2O$的制备：

KSCN(s)，硫酸铬钾矾$\{K[Cr(H_2O)_6](SO_4)_2\}$(s)，无水乙醇。

(3) $K_3[Cr(C_2O_4)_3] \cdot 3H_2O$的制备：

$K_2C_2O_4 \cdot H_2O$(s)，$H_2C_2O_4 \cdot 2H_2O$(s)，$K_2Cr_2O_7$(s)，丙酮。

(4) $[Cr(H_2O)_6]^{3+}$溶液的配制：

$CrCl_3 \cdot 6H_2O$(s)，硝酸铬(s)。

(5) $[Cr\text{-}EDTA]^-$溶液的配制：

乙二胺四乙酸的二钠盐(s)，HCl (4 $mol \cdot L^{-1}$)，三氯化铬(s)。

Cr(Ⅲ)配合物电子光谱的测定

1．仪器和材料

721/722型系列分光光度计等。

2．试剂

$[Cr(en)_3]Cl_3$(aq)，$K_3[Cr(NCS)_6]$(aq)，$K_3[Cr(C_2O_4)_3]$(aq)，$[Cr(H_2O)_6]^{3+}$(aq)，$[CrY]^-$(aq)。

【实验步骤】

系列Cr(Ⅲ)配合物的合成

1．$[Cr(en)_3]Cl_3$的制备

取5.4 g $CrCl_3 \cdot 6H_2O$于干燥的磨口烧瓶中，加入10 mL甲醇，待溶解后，加入一小块Zn片或0.2～0.3 g锌粒或锌粉，加入小粒沸石后在瓶口装上回流冷凝管，水浴锅蒸气浴上加热回流10 min，沸腾后，再用滴管或分液漏斗从冷凝管顶部滴入8 mL无水乙二胺，分数次滴入，每次4～5滴，每次间隔1 min(分液漏斗滴速4～5滴/分钟)。开始加时整个冷凝管有白色烟雾，加完乙二胺后，溶液由深绿色转为蓝色，继续回流加热至反应完毕(约1 h)后，混合液为紫色，烧瓶壁上有黄色沉淀，充分冷却后在布氏漏斗上抽滤，先用含有10%甲醇的无水乙二胺洗涤沉淀，再用乙醚洗涤生成的黄色沉淀，在空气中风干后称量，即将橙黄色产物置于棕色瓶中保存。

注意事项：

(a) $[Cr(en)_3]Cl_3$要在非水溶剂(甲醇或乙醚)中制备，因在水溶液中Cr^{3+}离子与H_2O有很大的配位能力。在水溶液中加入碱性配体(如en)，由于Cr—O键强，只能得到胶状的$Cr(OH)_3$沉淀。

(b) 水浴控制在70～80 ℃，加热温度不可过高，防止液体溅满四壁，产量过低；

(c) 回流完毕后，稍冷，亦可将混合物倾入烧杯中冷却。

2．$K_3[Cr(NCS)_6] \cdot 4H_2O$的制备

在100 mL蒸馏水中加入6 g KSCN和5 g研细的硫酸铬钾矾，加热溶液至近沸腾0.5～1 h。冷却后向反应液中滴加50 mL无水乙醇，搅拌后，静置片刻，析出硫酸钾晶体沉淀。用长颈漏斗过滤，除去硫酸钾晶体，滤液为墨绿色$K_3[Cr(NCS)_6]$溶液，倒入蒸发皿中，将滤液蒸发浓缩至近干涸，冷却，析出暗红色的晶体。用乙醇重结晶，得紫色产物。

将产品加入乙醇中，微热制成饱和溶液，用热水漏斗趁热过滤。待滤液冷却，析出暗红色晶体，用倾析法倾出溶液，将产品风干备用。

注意：反应液中滴加乙醇后，若溶液不浑浊，需继续逐滴加入乙醇至溶液变浑浊。

3．$K_3[Cr(C_2O_4)_3] \cdot 3H_2O$的制备

在80 mL水中溶解2.3 g $K_2C_2O_4 \cdot H_2O$和5.5 g $H_2C_2O_4 \cdot 2H_2O$，边搅拌边慢慢加入研细的1.9 g $K_2Cr_2O_7$，反应完后溶液转为墨绿色，蒸发溶液近于使之结晶，冷却得深绿色晶体。抽滤，用丙酮洗涤，在110 ℃的烘箱中烘干，贮存备用。

4. $[Cr(H_2O)_6]^{3+}$ 溶液的配制

(1) 方法一：$[Cr(H_2O)_6]^{3+}$ 溶液的配制称取约 0.3 g $CrCl_3 \cdot 6H_2O$ 于小烧杯中，加少量蒸馏水溶解后加热至沸，放置冷却至室温后转移至 50 mL 烧杯中，稀释至约 50 mL。

(2) 方法二：取少量 $CrCl_3 \cdot 6H_2O$ 溶于 50 mL 水中，得果绿色溶液，放置一星期左右方可测定。在放置过程中，溶液的颜色逐渐变化，由果绿色→蓝色→紫蓝色。

(3) 方法三：称取 0.2 g 硝酸铬溶于 25 mL 水中，即得紫蓝色的$[Cr(H_2O)_6]^{3+}$溶液。

5. $[Cr\text{-}EDTA]^-$ 溶液的配制

称取 0.25 g 乙二胺四乙酸的二钠盐溶于 25 mL 水中，加热使其完全溶解，加数滴 4 $mol \cdot L^{-1}$ HCl，调节溶液的 pH 约 4。然后于溶液中加入 0.25 g 三氯化铬，稍加热得紫色的$[Cr\text{-}EDTA]^-$配合物溶液，备用。

Cr(Ⅲ)配合物电子光谱的测定

取已配制好的五种 Cr(Ⅲ)的配合物溶液：$[Cr(en)_3]Cl_3(aq)$，$K_3[Cr(NCS)_6](aq)$，$K_3[Cr(C_2O_4)_3](aq)$，$[Cr(H_2O)_6]^{3+}(aq)$，$[CrY]^-(aq)$放入 1 cm 比色皿中，用 721/722 型系列分光光度计在 360～700 nm 范围分别测定各配合物溶液的透光率(每 10 nm 读一次数据)。在最大吸收峰附近 5 nm 测一次，记下相应的波长及透光率。

注意事项：

(a) 注意分光光度计的使用，每换一次波长，都要重新调零和满刻度。

(b) 不要用手触摸比色皿的透光面，透光面应该用擦镜纸拭干净。

(c) 影响透射率或吸收度刻度准确的因素很多，如波长准确度、谱的带通宽、杂散光、光束几何条件、温度等都会引起误差。

【思考题】

(1) 在用可见分光光度计测定吸收光谱时，配合物溶液的配制浓度是否要十分准确？

(2) 如果溶液中同时有几种不同组成的有色配合物存在，能否用本实验方法测定？

(3) 影响过渡金属离子分裂能 Δ 的主要因素有哪些？

(4) 由电子吸收光谱确定最大波长的吸收峰位置，由 $\Delta_0 = 1/\lambda \times 10^7 (cm^{-1})$ 计算不同配体的 Δ_0：

Δ_0，$[Cr(en)_3]Cl_3$ = ________________ cm^{-1}。

Δ_0，$K_3[Cr(NCS)_6]$ = ________________ cm^{-1}。

Δ_0，$K_3[Cr(C_2O_4)_3]$ = ________________ cm^{-1}。

Δ_0，$[Cr(H_2O)_6]^{3+}$ = ________________ cm^{-1}。

Δ_0，$K[CrY]$ = ________________ cm^{-1}。

由 Δ_0 值的相对大小排出上述配体的分光化学序________________。

(5) 用“>”或“<”符号表明下列各对配合物或配离子的分裂能的大小，并说明你的理由。

① $[PtCl_4]^{2-}$ ____ $[PdCl_4]^{2-}$。

② $[PtBr_4]^{2-}$ ____ $[Pt(CN)_4]^{2-}$。

③ $[Fe(CN)_6]^{4-}$ ____ $[Os(CN)_6]^{4-}$。

④ $[Fe(H_2O)_6]^{2+}$ ____ $[Fe(H_2O)_6]^{3+}$。

⑤ $[CoCl_6]^{3-}$ ____ $[CoF_6]^{3-}$。

⑥ $[CoCl_6]^{2-}$ ____ $[CoCl_4]^{2-}$。

实验 26 溶胶的制备、纯化及性质

【实验目的】

(1) 掌握制备胶体溶液的方法。

(2) 掌握用热渗析法纯化溶胶的技术。

(3) 观察胶体溶液与水层(或稀电解质溶液)间的界面在电场中的移动,用电泳法测定 $Fe(OH)_3$溶胶的电泳速度及其 ζ 电位。

【预习内容】

(1) 何为溶胶?

(2) 常用的纯化胶体方法是什么?

(3) 半透膜如何制作?

(4) 何为热渗析?

(5) 电泳如何测定?

【实验原理】

胶体溶液是大小在 1～100 nm 之间的质点(称为分散相)分散在介质(称为分散介质)当中而形成的体系。分散相和分散介质都可以分别属于液态、固态和气态中的任何一种状态。分散介质为液态或气态能流动的胶体体系,外观类似普通的真溶液,通常称为溶胶。分散介质不能流动的胶体,则称为凝胶。

胶体的性质是由其颗粒的大小决定的。由于颗粒较小,受分散介质分子热运动的碰撞,能作不规则的运动,称为布朗运动。在超级显微镜下可以观察到此种运动现象称为胶体的动力学性质。由于颗粒小于但接近可见光波长,能使射在胶粒上的可见光发生散射,称为丁达尔现象,这是胶体所特有的性质,可以用来区分胶体溶液与真溶液。由于胶体颗粒远大于溶液中的离子及溶剂分子,对于一些孔径在 1 nm 左右的多孔膜,胶体不能通过,而离子及溶剂分子却可通过,这一性质称为胶体的半透性。可利用多孔膜来纯化胶体,除去留在胶体中的其他杂质,使离子和小分子中性物质通过膜扩散到纯溶剂中去,不断地更换纯溶剂,即可把胶体中的杂质除去，这种方法称为半透膜渗析法。提高渗析温度，可提高渗析速度，称为热渗析。也可用电渗析的方法提高渗析速度。

胶粒表面由于电离或吸附粒子而带电荷，在胶粒附近的介质中必定分布着与胶粒表面的电性相反而电荷数量相等的离子，因此胶粒表面和介质间就形成一定的电势差。由溶剂化层界面到均匀液相内部的电势差叫做电动电势即 ζ 电势。荷电的胶粒与分散介质间的电位差，称为 ζ 电位。测定 ζ 电位，对解决胶体体系的稳定性具有很大的意义。在一般憎液溶胶中，ζ 电位数值愈小，则其稳定性亦愈差。当 ζ 电位等于零时，溶胶的聚集稳定性最差，此时可观察到聚沉的现象。

原则上，任何一种胶体的电动现象（电渗、电泳、液流电位、沉降电位），都可利用来测定 ζ 电位，但最方便的则是电泳现象来测定。

由于胶粒表面吸附了一些与胶体结构相类似的带电离子，有些胶粒带正电，有些带负电，因此在外加静电场（直流电）的作用下，可观察到胶体溶液作定向运动，这一现象称为电泳。

电泳法又区分为两类，即宏观法和微观法。宏观法原理是观察溶胶与另一不含胶粒的导电液体的界面在电场中的移动速度。微观法则是直接观察单个胶粒在电场中的泳动速度。本实验采用宏观法。

用宏观法做电泳实验可以判断胶粒带何种电荷，可以测定胶粒的电泳的速度，计算胶粒与分散介质之间的电位差。宏观电泳法的原理如图 8.4 所示。例如测定 $Fe(OH)_3$ 溶胶的电泳，则在 U 形的电泳测定管中先放入棕红色的 $Fe(OH)_3$ 溶胶，然后在溶胶液面上小心地放入无色的稀 HCl 溶液，使溶胶与溶液之间有明显的界面。在 U 形管的两端各放一根电极，通电到一定时间后，即可见 $Fe(OH)_3$ 溶胶的棕红色界面向负极上升，而在正极则界面下降。这说明 $Fe(OH)_3$ 胶粒带正电荷，在电场的作用下，它向负极移动。

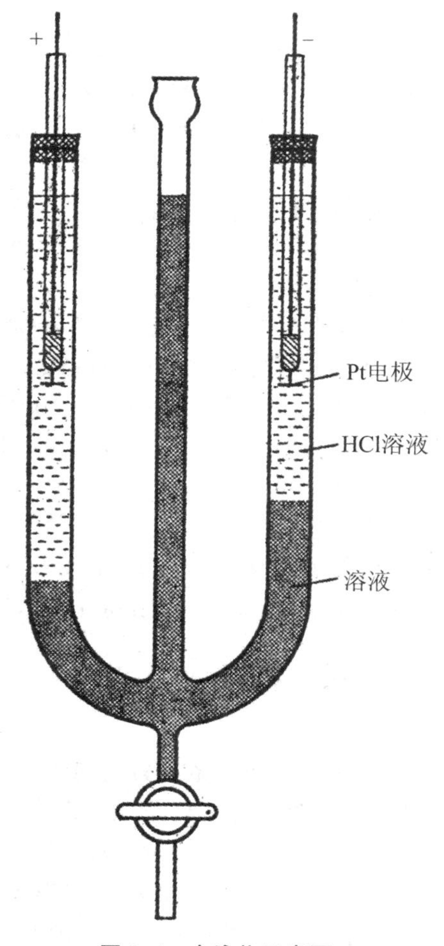

图 8.4 电泳仪示意图

1. 胶体的制备和溶胶的净化

$Fe(OH)_3$ 水溶胶的制备（水解反应）

$$FeCl_3 + 3H_2O \xrightleftharpoons[\text{搅拌}]{\text{煮沸}} \underset{\text{深红色溶液}}{Fe(OH)_3} + 3HCl$$

将饱和 $FeCl_3$ 溶液加到沸水中，不断搅拌，$FeCl_3$ 剧烈水解，生成 $Fe(OH)_3$ 溶胶。制得的 $Fe(OH)_3$ 的结构式可表示如下：

$$\{m[Fe(OH)_3]_n\ FeO^+\ (n-x)Cl^-\}^{x+}\cdot xCl^-$$

水解法制备氢氧化铁溶胶反应是可逆反应，生成的氢氧化铁溶胶的浓度不稳定，胶粒外面吸附着大量的多余的 Cl^- 和 FeO^+，胶体溶液呈现出较强的酸性。为使氢氧化铁溶胶浓度稳定，必须趁热对溶胶进行净化——渗析，除去胶粒外围的氯离子 Cl^-、FeO^+ 等离子。

2. 胶体电学性质

氢氧化铁溶胶电势的测定更准确的实验可采用电泳法。通过测定外加电压 V(V)下溶胶与辅助液界面在时间 t(s)内移动的距离 L(m)，利用下式可以计算出胶体双电层的 ζ 电位。ζ 电位的数值，可根据亥姆霍兹方程式计算

$$\zeta = \frac{4\pi\eta}{\varepsilon H} \cdot U\text{（静电单位）}$$

或者

$$\zeta = \frac{4\pi\eta}{\varepsilon H} \cdot U \cdot 300^2\text{（V）}$$

式中，H 称为电位梯度：$H = E/L$，E 是外加电场的电压数值(V)，L 是两极间的距离（注意：指 U 形管的导电距离 m，非水平横向距离），η 是液体的黏度(cp)，ε 是液体的介电常数($F \cdot m^{-1}$)，U 是电泳速度（即迁移速率，$cm \cdot s^{-1}$）

只要在一定的外电场作用下，通过测定电泳的速度，就可以计算出胶体的 ζ 电位。

【实验物品】

1. 仪器和材料

直流稳压电源，电磁加热搅拌器（含磁子），电导率仪，万用表，电泳仪，铂电极/银电极/铜电极（1 对），煤气灯/天然气灯，氦氖激光器/激光教鞭，离心机，水浴锅，电吹风，记时表，游标卡尺，粗玻璃试管，温度计（0～100 ℃），比色管（100 mL，5 个），培养皿，滴管，注射器，表面皿，漏斗，烧杯（50 mL 2 个、100 mL 2 个、400 mL 1 个、800 mL 1 个），回收瓶。

2. 试剂

火棉胶溶液（>6%，溶剂为 1∶3 的乙醇/乙醚），松香酒精溶液（2%），$FeCl_3$（10%），$NH_3 \cdot H_2O$（10%），H_2SO_4（1%），$Na_2S_2O_3$（1%），$AgNO_3$（1%），KSCN（1%），KCl（0.1 $mol \cdot L^{-1}$），HCl（0.01 $mol \cdot L^{-1}$），NaCl（0.01 $mol \cdot L^{-1}$），NaOH（0.001 $mol \cdot L^{-1}$）。

【实验步骤】

1. $Fe(OH)_3$ 溶胶的制备及纯化

(1) 半透膜的制备（"溶液溶剂除去"法）

选用一支内壁光滑的粗玻璃试管，洗净烘干冷却后，倒入约 20 mL 6% 的火棉胶溶液。小心转动玻璃试管，使火棉胶黏附在试管内形成均匀薄层。倾出多余的火棉胶溶液。此时试管仍需倒置并不断旋转。待剩余的火棉胶流尽，用电吹风机冷风吹试管口，加快蒸发，直至闻不出乙醚气味或火棉胶呈淡白色为止。这时用手指轻触火棉胶膜已不粘手，但膜中尚有乙醚未蒸发完。用热吹风加热试管各处。片刻后，往试管中灌入蒸馏水至满。将膜浸入水中约 10 min，使膜中剩余的乙醚溶去。倒掉管中之水，用小刀在管口将膜割开，用手指轻挑即可使膜与壁脱离，往夹层中注入水，轻轻取出，即成膜袋。注入蒸馏水检查是否有漏洞，

如无，则浸入蒸馏水中待用。膜袋之中的水应能逐渐渗出，否则就不符合要求，重做。

注意事项：

(a) 玻璃试管一定要洁净干燥，不能有杂质和水，否则制备不出半透膜。

(b) 制备半透膜时，要把火棉胶中的乙醚完全挥发掉再加入水，如加水太早，半透膜成乳白色，不能用；加水太迟，半透膜变干变脆，也不能用。

(c) 涂一层火棉胶往往太薄，易破，用同法涂上第二、第三层，以增加厚度。

(d) 制备半透膜时整个环境严禁烟火，且将玻璃试管置于通风处进行操作。

(e) 半透膜不用时要保存在水中，否则袋发脆，易损坏，且渗透能力显著降低。

(2) 用水解法制备 $Fe(OH)_3$溶胶

在100 mL烧杯中加80 mL蒸馏水，盖上表面皿置于磁力搅拌器上加热至沸，打开磁力搅拌器中速搅拌已加热至沸的蒸馏水①，把饱和的 $FeCl_3$溶液匀速快速加入，2～3 s后停止加热，由水解得红棕色 $Fe(OH)_3$溶胶。

注意事项：

(a) 氢氧化铁溶胶浓度和滴加速度要加以控制，使制得的溶胶胶粒结构相近。

(b) $FeCl_3$溶液要一次性加入，加时要快些。

(c) 加完 $FeCl_3$溶液后，再继续搅拌3 s左右，立即停止加热，这样制得的胶体不会被加热破坏变成沉淀。

(3) 热渗析法纯化 $Fe(OH)_3$溶胶和观察光散射现象

将制得的 $Fe(OH)_3$溶胶冷却到70 ℃左右，置于火棉胶半透膜袋内，拴住袋口，置于800 mL的清洁烧杯中。在杯中加蒸馏水约300 mL，将烧杯放入水浴锅内加热。保持温度在60～70 ℃之间，进行热渗析。15～20 min换一次蒸馏水，并取出少量水用1% $AgNO_3$和1% KSCN溶液分别检查 Cl^- 和 Fe^{3+}，并用pH试纸检验溶液的酸碱性，直至检查不出 Cl^- 和 Fe^{3+}，pH＝4～6时为止。记录纯化过程的现象，将纯化过的 $Fe(OH)_3$溶胶移置于干净的试剂瓶中放置一段时间进行老化。老化后的 $Fe(OH)_3$溶胶可供电泳实验用。

将制得的溶胶溶液通过氦氖激光器的光束，观察其特有的光散射——丁达尔现象。

注意事项：

(a) 在渗析过程中，可以看到渗析的蒸馏水中有红色的 $Fe(OH)_3$胶体，初渗析中，颜色较深些，随着渗析次数的增加而变淡，说明颗粒直径比膜孔径小的胶体透过了半透膜。

(b) 在渗析时采用先温水最后冷水的方法，既有效的去除杂离子又能使溶胶温度快速降到室温进行电泳，节约实验时间。

2. $Fe(OH)_3$溶胶电泳的定性观察和 ζ 电位的测定

(1) 用电导率仪在50 mL烧杯中测量实验制备的 $Fe(OH)_3$溶胶的电导率并记录。将已测好的 $Fe(OH)_3$溶胶从电泳仪(图8.4)的中间管子处，拿滴管用环壁流法加溶胶，慢慢加入，使界面清晰，直至液面在电泳仪立管的1/4高度为止。在另一干净的50 mL烧杯中，配

① 实验采用磁力搅拌器中速搅拌，只需将氯化铁溶液用滴管匀速加入沸水中即可制得较为均匀的氢氧化铁溶胶。手动搅拌在电泳时溶胶液面移动的距离不平均，重现性不好。用磁力搅拌器搅拌制成的胶体相对均匀，电泳时液面移动的距离均匀，电泳重现性好，且节约实验时间。

制 HCl 溶液，使其电导率与 $Fe(OH)_3$溶胶完全一样。用注射器或滴管吸取已配制好的 HCl 溶液，从电泳仪两边立管处，细心而缓慢地向左右两立管内壁轮流交替慢慢注入，使 HCl 溶液与溶胶之间始终保持清晰界面，并使两边立管中的溶胶界面近似保持在同一水平面上。

(2) 铂电极分别插入电泳仪两边立管溶液中约 1 cm 处，准确记录这时界面的刻度，然后接通电泳仪直流电源，使电压保持在 80 V，观察溶胶界面移动现象及电极表面现象，准确记录时间 20 min，观察界面位置的变化，准确量取两极间距离（界面移动的距离）并记录，用 pH 试纸测量电泳前后两立管中 HCl 溶液酸度的变化，并解释此现象。

注意事项：

(a) 随着溶胶电导率的增大，胶体的 ζ 电势逐渐减小。电导率越大，ζ 电势越小，因此电导率越小电泳效果越好。合理电导率值会使实验的总时间大大缩短。

(b) 事先用蒸馏水把电泳仪的玻璃管清洗干净，活塞涂好凡士林，并用少量渗析好的氢氧化铁溶胶洗涤电泳仪 2～3 次。

(c) 电泳时，加辅助溶液一定要小心，务必保持界面清晰，否则会遇到溶胶与辅助液间界面模糊和两极间界面移动距离相差较大等问题。

3. 制备溶胶的几种方法

(1) 化学反应法

取一个干净比色管，加入约 25 mL 1% $Na_2S_2O_3$溶液，然后逐滴加入 1% H_2SO_4 溶液，摇动比色管，在激光束下观察其光散射现象。

(2) 改变溶剂法

取一个干净比色管，加入 50 mL 蒸馏水，用滴管将 2%松香酒精溶液逐滴加入，并摇动比色管，放入暗箱中观察散光现象。

(3) 电弧法制取银溶胶（图 8.5）

在 50 mL 培养皿中加 0.001 $mol \cdot L^{-1}$ NaOH 溶液。将一对银电极插入其中。电路上串联 45 Ω 电阻，然后与交流 220 V 电源接通。手执银电极玻璃套管，使两银电极接触，再稍拉开约 1 mm 距离，这时出现淡绿色电弧。金属银受高温而气化，在溶液中凝结成胶体质点。待溶液显棕色时停止通电，切断电源。若有银的粗颗粒，将银溶胶倒入离心试管，在离心机上分离除去粗颗粒，观察银溶胶的丁达尔现象。

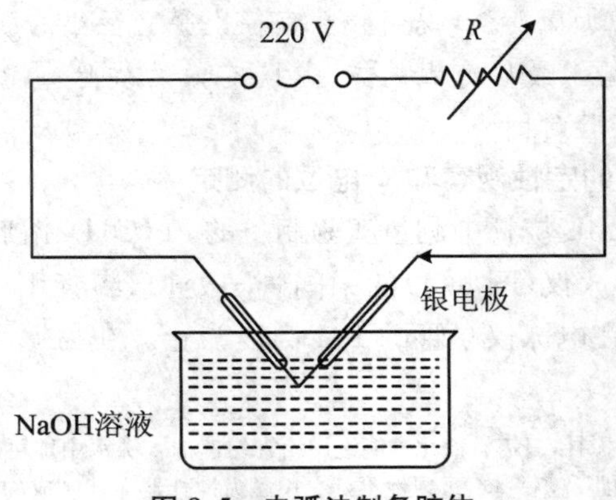

图 8.5　电弧法制备胶体

(4) 胶溶法制溶胶

在100 mL烧杯中加入10% $FeCl_3$溶液10 mL，加入蒸馏水10 mL，用滴管逐滴加入10 % $NH_3 \cdot H_2O$溶液，并不断搅拌，仔细观察滴入处有无新的沉淀生成(若看不清，可吸出上层清液几滴，置于表面皿上试验)。直至加入$NH_3 \cdot H_2O$不再有沉淀为止。然后过量加入$NH_3 \cdot H_2O$一滴，用滤纸过滤沉淀，弃去滤液，用蒸馏水洗涤漏斗中沉淀3次。取下沉淀，放入另一干净的100 mL烧杯中，加水10 mL，用小火加热烧杯，再加10% $FeCl_3$溶液若干滴，不断搅拌，直至沉淀完全消失。然后将溶胶倒入一支干净比色管中，观察其光散射现象。

【思考题】

(1) 溶胶形成的必备条件是什么?

(2) 制得的溶胶为什么要纯化?

(3) 在电泳测定中，如果不加辅助溶液，把电极直接插到溶胶中会发生什么现象?实验中所用辅助液的电导率为什么必须和所测溶胶的电导率尽量相近或完全一样?

(4) 电泳速度的快慢与哪些因素有关?为什么?采用什么办法可以增加电泳速度?

(5) 记录实验中观察到的现象，写出相应的反应方程式或原理加以解释。

(6) 还可以用什么方法进行$Fe(OH)_3$溶胶ζ电位测定电泳实验?

☞实验知识拓展

溶胶的制备方法可分为两大类:一类是分散法制溶胶，即把较大的物质颗粒变为小颗粒，从而得到溶胶，其中包括机械法，电弧法，超声波法，胶溶法等。另一类是凝聚法制溶胶，即把物质的分子或离子聚合成较大颗粒，从而得到溶胶。属于第二类的有化学反应法、变换分散介质法、物质蒸气凝结法等。

胶体的一个很重要的性质是电学性质，即由于胶粒带电而具有的特性，其重要的表现是电动现象，包括电泳、电渗、流动电位和沉降电位四种现象。电泳是带电胶粒在外电场中作定向运动的现象，与离子的迁移相类似。

溶胶的电泳受诸多因素的影响，如:溶胶中胶粒形状、表面电荷数量、溶剂中电解质的种类、离子强度、pH、温度和所加电压等。

影响氢氧化铁溶胶的电泳速度和计算它的ζ电位因素很多，例如溶胶的制备方法，溶胶的浓度，溶胶的净化程度及净化方法，实验中选用电极材料的种类，两极间的距离，电压的大小，还有辅助液的种类和浓度以及高度，通电时间的长短等。随着这些条件的不同，所得的结果往往也不相同。

因此$Fe(OH)_3$溶胶的ζ电位不是一个确定的值，而是在0.030～0.044 V之间的一个数值范围。它与$Fe(OH)_3$溶胶表面所吸附的FeO^+离子的数量及胶体溶液所含杂质离子的浓度有关。当溶胶的浓度一定，渗析程度一定，$Fe(OH)_3$溶胶的ζ电位才有其确定的值。

无机化合物溶胶具有耐高温、耐腐蚀、抗氧化等优点，应用范围较广。铁溶胶具有价廉、颜色明显等优点，可用氨基酸、可溶性淀粉作为分散剂。

第9章 综合实验

实验27 三草酸合铁(Ⅲ)酸钾的制备及成分分析

第1部分 三草酸合铁(Ⅲ)酸钾的制备

【实验目的】

(1) 应用沉淀溶解、配合反应、氧化还原反应和草酸电离诸平衡等有关无机化学原理，用自制的硫酸亚铁铵制备三草酸合铁(Ⅲ)酸钾。

(2) 理解制备过程中化学平衡原理的应用，练习直接加热和水浴加热、沉淀、倾析、沉淀洗涤、结晶、过滤等一系列化学合成的基本操作。

【预习内容】

(1) 应用化学平衡原理，如何将化学反应进行彻底?

(2) 倾析法如何进行?

(3) 本实验用何种方式析出晶体?

【实验原理】

方法一

制备 $K_3[Fe(C_2O_4)_3]\cdot 3H_2O$ 时，首先利用硫酸亚铁铵与草酸反应，制备草酸亚铁沉淀，反应方程式为

$$(NH_4)_2Fe(SO_4)_2\cdot 6H_2O + H_2C_2O_4 = FeC_2O_4\cdot 2H_2O\downarrow + (NH_4)_2SO_4 + H_2SO_4 + 4H_2O$$

然后加入过量草酸钾溶液，在弱碱介质中，用 H_2O_2 将草酸亚铁氧化为三草酸合铁(Ⅲ)酸钾，同时有氢氧化铁生成，反应方程式为

$$6FeC_2O_4\cdot 2H_2O + 3H_2O_2 + 6K_2C_2O_4 = 4K_3[Fe(C_2O_4)_3] + 2Fe(OH)_3\downarrow + 12H_2O$$

加入适量草酸可使 $Fe(OH)_3$ 转化为三草酸合铁(Ⅲ)酸钾配合物，配位反应方程式为

$$2Fe(OH)_3+3H_2C_2O_4+3K_2C_2O_4 = 2K_3[Fe(C_2O_4)_3]+6H_2O$$

加入乙醇放置，由于三草酸合铁(Ⅲ)酸钾低温时溶解度很小，便会析出绿色的晶体。

后几步总反应方程式为

$$2FeC_2O_4\cdot 2H_2O+H_2O_2+3K_2C_2O_4+H_2C_2O_4 = 2K_3[Fe(C_2O_4)_3]\cdot 3H_2O$$

方法二

虽然 $Fe^{3+}+e^- = Fe^{2+}$　$E(Fe^{3+}/Fe^{2+})=0.771V$

$$CO_2+2H^++2e^- = H_2C_2O_4 \quad E^{\ominus}=-0.49\ V$$

似乎 $Fe^{3+}+H_2C_2O_4$ 会发生氧化还原反应，其反应方程式如下

$$2Fe^{3+}+H_2C_2O_4 = 2Fe^{2+}+2CO_2+2H^+$$

但由于 $C_2O_4^{2-}$ 可以作一个配位体，与 Fe^{3+} 形成稳定的配离子$[Fe(C_2O_4)_3]^{3-}$

$$Fe^{3+}+3C_2O_4{}^{2-} = [Fe(C_2O_4)_3]^{3-}$$

与 K^+ 形成

$$3K^++[Fe(C_2O_4)_3]^{3-} = K_3[Fe(C_2O_4)_3]$$

所以不发生氧化还原反应。

$K_3[Fe(C_2O_4)_3]$在 0 ℃左右溶解度较小，析出绿色 $K_3[Fe(C_2O_4)_3]$晶体。

总反应方程式如下

$$FeCl_3+3K_2C_2O_4 = K_3[Fe(C_2O_4)_3]+3KCl$$

【实验物品】

方法一

1. 仪器和材料

加热装置，水浴装置，抽滤装置，量筒(10 mL、25 mL)，烧杯(100 mL、200 mL、400 mL)，温度计，搅拌棒，表面皿，棉线。

2. 试剂

$(NH_4)_2Fe(SO_4)_2\cdot 6H_2O(s)$，95%乙醇，饱和 $K_2C_2O_4$，H_2SO_4($3\ mol\cdot L^{-1}$)，草酸($1\ mol\cdot L^{-1}$)，H_2O_2(3%)。

方法二

1. 仪器和材料

加热装置，抽滤装置，量筒(10 mL、25 mL)，烧杯(100 mL、400 mL)，玻璃棒，滴管，冰块。

2. 试剂

草酸钾(s)，三氯化铁($0.40\ g\cdot mL^{-3}$)，冰蒸馏水，丙酮。

【实验步骤】

方法一

1. 草酸亚铁的制备

称取 5 g $(NH_4)_2Fe(SO_4)_2\cdot 6H_2O$ 固体，放入 200 mL 烧杯中，加入 15 mL 蒸馏水和 5 滴

3 mol·L^{-1}硫酸酸化，加热使之溶解。然后加入25 mL 1 mol·L^{-1}草酸溶液，加热搅拌溶液至沸，再迅速搅拌片刻，防止飞溅。停止加热，静置，得到黄色$FeC_2O_4 \cdot 2H_2O$沉淀。待其完全沉降后，用倾析法倒出上层清液，然后加入20～30 mL蒸馏水，搅拌并温热、静置，再弃出清液(尽可能把清液倾干净些)。

2. 三草酸合铁(Ⅲ)酸钾的制备

在上面洗涤过的草酸亚铁的沉淀中，加入10 mL饱和$K_2C_2O_4$溶液，在水浴上加热至约40 ℃，用滴管慢慢加入20 mL 3% H_2O_2溶液(此时有什么现象?)，不断搅拌并保持温度在40 ℃左右，此时，沉淀转变为深棕色(有氢氧化铁沉淀产生)。然后加热至沸，煮沸30～40 s，以去除过量的H_2O_2。再加入8～9 mL 1 mol·L^{-1}草酸溶液：首先一次性加入4～5 mL，在加热时，始终保持接近沸腾温度，然后再趁热慢慢地加入剩余的3～5 mL $H_2C_2O_4$，使沉淀溶解，溶液的pH值控制在3～4，此时溶液呈翠绿色。

3. 晶体三草酸合铁(Ⅲ)酸钾析出

(1) 若溶液体积较大，则浓缩后结晶：水浴或小火加热浓缩至溶液体积为20～30 mL，冷却，即有翠绿色$K_3[Fe(C_2O_4)_3] \cdot 3H_2O$晶体析出[①]。

(2) 若体系浑浊，溶液不呈翠绿色，则抽滤后加乙醇挂棉线析晶：趁热将溶液抽滤，倒入100 mL烧杯中，往清液中加入10 mL 95%乙醇。如产生浑浊(有晶体析出)，以温热的方式使生成的晶体再溶解，溶液变清。用一段棉线悬挂在溶液中，用表面皿盖在烧杯上，放置在暗处到第二天(避光静置过夜)，即有晶体在棉线上及烧杯底部析出。

(3) 若$K_3[Fe(C_2O_4)_3]$溶液未达饱和，冷却时未析出晶体，可以继续加热蒸发浓缩或加95%乙醇5～10 mL，或放冰箱冷藏室中(切不可放冷冻室内)，即可析出晶体。

用倾析法分离出晶体，用滤纸把水吸干、称重，计算产率。将产物置于干燥器内避光保存，保留作后续实验。

注意事项：

(a) 在$FeSO_4$溶液中，加数滴H_2SO_4酸化，以防$FeSO_4$水解。酸性太强，不利于$FeC_2O_4 \cdot 2H_2O$沉淀生成。

(b) 严格控制实验的温度。加热虽能加快非均相反应的速率，但加热又能促使H_2O_2分解，因此温度不宜太高，一般在40 ℃，即手感觉到温热即可。

(c) 掌握H_2O_2滴加速度。滴加太慢，反应体系中浓度太低，影响氧化效果。滴加太快，分解过多也会导致反应不完全。

(d) 配位过程中应在近沸点附近逐滴加入$H_2C_2O_4$且搅拌，使其充分混合，反应完全。

(e) 三草酸合铁(Ⅲ)酸钾见光易分解，避光保存。

方法二

称取6 g草酸钾置于100 mL烧杯中，注入10 mL蒸馏水，加热，使草酸钾全部溶解，继续加热至近沸腾(85～95 ℃)时，边搅拌边逐滴加入4 mL三氯化铁溶液(0.40 g $FeCl_3$/mL)，至溶液变成澄清翠绿色。将此液置于冰水中冷却至5 ℃以下，即有大量晶体析出，保

① $K_3[Fe(C_2O_4)_3] \cdot 3H_2O$为翠绿色的单斜晶体，易溶于水(溶解度0 ℃：4.7 g/100 g水；10 ℃：117.7 g/100 g水)，难溶于乙醇、丙酮等有机溶剂。110 ℃下可失去部分结晶水。

持此温度直到结晶完全。用布氏漏斗抽滤，得粗产品。

将粗产品溶于10 mL热的蒸馏水中，趁热过滤，将滤液在冰水中冷却，待结晶完全后，抽滤，并用少量冰蒸馏水或丙酮洗涤晶体。取下晶体，用滤纸吸干，并在空气中干燥片刻，称重，计算产率。

注意事项：

(a) 实验中反应物的量控制很重要。在反应中，如果$FeCl_3$使用过量，会有$Fe(OH)_3$红棕色沉淀生成；如草酸钾过量，则有白色草酸钾晶体析出，导致合成产物纯度不高。

(b) 实验整个过程中的pH值控制尤其重要。在配制$FeCl_3$溶液时，应将pH值控制在1～2之间，然后缓慢加入到$K_2C_2O_4$溶液中，不断的搅拌，此时的pH值应控制在4左右。若酸度过强或遇光照，配合物会分解。

(c) 减压过滤要规范，尤其注意在抽滤过程中，勿用水冲洗黏附在烧杯和布氏滤斗上的少量绿色产品，否则，将大大影响产量。

【思考题】

(1) 制备黄色$FeC_2O_4 \cdot 2H_2O$后，为什么要倾去上层清液？为何要用少量水冲洗生成的$FeC_2O_4 \cdot 2H_2O$沉淀？

(2) 加入H_2O_2后为什么要趁热加入饱和$H_2C_2O_4$？为什么温度控制在接近沸腾？两次加入$H_2C_2O_4$的目的有何不同？第二次为什么要分次加入？$H_2C_2O_4$过量后有何影响？

(3) 在$K_3[Fe(C_2O_4)_3]$溶液中存在几种平衡？试讨论溶液pH对平衡及产品质量的影响。

(4) 在制备最后一步能否用蒸干的方法提高产率？产物中可能的杂质是什么？

(5) 在最后的溶液中加入乙醇的作用是什么？

(6) 根据三草酸合铁(Ⅲ)酸钾的性质，应如何保存它的溶液与固体？

第2部分 三草酸合铁(Ⅲ)酸钾中草酸根和铁的含量测定

【实验目的】

(1) 训练滴定分析和质量分析的基本操作。

(2) 了解并掌握高锰酸钾标准溶液的配制方法和保存条件。

(3) 了解用$Na_2C_2O_4$作基准物标定高锰酸钾溶液的原理、方法和滴定条件。

(4) 用氧化还原滴定法测定三草酸合铁(Ⅲ)酸钾络离子组成中$C_2O_4^{2-}$及Fe^{3+}的含量。

【预习内容】

(1) 高锰酸钾标准溶液的配制、保存、标定。

(2) 瓷坩埚或称量瓶的使用。

(3) 氧化还原滴定。

【实验原理】

利用质量分析法和滴定方法测定此配合物各组分的含量,通过推算确定其化学式。

1. 用质量分析法测定结晶水含量

将一定量的产物在 110 ℃下干燥,根据失重情况计算出结晶水的含量。

2. 用高锰酸钾法测定 $K_3[Fe(C_2O_4)_3]\cdot 3H_2O$ 中 $C_2O_4^{2-}$ 和铁的含量

(1) 草酸根在酸性介质中可被高锰酸钾定量氧化,反应方程式为

$$5C_2O_4^{2-}+2MnO_4^-+16H^+ \xlongequal{} 10CO_2\uparrow+2Mn^{2+}+8H_2O$$

用已知浓度的 $KMnO_4$ 标准溶液滴定 $C_2O_4^{2-}$,由消耗高锰酸钾的量,便可算出样品中与之反应的 $C_2O_4^{2-}$ 的含量。

(2) 铁含量的测定。在测定铁含量时,首先用还原剂 Zn 粉把 Fe^{3+} 还原成 Fe^{2+},然后用 $KMnO_4$ 标准溶液滴定 Fe^{2+},反应方程式为

$$2Fe^{3+}+Zn \xlongequal{} 2Fe^{2+}+Zn^{2+}$$

$$5Fe^{2+}+MnO_4^-+8H^+ \xlongequal{} 5Fe^{3+}+Mn^{2+}+4H_2O$$

由消耗高锰酸钾的量,计算出样品中 Fe^{2+} 离子的含量。

根据 $n(Fe^{3+}):n(C_2O_4^{2-})=[\omega(Fe^{3+})/55.8]:[\omega(C_2O_4^{2-})/88.0]$可确定 Fe^{3+} 与 $C_2O_4^{2-}$ 的配位比。

3. 钾含量的确定

配合物减去结晶水、$C_2O_4^{2-}$、Fe^{3+} 的含量后即为 K^+ 的含量,即由草酸根和铁含量的测定可知每克无水盐中所含铁和草酸根的物质的量 n_1 和 n_2,则可求得每克无水盐中所含钾物质的量 n_3。当每克盐各组分的 n 已知,并求出 n_1、n_2、n_3的比值,则此化合物的化学式就可确定。

【实验物品】

结晶水含量的测定

1. 仪器和材料

研钵,瓷坩埚或称量瓶(2.5 cm×4.0 cm),坩埚钳,干燥器,万分之一天平,烘箱。

2. 试剂

自制样品。

$K_3[Fe(C_2O_4)_3]\cdot 3H_2O$ 中草酸根和铁含量的测定($KMnO_4$ 法)

$KMnO_4$ 溶液浓度的标定:

1. 仪器和材料

加热装置,万分之一天平,烘箱,烧杯(500 mL),玻璃砂芯漏斗(3# 或 4#),量筒(10 mL、100 mL),棕色酸式滴定管(25mL),锥形瓶(250 mL),温度计,表面皿,棕色试剂瓶。

2. 试剂

$KMnO_4(s)$，$Na_2C_2O_4(s)$，体积比为1∶2的H_2SO_4。

$K_3[Fe(C_2O_4)_3]\cdot 3H_2O$ 中 $C_2O_4^{2-}$ 和铁含量的测定

$C_2O_4^{2-}$ 含量的测定：

1. 仪器和材料

加热装置，万分之一天平，移液管(25 mL)，棕色酸式滴定管(25 mL)，烧杯(250 mL)，容量瓶(250 mL)，锥形瓶(250 mL)，量筒(10 mL、50 mL、100 mL)，温度计。

2. 试剂

自制样品，高锰酸钾标准溶液，体积比分别为1∶2和1∶5的H_2SO_4。

铁含量的测定：

1. 仪器和材料

玻璃漏斗，洗瓶，锥形瓶(250 mL)，容量瓶(250 mL)，滴定管(25 mL)，量筒(50 mL)。

2. 试剂

锌粉，自制样品，高锰酸钾标准溶液。

【实验步骤】

将所得产物研磨成粉状，贮存待用。

结晶水含量的测定

准确称取约1 g磨细的产品于已恒重的称量瓶或瓷坩埚中，放入烘箱，在110 ℃下烘1 h，在干燥器中冷却至室温，称重。重复干燥(改为0.5 h)、冷却、称重操作，直至恒重(即两次称量相差不超过0.3 mg)。平行实验两份。

根据结果，计算产物中的结晶水含量(每克无水盐中所对应结晶水的n)。

$K_3[Fe(C_2O_4)_3]\cdot 3H_2O$ 中 $C_2O_4^{2-}$ 和铁含量的测定($KMnO_4$ 法)

1. 高锰酸钾溶液浓度的标定

(1) 高锰酸钾溶液的配制($0.02\ mol\cdot L^{-1}$)

称取1.6 g高锰酸钾固体，溶于500 mL水中，盖上表面皿，加热至沸并保持微沸1 h，使固体溶解，放置一段时间(使水中的还原性杂质与$KMnO_4$充分作用)后，用3#或4#玻璃砂芯漏斗过滤或用倾析法过滤，除去MnO_2沉淀和残渣。滤液贮存在棕色试剂瓶中，摇匀后即可标定和使用。

(2) 高锰酸钾溶液浓度的测定

准确称取0.20～0.21 g基准$Na_2C_2O_4$(于105～110 ℃烘干过)三份，分别置于已编号的250 mL锥形瓶中，加入50 mL热水和10 mL(1∶2)硫酸溶液，此时溶液温度应在70～85 ℃之间。趁热立即用高锰酸钾溶液滴定。开始第一滴高锰酸钾加入后，褪色很慢，不断摇动锥形瓶，待红色褪去后，再滴入第二滴，待溶液中产生了Mn^{2+}后，反应速率加快，滴定速率可适当加快，但仍需逐滴加入，接近终点时紫红色褪去很慢，应该慢滴，同时充分摇动溶液，小心滴定至溶液出现粉红色30 s不褪，为终点。记下高锰酸钾溶液的体积，平行滴定三份，体积差不超过0.3%，以其平均值计算其物质的量浓度。

2. $K_3[Fe(C_2O_4)_3]\cdot 3H_2O$ 中 $C_2O_4^{2-}$ 和铁含量的测定

(1) $C_2O_4^{2-}$ 含量的测定

将合成的 $K_3Fe(C_2O_4)_3\cdot 3H_2O$ 粉末在 110 ℃干燥 1.5～2.0 h，然后放在干燥器中冷却备用。

方法一：准确称取 1.8～2.2 g(±0.000 1 g)自制样品于 250 mL 烧杯中，加入 50 mL 蒸馏水使之溶解，定量转移至 250 mL 容量瓶中，稀释至刻度，摇匀备用。用移液管移取 25.00 mL试液 3 份，分别置于 250 mL 锥形瓶中，加入 130 mL 热水和 10 mL 硫酸(1∶2)溶液。此时溶液温度应在 70～85 ℃之间，用高锰酸钾溶液滴定至溶液出现粉红色，30 s 不褪为止。平行 2～3 份，要求极差≤0.4%。根据 $KMnO_4$ 溶液的体积，计算样品中 $C_2O_4{}^{2-}$ 含量。

方法二：准确称取 0.20～0.22 g(±0.000 1 g)干燥过的 $K_3[Fe(C_2O_4)_3]\cdot 3H_2O$ 于 250 mL锥形瓶中，加入 50 mL 水溶解，再加 12 mL H_2SO_4(1∶5)，调节溶液酸度为 0.5～1 $mol\cdot L^{-1}$。加热至 70～85 ℃，用 0.15 $mol\cdot L^{-1}$ $KMnO_4$ 标准溶液滴定至粉红色、30 s 不褪色为止。记下读数，计算结果并换算成物质的量，滴定后的溶液保留待用。平行 2～3 份，要求极差≤0.4%。

(2) 铁含量的测定

把上面已测定过 $C_2O_4^{2-}$ 含量的锥形瓶放在石棉网上加热，直至近沸，加少量分析纯锌粉还原，直到溶液中的黄色消失，加热溶液 2 min 以上，使溶液中的 Fe^{3+} 离子已完全转化还原成 Fe^{2+} 离子。尽快过滤，除去多余的锌粉，以免 Fe^{2+} 离子再被空气氧化成 Fe^{3+} 离子。滤液放入另一干净的锥形瓶中，用温水洗涤锌粉，使 Fe^{2+} 定量转到滤液中(用通常的定性滤纸放在玻璃漏斗中，漏斗的下面放一只洗净的锥形瓶，把锥形瓶中的热溶液倒入玻璃漏斗中过滤，然后用蒸馏水洗净锥形瓶，洗的蒸馏水都要倒入漏斗中过滤，最后用 5 mL 蒸馏水洗涤漏斗中的滤纸，以确保样品中的铁离子全部转入漏斗下面接收的锥形瓶中)，滤液转入 250 mL 锥形瓶中。标准 $KMnO_4$ 溶液装入 25mL 的滴定管中，滴定锥形瓶中含 Fe^{2+} 的溶液，滴定至溶液出现粉红色、30 s 不褪为止。根据消耗 $KMnO_4$ 溶液的体积，计算样品中铁的含量。

根据(1)(2)得到的含量，计算出配阴离子中 Fe^{3+} 与 $C_2O_4^{2-}$ 的摩尔比。

确定钾含量

由测得配合物中结晶水、$C_2O_4^{2-}$、Fe^{3+} 的含量计算出 K^+ 的含量，确定配合物的化学式。

注意事项：

高锰酸钾溶液的使用条件：

① 配制及保存

蒸馏水中常含有少量的还原性物质，使 $KMnO_4$ 还原为 $MnO_2\cdot nH_2O$。细粉状的 $MnO_2\cdot nH_2O$ 能加速 $KMnO_4$ 分解，故通常将 $KMnO_4$ 溶液煮沸一段时间，冷却后，滤去 $MnO_2\cdot nH_2O$ 沉淀，再保存于棕色瓶中。

② 滴定温度

用高锰酸钾滴定 $C_2O_4^{2-}$ 时，在室温下，反应速度缓慢，为了加速反应速率需加热升温至 70～85 ℃，但加热温度不能超过 90 ℃，否则部分草酸会自行分解，而产生实验误差。

$$H_2C_2O_4 \xlongequal{\triangle} CO_2\uparrow + CO\uparrow + H_2O$$

为控制滴定温度，$Na_2C_2O_4$ 溶液在滴定时应加热一份滴一份，且注意滴定结束时的反应温度不应低于60℃。滴定完成后保留滴定液，用来测定铁含量。

③ 滴定酸度

该反应需在酸性介质中进行，并以 H_2SO_4 调节酸度，不能用HCl或 HNO_3 调节，因 Cl^- 有还原性，能与 MnO_4^- 反应；HNO_3 有氧化性，能与被滴定的还原性物质反应。为使反应定量进行，溶液酸度一般控制在0.5～1.0 $mol \cdot L^{-1}$ 范围内。

④ 滴定速度

当滴定速度过快，部分 $KMnO_4$ 在热溶液中按下式分解，将产生实验误差。

$$4KMnO_4 + 2H_2SO_4 = 4MnO_2 + 2K_2SO_4 + 2H_2O + 3O_2 \uparrow$$

⑤ 终点判断

利用 MnO_4^- 离子自身的紫红色(可被察觉的最低浓度为 2×10^{-6} $mol \cdot L^{-1}$)指示终点。反应开始时速度慢，滴入第1滴溶液褪色稍慢，待 Mn^{2+} 生成之后，由于 Mn^{2+} 的自催化作用，加快了反应速度，故滴定终点前溶液褪色迅速。

$KMnO_4$ 既是滴定剂又是指示剂，$KMnO_4$ 滴定终点不太稳定，是由于空气中含有还原性气体及尘埃等杂质，能使 $KMnO_4$ 慢慢分解，促使微红色消失，所以经过30 s不褪色即可认为已达到终点。$KMnO_4$ 溶液为深色溶液，读数时应读取液面的最高点。

⑥ 废液回收

$KMnO_4$ 废液不要倒入水槽，倒入回收瓶，避免污染环境。

【思考题】

(1) 三草酸合铁(Ⅲ)酸钾结晶水的测定采用烘干脱水法，$FeCl_3 \cdot 6H_2O$ 等物质能否用此方法脱水？

(2) $KMnO_4$ 溶液能直接配制成标准溶液吗？为什么要将 $KMnO_4$ 水溶液煮沸一段时间并放置数天？配好的 $KMnO_4$ 溶液，过滤时是否可以使用滤纸？

(3) 用 $Na_2C_2O_4$ 标定 $KMnO_4$ 溶液的浓度时，为什么必须在过量 H_2SO_4 存在下进行？硝酸或盐酸可以代替么？酸度高低有无影响？标定时应注意哪些反应条件？

(4) 装 $KMnO_4$ 溶液的烧杯或锥形瓶等放置较久后，壁上有棕色沉淀物不容易洗净，这些沉淀物是什么？怎样才能洗涤除去？

(5) 试写出 $K_3[Fe(C_2O_4)_3]$ 与 $KMnO_4$ 发生化学反应的离子方程式。

(6) $C_2O_4^{2-}$、Fe^{3+} 含量还可用什么方法测定？写出离子方程式。

第3部分 三草酸合铁(Ⅲ)酸钾中配阴离子电荷的测定

【实验目的】

(1) 学习 $AgNO_3$ 标准溶液的配制方法，熟练定量分析的基本实验操作。

(2) 了解氯型阴离子交换树脂性质，掌握离子交换树脂的使用方法。

(3) 学习离子交换法测定三草酸合铁(Ⅲ)酸钾配阴离子电荷原理，测定络离子的电荷数。

【预习内容】

(1) 怎么处理树脂？怎样装柱？分别应注意什么问题？

(2) 何谓莫尔法？

(3) $AgNO_3$标准溶液的配制、保存、标定。

【实验原理】

离子交换法是将含有混合离子的溶液流过装有离子交换树脂的交换柱，使溶液中的离子和离子交换树脂中的离子进行交换使其分离的方法。

本实验采用氯型阴离子交换树脂，测定三草酸合铁(Ⅲ)酸根离子的电荷。该树脂是一种季铵盐型强碱性阴离子交换树脂($R^- \equiv N^+ Cl^-$，R 代表树脂母体)，其中的 Cl^- 可以与溶液中的阴离子 X^{n-} 进行交换

$$nR{\equiv}N^+Cl^- + X^{n-} = (R{\equiv}N^+)_n + X^{n-} + nCl^-$$

当将准确称量的三草酸合铁(Ⅲ)酸钾溶于水后，让其通过装有 717 型苯乙烯强碱性(氯型)阴离子交换树脂的交换柱时，三草酸合铁(Ⅲ)酸钾中的络阴离子 X^{n-} 与阴离子交换树脂上的 Cl^- 进行交换，便有一定摩尔的 Cl^- 离子被置换出来。收集后用标准 $AgNO_3$溶液滴定，求出 Cl^- 离子的总摩尔数，即可求得配阴离子的电荷数 n

$$n = Cl^- \text{离子摩尔数}/\text{配合物的摩尔数}$$

某些可溶性氯化物中的氯的含量的测定常采用莫尔法，即在中性溶液中，以 K_2CrO_4 为指示剂，以 $AgNO_3$标准溶液进行滴定。由于 AgCl 的溶解度比 Ag_2CrO_4 小，因此溶液中先析出白色 AgCl 沉淀。当 AgCl 定量沉淀后，过量 1 滴的 $AgNO_3$溶液即与 CrO_4^{2-} 生成砖红色 Ag_2CrO_4 沉淀，指示到达终点。滴定反应和指示剂的反应如下：

$$Ag^+ + Cl^- \rightleftharpoons AgCl\downarrow\text{(白色)} \qquad K_{sp} = 1.8\times10^{-10}$$

$$2Ag^+ + CrO_4^{2-} \rightleftharpoons Ag_2CrO_4\downarrow\text{(砖红色)} \qquad K_{sp} = 2.0\times10^{-12}$$

滴定必须在中性或弱酸性溶液中进行，最适宜 pH 范围为 6.5～10.5，如有铵盐存在，溶液的 pH 值最好控制在 6.5～7.2 之间，指示剂的用量对滴定的影响，以 5×10^{-3} $mol\cdot L^{-1}$ 为宜。

【实验物品】

装柱和交换

1. 仪器和材料

万分之一天平，离子交换柱，试管，烧杯(100 mL)，容量瓶(100 mL)，717 型苯乙烯强碱

性阴离子交换树脂(氯型)。

2. 试剂

自制样品,$AgNO_3$(0.1 mol·L^{-1})。

滴定

1. 仪器

烧杯(50 mL),移液管(25 mL),棕色酸式滴定管(25 mL),棕色容量瓶(100 mL),锥形瓶(250 mL)。

2. 试剂

K_2CrO_4(5%),$AgNO_3$标准溶液(0.1 mol·L^{-1})。

【实验步骤】

1. 装柱

将离子交换柱固定于铁架上,加入蒸馏水至1/3高度,然后将溶胀洗净后的树脂和水搅匀成糊状,从管上端倾入,使树脂自然沉降,同时将多余的水从下部排出,树脂的高度为12~15 cm。在操作过程中,树脂一定要始终保持在水面下,防止水流干而有气泡进入。如果树脂柱中进入了空气,首先需要上下摇摆交换柱使树脂不断层、无气泡,或者用玻璃棒通实,否则需重新装柱。

2. 交换

用蒸馏水淋洗树脂柱,当用$AgNO_3$溶液检查树脂柱流出液,仅出现轻微浑浊时(保留,为下面实验比较用),即可认为已淋洗干净。继续让水面下降至比树脂稍微高一些(0.5~1 cm)。

准确称取0.7~0.9 g(±0.000 1 g)自制样品,在小烧杯中用10~15 mL的蒸馏水将其溶解,小心将全部溶液转移至交换柱内,打开活塞,以每分钟3 mL的速度让其流出,每3 s一滴,用一个干净的100 mL容量瓶收集流出液。当柱中的液面下落至将与树脂柱相齐时,用5 mL蒸馏水洗涤小烧杯,再转入交换柱,继续流过树脂柱,这样重复2~3次后,可直接用洗瓶中的蒸馏水将交换柱上部管壁上可能残留的溶液尽可能冲洗下去,这时,流速可逐渐适当加快。等到容量瓶内收集的流出液60~70 mL时,用$AgNO_3$溶液检查流出液,仅出现轻微浑浊(与最初的蒸馏水淋洗液相比较),即停止淋洗。用蒸馏水将容量瓶中的溶液稀释至刻度,摇匀待测定。

3. 滴定

准确移取25.00 mL淋洗液于锥形瓶内,加入1 mL 5% K_2CrO_4溶液作指示剂,用0.1 mol·L^{-1} $AgNO_3$标准溶液滴定至出现淡红色并不再消失为止。计算收集到的Cl^-离子的总摩尔数,进而可算出配阴离子的电荷数(取最接近的整数)。

0.1 mol·L^{-1} $AgNO_3$溶液的配制:准确称取基准硝酸银1.0~1.2 g置于50 mL烧杯中,加入少量蒸馏水使之溶解,定量转移至100 mL容量瓶中,用蒸馏水稀释至刻度,计算标准$AgNO_3$溶液的浓度。

注意事项:

(a) 溶解样品的水应控制在10～15 mL,树脂洗涤后留在柱内的水尽量减少,否则交换效果差。

(b) 在试样转入交换柱前,应在交换柱的出口接好容量瓶。试样必须沿玻璃棒定量转入交换柱内,烧杯与玻璃棒用去离子水洗涤2～3次,每次用水约5 mL。

(c) 交换时要求控制流速为1 mL·min^{-1}。

(d) 交换后回收树脂。将交换柱倒放在有水的烧杯中,用吸耳球吹出。或者堵住交换柱入口,上下振荡,使树脂与水浑然一体,从入口迅速倒出树脂和水。

【思考题】

(1) 如果树脂床中进入气泡,会对实验结果产生什么影响?

(2) 在离子交换过程中,为什么应自始至终注意液面不得低于离子交换树脂?为什么必须控制流出液的速度?

(3) 在离子交换过程中,若$K_3[Fe(C_2O_4)_3]$试液或交换后的流出溶液有损失,会对实验结果产生什么影响?为什么要将淋洗液合并在自制样品的交换流出液中?

(4) 用该法测定Cl^-浓度,能否在酸性条件下进行?

(5) AgCl的$K_{sp}=1.8\times10^{-10}$,Ag_2CrO_4的$K_{sp}=2.0\times10^{-12}$,试通过计算说明,利用该法可以测定氯的含量。

第4部分　三草酸合铁(Ⅲ)酸钾的磁化率测定

【实验目的】

(1) 了解古埃磁天平的原理和操作。

(2) 了解磁化率的意义,通过对一些物质的磁化率的测定,求出未成对电子数并判断中心离子的电子结构和成键类型。

【预习内容】

(1) 古埃法测量磁化率的原理。

(2) 以何种物质磁化率为标准?为什么?

(3) 测量时对样品有何要求?

(4) 装样时需注意什么?

【实验原理】

由于分子体系内有电子自旋运动,所以它应具有磁矩。物质中的电子有自旋运动,会产生一定方向的磁场，称之为电子自旋磁矩；此外，电子沿一定轨道在原子周围运动，相当于一个环形电流，也会产生磁场，称为轨道磁矩；另外原子核的自旋还会产生原子核自旋磁矩。一种物质的磁矩是这三种磁矩之和。然而由于原子核较重，自旋产生的磁矩较小，一般可以忽略不计。

在晶体中，电子的轨道磁矩受晶格的作用，不能形成一个联合磁矩，一般比电子自旋磁矩要小。但是由于每一轨道上不能存在两个自旋状态相同的电子，因而各个轨道上成对电子自旋所产生的磁矩是相互抵消的，所以只有存在未成对电子的物质会主要表现出电子自旋磁矩的性质，而没有未成对电子的物质会表现出轨道磁矩的性质。由于热运动，电子自旋排列杂乱无章，其磁性在各方向上相互抵消。

将物质置于外界磁场中，电子轨道相当于一个环形电流，会激发出与外磁场反向的磁场；而电子的自旋方向可以改变，会顺着外磁场方向排列，其磁化方向与外磁场相同。因此，没有未成对电子的物质在外磁场下表现为反磁性，存在未成对电子的物质在外磁场下表现为顺磁性。其有效磁矩 μ_{eff} 可近似表示为

$$\mu_{eff} = \sqrt{n'(n'+2)} \tag{1}$$

式中 n' 表示未成对电子数目。磁化率（χ）与分子中未成对电子数（n）有下列关系

$$n(n+2) = \frac{3kT}{N_A\beta^2} \cdot \chi_M \tag{2}$$

式中，k 为 Boltzmann 常数，N_A 为阿伏伽德罗常数，$\beta = \dfrac{he}{4\pi mc}$，$T$ 为绝对温度。

配体场强烈地影响配合物中心离子的电子结构。例如在正八面体配体场的作用下，中心离子 d 轨道分裂成两组：能量较高的 e_g（$d_{x^2-y^2}$，d_{z^2}）和能量较低的 t_{2g}（d_{xy}，d_{yz}，d_{zx}）。受不同配体的影响，d^6 电子中心离子为 d^6 电子构型的配合物，可以有以下两种排布：

e_g　t_{2g}　　　　e_g　t_{2g}

由于这两种排布的单电子数不同，磁矩不同，因而磁化率也不同。因此可以通过测定配合物的磁化率，确定配合物的中心离子的电子构型。

物质的磁化率可用古埃磁天平测量。古埃法测量磁化率的原理如下：

顺磁性物质会被不均匀外磁场强的一端所吸引，而反磁性物质会被排斥。因此，将顺磁性物质或反磁性物质放在磁场中称量，其质量与不加磁场时不同。顺磁性物质被吸引，其质量增加；反磁性物质被磁场排斥，其质量减少。

用古埃磁天平测定物质的磁化率时，将装有样品的圆柱形玻璃管悬挂在分析天平的一个臂上，使样品底部处于电磁铁两极的中心，即处于磁场强度最大的区域，样品的顶端离磁场中心较远，磁场强度很弱，整个样品处于一个非均匀的磁场中。由于沿样品轴心方向 z 存在一个磁场梯度 $\dfrac{\partial H}{\partial z}$，故样品沿 z 方向受到磁力 dF 的作用

$$dF = \kappa AH\frac{\partial H}{\partial z}dz。$$

式中，κ 为体积磁化率，A 为柱形样品的截面积。

对顺磁性物质，作用力指向场强最大的方向，反磁性物质则指向场强最弱的方向。若不考虑样品管周围介质和的影响，积分得到作用在整个样品管上的力为

$$F = \frac{1}{2}\kappa H^2 A$$

当样品受到磁场的作用力时，天平的另一臂上加减砝码使之平衡，设 ΔW 为施加磁场前后的质量差，则

$$F = \frac{1}{2}\kappa H^2 A = g\Delta W$$

式中 g 为重力加速度。又样品质量 $m = \rho h A$，ρ、h 为柱形样品管的密度和高度。由于质量磁化率 χ_g 和摩尔磁化率 χ_M 的定义

$$\chi_g = \frac{\kappa}{\rho}$$

$$\chi_M = \frac{\kappa \cdot M}{\rho}$$

因此可得

$$\chi_g = \frac{2\Delta W h g}{m H^2} \tag{3}$$

$$\chi_M = \frac{2\Delta W h g M}{m H^2} \tag{4}$$

本实验是以顺磁性 $(NH_4)_2SO_4 \cdot FeSO_4 \cdot 6H_2O$ 的磁化率为标准，已知它的质量磁化率与温度关系为

$$\chi_g = \frac{9\,500}{T+1} \times 10^{-6} \tag{5}$$

控制莫尔盐与样品实验条件相同，由此可得待测样品的摩尔磁化率为

$$\chi_{M,2} = \chi_{g,1} \cdot \frac{\Delta W_2 - \Delta W_0}{\Delta W_1 - \Delta W_0} \cdot \frac{m_1}{m_2} \cdot M_2 \tag{6}$$

式中，ΔW_0、ΔW_2、ΔW_1 分别为空样品管、待测样品、校正样品施加磁场前后的质量变化；m_2、m_1 为待测样品和校正样品的质量；M_2 为待测样品的摩尔质量。

【实验物品】

1. 仪器和材料

古埃磁天平。

2. 试剂

莫尔盐 $(NH_4)_2Fe(SO_4)_2 \cdot 6H_2O(s)$，$K_3[Fe(C_2O_4)_3] \cdot 3H_2O$（自制），$K_3Fe(CN)_6$ 或 $K_4Fe(CN)_6 \cdot 3H_2O(s)$，丙酮。

【实验步骤】

1. 用莫尔盐标定磁化强度

取一支洁净干燥的空样品管，挂在天平盘的挂钩上，调节样品管的高度，使样品管在两极的中心位置，管的底部正好与磁极的中心线齐平，样品管不能与磁极有任何摩擦。在无磁场中称其质量 $w_{无}$(空)，再称空样品管在磁场中(2 A、3 A、4 A)的质量 $w_{有}$(空)，每种情况称3次，取平均值，按表9.1做记录。同时记录样品周围的温度。

取下空样品管(始终用同一支样品管)，将研细的莫尔盐通过小漏斗装入样品管。在装填时，不断将样品管底部敲击木垫，使粉末样品均匀填实，最后使样品填至管口，用直尺准确测量样品高度(14～15 cm)。同上法，将装有莫尔盐的样品管置于古埃磁天平中，称量在无磁场时的质量 $w_{无}$(空＋样品)和有磁场时质量的 $w_{有}$(空＋样品)，称3次，取平均值，做记录。

表9.1　$K_3[Fe(C_2O_4)_3]\cdot 3H_2O$ 磁化率的测定

电流 I/A	0.0	2.0	3.0	4.0	3.0	2.0	0.0
W(空)/g							
W(空＋莫尔盐)/g							
W(空＋$K_3[Fe(C_2O_4)_3]$)/g							
W(空＋$K_3[Fe(CN)_6]$)/g							

2. $K_3[Fe(C_2O_4)_3]\cdot 3H_2O$ 的磁化率的测定

测定完毕，将样品管中的标定物(莫尔盐)倒入回收瓶，洗净样品管，用少量丙酮刷洗后，用电吹风吹干样品管。冷却后，如前面称量空样品管(未加磁场和加磁场)那样，核对空样品管的质量变化。

将磨细的自制 $K_3[Fe(C_2O_4)_3]\cdot 3H_2O$ 放置在同一样品管中，在相同的实验条件下，测定加磁场前的样品管＋$K_3[Fe(C_2O_4)_3]\cdot 3H_2O$ 的质量变化，做记录。

3. $K_3[Fe(CN)_6]$的磁化率的测定(配体场的影响)

将磨细的 $K_3Fe(CN)_6$样品放置在同一支洁净、干燥的样品管中，在相同的实验条件下，测定加磁场前后的质量变化，做记录。

4. 根据实验数据求出 $K_3[Fe(C_2O_4)_3]\cdot 3H_2O$ 的μ_{eff}

根据实验数据和标准物质的比磁化率 $\chi_m = 9\,500/(T+1)\times 10^{-6}$($T$ 为绝度温度)，计算样品的摩尔磁化率 χ_M，近似得到样品的摩尔顺磁化率，计算出有效磁矩 μ_{eff}，由 μ_{eff} 确定 $K_3[Fe(C_2O_4)_3]\cdot 3H_2O$ 中 Fe^{3+} 的最外层电子结构。

注意事项：

(a) 在 $K_3[Fe(C_2O_4)_3]\cdot 3H_2O$ 磁化率的测定时，一定要使样品管底部处于电磁铁两极的中心(即处于均匀磁场区域)，因为此处磁场强度最大。若不然，则会对测量带来误差。

(b) 在进行磁化率的测定时，无论是莫尔盐还是$K_3[Fe(C_2O_4)_3]\cdot 3H_2O$，其固体粉末状物质要研磨后再均匀紧密地装入样品管中测量。填装时要不断敲击桌面，使样品填装得均匀没有断层。每个样品填装得均匀程度和紧密状况都一致。

(c) 吊绳和样品管必须垂直位于磁场中心的霍尔探头之上，并注意勿使样品管与磁铁和霍尔探头接触，磁极距离不得随意变动，相距至少 3 mm 以上；测定样品的高度前，要先用小径试管将样品顶部压紧、压平，并擦去黏附在试管内壁上的样品粉末，避免在称重中丢失。

(d) 励磁电流变化应平稳缓慢，调节电流时不宜过快或用力过大。

(e) 实验时还需避免气流扰动对测量的影响，如测试样品时，应关闭玻璃窗门；整机不宜振动；每次称重后应将天平盘托起等，否则实验数据误差较大。

【思考题】

(1) 为什么要用已知磁化率的物质来校正磁天平？
(2) 样品在玻璃管中的填充密度对测量有何影响？
(3) 不同磁场强度下测得样品的摩尔磁化率是否相同？为什么？

第5部分　三草酸合铁(Ⅲ)酸钾的性质

【实验目的】

(1) 探究$K_3[Fe(C_2O_4)_3]\cdot 3H_2O$的光敏性。
(2) 用化学分析方法鉴定K^+、$C_2O_4{}^{2-}$、Fe^{3+}，确定配合物的内外界。
(3) 加深对Fe^{3+}和Fe^{2+}化合物性质的了解。

【预习内容】

(1) 分析$K_3[Fe(C_2O_4)_3]\cdot 3H_2O$的结构特点，探究其受热分解的产物是什么？
(2) 探究分解产物的检验方法。

【实验原理】

$K_3[Fe(C_2O_4)_3]$晶体是很稳定的，但它的水溶液见光后，特别是在能量高的紫外光照射下，发生分解反应[①]

$$2[Fe(C_2O_4)_3]^{3-} \xrightarrow{h\nu} 2[Fe(C_2O_4)_3]^{3-*} \xrightarrow{h\nu} 2Fe^{2+} + 2CO_2\uparrow + 5C_2O_4^{2-}$$

① 三草酸合铁(Ⅲ)酸钾配合物极易感光，在日光照射或强光下分解生成黄色的草酸亚铁，发生下列光化学反应，即

$$2K_3[Fe(C_2O_4)_3]\cdot 3H_2O \xrightarrow{h\nu} 3K_2C_2O_4 + 2FeC_2O_4 + 2CO_2\uparrow + 6H_2O$$

由于其具有光的化学性质，且此反应所生成的 Fe^{2+} 与被$[Fe(C_2O_4)_3]^{3-}$吸收的光量子数成一定比例，即能定量地进行化学反应，所以常用作化学光量计材料。

可利用 $Fe(CN)_6^{3-}$ 与 Fe^{2+} 生成滕氏蓝定性判断①，并可用分光光度法测定光化学反应的速度及反应级数。

产物的定性分析采用化学分析法 K^+ 与 $Na_3[Co(NO_2)_6]$在中性或稀醋酸介质中，生成亮黄色的 $K_2Na[Co(NO_2)_6]$沉淀。离子方程式为

$$2K^+ + Na^+ + [Co(NO_2)_6]^{3-} = K_2Na[Co(NO_2)_6]\downarrow$$

Fe^{3+} 与 KSCN 反应生成血红色 $Fe(SCN)_n^{3-n}$，$C_2O_4^{2-}$ 与 Ca^{2+} 生成白色沉淀 CaC_2O_4，可以判断 Fe^{3+}、$C_2O_4^{2-}$ 处于配合物的内层还是外层。

【实验物品】

1. 仪器和材料

红外灯或紫外灯，表面皿，玻璃棒，毛笔或毛刷，感光纸或滤纸，复写纸。

2. 试剂

三草酸合铁(Ⅲ)酸钾，铁氰化钾，饱和酒石酸氢钠，$Na_3[Co(NO_2)_6]$，HAc($6\ mol \cdot L^{-1}$)，H_2SO_4($3\ mol \cdot L^{-1}$)，氨水($2\ mol \cdot L^{-}$)，NaOH($2\ mol \cdot L^{-1}$)，$K_2C_2O_4$($1\ mol \cdot L^{-1}$)，KSCN($1\ mol \cdot L^{-1}$)，NH_4F($1\ mol \cdot L^{-1}$)，六氰合铁(Ⅲ)酸钾 $K_3[Fe(CN)_6]$($0.5\ mol \cdot L^{-1}$)，Na_2S($0.5\ mol \cdot L^{-1}$)，$CaCl_2$($0.5\ mol \cdot L^{-1}$)，$FeCl_3$($0.2\ mol \cdot L^{-1}$)。

【实验步骤】

1. 观察晶体颜色变化

将少量三草酸合铁(Ⅲ)酸钾放在表面皿上，在日光或紫外光下观察晶体颜色变化，并与放在暗处的晶体比较。

2. 制感光纸

按三草酸合铁(Ⅲ)酸钾 0.3 g、铁氰化钾 0.4 g，加水 5 mL 的比例配成溶液，用毛笔或毛刷涂在纸上即成感光纸。将复写纸剪成图案，附在其上，在日光下(或红外灯或紫外灯光下)照射数秒。曝光部分呈蓝色，被遮盖部分就显影映出图案来。

3. 制感光液

称取 0.3～0.5 g 三草酸合铁(Ⅲ)酸钾，加 5 mL 水配成溶液。用滤纸条做成感光纸。同 2 中操作，曝光后去掉图案。用 3.5%的六氰合铁(Ⅲ)酸钾溶液润湿或漂洗即显影，映出图案来。

4. 配合物的性质

称取 1 g 产品溶于 20 mL 去离子水中，溶液供下面的实验用。

---

① 草酸亚铁遇到六氰合铁(Ⅲ)酸钾生成滕氏蓝，反应方程式为

$$FeC_2O_4 + K_3[Fe(C_2O_4)_3] = KFe[Fe(CN)_6]\downarrow + K_2C_2O_4$$

(1) 确定配合物的内外界

① K^+ 的鉴定:

(a) 取少量 1 mol·L^{-1} $K_2C_2O_4$ 及产品溶液,分别与饱和酒石酸氢钠 $NaHC_4H_4O_6$ 溶液作用。充分摇匀,观察现象是否相同。如果现象不明显,则用玻璃棒摩擦试管内壁。

(b) 取少量产物溶液于试管中,加入 1 mL $Na_3[Co(NO_2)_6]$ 溶液,放置片刻,观察现象。

② $C_2O_4^{2-}$ 的鉴定:

在少量 1 mol·L^{-1} $K_2C_2O_4$ 及产品溶液中,加入 2 滴 0.5 mol·L^{-1} $CaCl_2$ 溶液,观察现象。

③ Fe^{3+} 的鉴定:

在少量 0.2 mol·L^{-1} $FeCl_3$ 及产品溶液中,加入 1 滴 1 mol·L^{-1} KSCN 溶液,观察现象。

(2) 酸度对配位平衡的影响

① 在两支盛有少量产品溶液的试管中,各加 1 滴 1 mol·L^{-1} KSCN 溶液,然后分别滴加 6 mol·L^{-1} HAc 和 3 mol·L^{-1} H_2SO_4,观察溶液颜色有何变化。

② 在少量产品溶液中滴加 2 mol·L^{-1} 氨水,观察有何变化。

(3) 沉淀反应对配位平衡的影响

在少量产品溶液中,加 1 滴 0.5 mol·L^{-1} Na_2S 溶液,观察现象。

(4) 配合物互相转变及稳定性比较

① 往少量 0.2 mol·L^{-1} $FeCl_3$ 溶液中加 1 滴 1 mol·L^{-1} KSCN,溶液立即变为血红色,再滴加 1 mol·L^{-1} NH_4F 至血红色刚好褪去。

将所得溶液分成两份。其中一份溶液中加入 1 mol·L^{-1} KSCN,观察血红色是否容易重现?从实验现象比较 $FeSCN^{2+}$ 到 FeF^{2+} 相互转变的难易。往另一份 FeF^{2+} 溶液中滴入 1 mol·L^{-1} $K_2C_2O_4$,至溶液刚好转为黄绿色,记下 $K_2C_2O_4$ 的用量。再滴入 1 mol·L^{-1} NH_4F,至黄绿色刚好褪去。比较 $K_2C_2O_4$ 和 NH_4F 的用量,判断 FeF^{2+} 和 $[Fe(C_2O_4]_3)^{3-}$ 相互转变的难易。

② 在 0.5 mol·L^{-1} $K_3[Fe(CN)_6]$ 和产品溶液中,滴加 2 mol·L^{-1} NaOH,对比现象有何不同?$Fe(CN)_6^{3-}$ 与 $[Fe(C_2O_4)_3]^{3-}$ 比较,哪个较稳定?

【思考题】

(1) 综合实验现象,列表判断配合物中 K^+、Fe^{3+}、$C_2O_4^{2-}$ 分别存在于内界还是外界,写出反应方程式及结论。

(2) 试用影响配位平衡的酸效应及水解效应解释观察到的酸度对配合平衡的影响现象。

(3) 综合实验现象,定性判断配体 SCN^-、F^-、$C_2O_4^{2-}$、CN^- 与 Fe^{3+} 配位能力强弱顺序。

实验知识拓展[①]

1. 双氧水

(1) 双氧水(hydrogen peroxide),高浓度时有腐蚀性,放置时渐渐分解为氧气和水,是工业、医药、卫生行业上广泛使用的漂白剂、消毒剂、氧化剂。

(2) 影响 H_2O_2 稳定性的因素有:热,光,介质,重金属离子等。

(3) 电极反应:

$$Fe^{3+} + e^- = Fe^{2+} \qquad E(Fe^{3+}/Fe^{2+}) = 0.771\ V$$

$$H_2O_2 + 2H^+ + 2e^- = 2H_2O \qquad E(H_2O_2/H_2O) = 1.776\ V$$

$$O_2 + 2H^+ + 2e^- = H_2O_2 \qquad E(O_2/H_2O_2) = 0.682\ 4\ V$$

从电极反应及数据可知:$E(H_2O_2/H_2O) > E(Fe^{3+}/Fe^{2+})$,$E(Fe^{3+}/Fe^{2+}) > E(O_2/H_2O_2)$,则可发生以下反应

$$2Fe^{2+} + H_2O_2 + 2H^+ = 3Fe^{3+} + 2H_2O$$

$$2H_2O_2 + 2Fe^{3+} = 2Fe^{2+} + O_2\uparrow + 2H_2O \quad (不变红)$$

故 Fe^{3+} 和 Fe^{2+} 均可快速催化过氧化氢的分解。

2. 离子交换树脂

离子交换树脂是带有官能团(有交换离子的活性基团)、具有网状结构、不溶性的高分子化合物,常用作离子交换层析介质。

离子交换树脂都是用有机合成方法制成。大多数制成颗粒或小球状,也有一些制成纤维状(离子交换纤维)或薄膜(离子交换膜)或粉状,还有液体状态的离子交换树脂。

以离子交换树脂为基础的多种技术,如色谱分离法、离子排斥法、电渗析法等,各具独特的功能。

在实际使用上,常将强酸性树脂及强碱性树脂转变为钠型和氯型,以适应各种需要。阴离子树脂可转变为氯型再使用,工作时放出 Cl^- 而吸附交换其他阴离子。但其不再具有强酸强碱性,此时离解性强,工作 pH 范围宽广。

具体离子交换过程由以下五个步骤组成:

(1) 溶液中的离子扩散通过树脂相与溶液之间的界面膜到树脂表面——对流扩散;

(2) 离子穿过树脂表面向树脂内部扩散,到达有效交换位置——颗粒内部孔扩散;

(3) 离子与树脂中的被交换离子 Cl^- 进行离子交换——树脂交换基团的化学反应;

(4) 被交换离子 Cl^- 从树脂内部向树脂表面扩散——树脂颗粒内部扩散传质;

(5) 被交换离子 Cl^- 穿过树脂表面的液膜进入水溶液中——对流扩散。

除离子交换化学反应外,其余四步均同时发生、等速进行,这五步可归纳为膜扩散、粒/孔扩散、交换反应三个步骤。

优良离子交换树脂应该具有粒度均匀、外形规整、交换容量高、交换速度快、稳定性好、机械强度大、抗摩擦和抗污染性能好、再生性能好等优点。

---

① 刘宝殿. 化学合成实验[M]. 北京:高等教育出版社,2005.

实验28　顺、反式-二甘氨酸合铜(Ⅱ)水合物的制备及成分分析

第1部分　顺式-二甘氨酸合铜(Ⅱ)水合物的制备

【实验目的】

(1) 熟练掌握合成无机配合物的制备原理和制备方法。
(2) 巩固溶解、水浴加热、抽滤、沉淀洗涤、结晶等基本实验操作技能。
(3) 学习利用异构体的不同物理性质进行提纯的方法。
(4) 了解液相合成、低温固相合成的特点及一般方法。

【预习内容】

(1) 请查阅资料,比较顺、反式-二甘氨酸合铜(Ⅱ)的结构式的差别及物理性质,如在不同溶剂中的溶解度、相互转变的条件等,并解释原因。
(2) $Cu(OH)_2$ 为何要现用现制?如何得到?
(3) 为什么 $Cu(OH)_2$ 沉淀洗涤液中要无 SO_4^{2-}?
(4) 如何计算氨基乙酸的用量?

【实验原理】

配合物的几何异构现象是指化学组成完全相同,由于配体围绕中心金属离子的排列不同而产生的异构现象,主要发生在配位数为4的平面结构和配位数为6的八面体结构的配合物中,以顺式/反式异构体与面式/经式异构体的形式存在。按围绕中心金属配体占据位置不同,通常分为顺式和反式两种异构体,顺式(*cis*-)是相同配体彼此处于邻位,反式(*trans*-)是相同配体彼此处于对位。不对称双齿配体的平面正方形配合物$[M(AB)_2]$可能有的几何异构现象如图9.1所示。

甘氨酸为双齿配体,能通过N和O原子与Cu^{2+}配位,形成具有五元环的稳定结构。一般而言,铜离子为四配位,因此能与两个甘氨酸分子配位形成具有平面四边形结构的配合物——二甘氨酸合铜。二甘氨酸合铜有顺式和反式两种构型。反式构型对称性高,极性小,能溶于非极性溶剂,同时能量更低,也更稳定;顺式构型对称性差,极性大,溶于极性溶剂,同时能量更高,稳定性较差。但生成顺式产物的活化能较小,反应速率较大,所以在低温短时

间反应下更易生成顺式产物。而长时间反应或反应温度高时易生成更为稳定的反式产物。

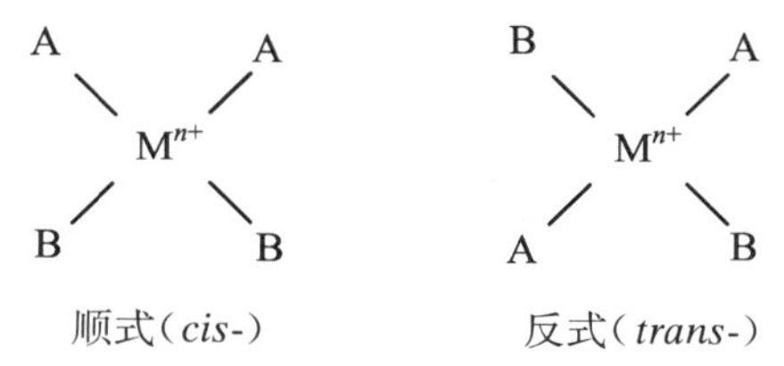

图 9.1 顺式/反式异构件

本实验中利用液相、低温固相两种方法制备甘氨酸合铜。

方法一:顺式-二甘氨酸合铜(Ⅱ)水合物的制备(液相反应)

以 $CuSO_4$ 为原料,通过中间产物 $Cu(OH)_2$ 再与甘氨酸配位制得 *cis*-$Cu(gly)_2 \cdot H_2O$。因配合物在乙醇中溶解度不高,利用溶剂替换的原理使产物析出。

1. 氢氧化铜的制备

氢氧化铜的制备必须要先溶解 $CuSO_4 \cdot 5H_2O$,使之生成 Cu^{2+} 溶液,边搅拌边加 1∶1 的氨水,直至生成的沉淀 $Cu_2(OH)_2SO_4$ 完全溶解,得到蓝紫色溶液。再加入 NaOH 溶液,使 $Cu(OH)_2$ 完全沉淀,这时发生的反应为

$$Cu_2(OH)_2SO_4(s) + OH^- \longrightarrow Cu(OH)_2(s) + SO_4^{2-}$$

2. 顺式-二甘氨酸合铜(Ⅱ)水合物的制备(液相反应)

甘氨酸(gly)为双基配合物,在约 70 ℃条件下,其与 $Cu(OH)_2$ 发生如下反应:

$$Cu(OH)_2 + 2H_2NCH_2COOH \xrightarrow{70\ ℃} gly\left(\begin{matrix} N & & N \\ & Cu & \\ O & & O \end{matrix}\right)gly \cdot xH_2O$$

得到 *cis*-二甘氨酸合铜(Ⅱ)配合物[$Cu(gly)_2 \cdot xH_2O$],由于氧的电负性强于氮,所以其极性强,不溶于烃类、醚类和酮类,微溶于乙醇,溶于水且溶解度随着温度的升高而增大。因此加入乙醇可析出蓝色 *cis*-二甘氨酸合铜(Ⅱ)水合物细小针状晶体。

方法二:甘氨酸合铜(Ⅱ)配合物的制备(固相反应)

固相化学反应是指有固态物质直接参与的反应,对于大多数固相反应而言,都是多相反应,扩散过程是控制反应速率的关键。

室温固-固相反应的发生起始于两个反应物分子的充分接触,接着发生化学反应,生成产物分子。产物分子分散在母体中,当积累到一定大小后,出现产物的晶核,随着晶核的长大,达到一定大小后出现产物的独立晶体。利用研磨减小反应物颗粒的大小从而加大反应表面积、增加分子碰撞的概率和提供反应所需的热量等,推进和加速反应的进行。

本实验中通过醋酸铜和甘氨酸混合研磨发生固相反应得到目标产物甘氨酸合铜。反应的进行可以通过反应体系的颜色和放出气体的状况来判断反应进行的程度。室温下,充分的研磨不仅使反应的固体颗粒变小以充分接触,而且也提供了促进反应进行的微量引发能量。此时体系中发生反应为

$$2NH_2CH_2COOH + Cu(Ac)_2 \cdot H_2O \longrightarrow [Cu(NH_2CH_2COO)_2 \cdot H_2O] + 2HAc$$

【实验物品】

1. 仪器和材料

台秤，数显恒温水浴锅，烧杯，玻璃棒，布氏漏斗，抽滤瓶，刮勺，烘箱，称量纸，定性滤纸，冰块。

2. 试剂

$CuSO_4 \cdot 5H_2O$(s)，甘氨酸(s)，KI(s)，氨水(1∶1)，NaOH(3 $mol \cdot L^{-1}$)，$BaCl_2$(1%)，乙醇水溶液(1∶3)，95%乙醇，丙酮。

【实验步骤】

方法一：顺式-二甘氨酸合铜(Ⅱ)水合物的制备(液相反应)

1. 氢氧化铜的制备

于250 mL烧杯中加入6.3 g $CuSO_4 \cdot 5H_2O$和20 mL水，搅拌至溶解完全。边搅拌边加1∶1的氨水，直至生成的沉淀完全溶解，得到蓝紫色溶液。再加入25 mL 3 $mol \cdot L^{-1}$ NaOH溶液，使$Cu(OH)_2$完全沉淀，抽滤，以温水洗涤沉淀至滤液无$SO_4{}^{2-}$被检出为止(用$BaCl_2$检验，先烧温水200 mL，分15次加入，洗到10次以上时再检查)，抽干。

2. 顺式-二甘氨酸合铜(Ⅱ)水合物的制备

称取X g(自行计算)氨基乙酸溶于15 mL水中，加入新制的$Cu(OH)_2$，在70 ℃水浴中加热并不断搅拌，直至$Cu(OH)_2$全部溶解，再加热片刻(温度控制在65～70 ℃)，立即抽滤(吸滤瓶置于60 ℃水浴中)，滤液转入250 mL烧杯中。加入10 mL 95%乙醇，冷却结晶(约5 min，冷至室温)，再移入冰水浴中冷却20～30 min后，抽滤，用1∶3乙醇溶液洗涤晶体，再用10 mL丙酮洗涤晶体，抽干，于50 ℃烘30 min。用滤纸压干晶体，称重，计算产率。

注意事项：

(a) 新制备的$Cu(OH)_2$颗粒较小，抽滤时应用双层滤纸。

(b) 洗涤产品遵循“少量多次”原则，洗涤时不抽滤；检验时用洗净的表面皿或试管承接滤液。

(c) 甘氨酸于60～65 ℃热水中完全溶解后，再加入碾碎的$Cu(OH)_2$，且不断搅拌，若有$Cu(OH)_2$沉积于烧杯底部，应将其碾碎，并充分搅起。

(d) 加热片刻处，严格控制温度不超过70 ℃，并不断搅拌，且注意控制反应时间不可过长，否则顺式的极易转变为反式的二甘氨酸合铜(Ⅱ)配合物。

(e) $Cu(OH)_2$全部溶解，再加热片刻后，无反式-二甘氨酸合铜(Ⅱ)生成，则不必抽滤。

(f) 由于氨基酸微量元素螯合物在无水乙醇等有机溶剂中的溶解度极小，而游离金属离子和氨基酸均能溶于无水乙醇等有机溶剂中，利用该特性，采用加入一定量的乙醇来分离提纯水溶性的甘氨酸铜。

方法二：甘氨酸合铜(Ⅱ)配合物的制备(固相反应)

准确称取0.45 g甘氨酸和0.624 g醋酸铜晶体，使其摩尔比为2∶1，室温下将它们混置于玛瑙研钵中研磨。研磨 20 min 后，混研物颜色变浅，呈蓝绿色，并有刺激性醋酸气味放出。继续研磨至 40 min，混研物颜色逐渐变浅，刺激性气味变淡。继续研磨，待无醋酸气味溢出时，反应基本完全，记录相应的时间。此时体系中发生反应，生成为蓝紫色粉末甘氨酸合铜(Ⅱ)。加入 10 mL 乙醇(1∶3)溶液洗涤固体并抽干，再用同样量的乙醇溶液洗涤抽干，最后用丙酮洗涤并抽干。于 50 ℃烘箱中烘 30 min，冷却后称重。

注意事项：

(a) 使用玛瑙研钵时一定要小心，避免磕碰和摔碎。

(b) 反应物研磨后混合，有利于固体颗粒大小均匀。充分研磨不仅使颗粒变小有利于反应物充分接触，也提供了促进反应进行的微量的引发能量。

【思考题】

(1) 制备氢氧化铜时要先加氨水生成沉淀，再溶解，然后加 NaOH，重新生成沉淀，此沉淀才是氢氧化铜。能否由 $CuSO_4$ 直接加 NaOH 让其生成 $Cu(OH)_2$？为什么？

(2) 在顺式-二甘氨酸合铜的制备过程中，为什么先用热水浴，后又用冰水浴冷却滤液 20～30 min？

(3) 为什么在制备顺式-甘氨酸合铜(Ⅱ)时，用 1∶3 的乙醇水溶液洗？是否可以直接用乙醇、丙酮洗？

(4) 为什么顺式-二甘氨酸合铜(Ⅱ)比反式的在水中溶解度大？

(5) 写出顺式 $Cu(gly)_2$ 的结构式。

(6) 写出整个实验过程中所涉及的化学(或离子)反应方程式。

第2部分 顺式-二甘氨酸合铜(Ⅱ)水合物的成分分析和反式-二甘氨酸合铜(Ⅱ)水合物的制备[①]

【实验目的】

(1) 熟练掌握碘量法的基本原理和指示剂的使用方法。

(2) 进一步熟悉称量、定容、移液、滴定等基本操作。

【预习内容】

(1) 何谓基准物质？何谓标定？

(2) 称量方法有哪些？操作要点是什么？

---

① 石晓波，杜建中，沈戮，等. 现代化学基础实验[M]. 北京：化学工业出版社，2009.
武汉大学. 无机化学实验讲义[EB/OL]. http://202.114.108.242/Download.

(3) 为何不用 $K_2Cr_2O_7$ 直接标定 $Na_2S_2O_3$，而采用置换滴定法？

(4) 加入 NH_4SCN 溶液的作用是什么？何时加入最适宜？

【实验原理】

1. *cis*-Cu(gly)$_2$·xH$_2$O 中铜含量的测定

制备的 *cis*-Cu(gly)$_2$·xH$_2$O 中铜含量可以用淀粉作指示剂，用碘量法进行测定。根据得到的数据，可以计算 *cis*-Cu(gly)$_2$·xH$_2$O 中的 x 值。

(1) 采用间接碘量法测定 Cu 含量

在酸性介质中，Cu(gly)$_2$ 中的 gly 发生了质子化，破坏了配合物，释放出 Cu^{2+} 离子，离子方程式为

$$Cu(gly)_2 + H^- \longrightarrow 2gly + Cu^{2+}$$

当加入 KI 时，Cu^{2+} 先与过量的 I^- 发生反应，被还原为 CuI，离子方程式为

$$2Cu^{2+} + 4I^- = 2CuI\downarrow + I_2$$

再用 $Na_2S_2O_3$ 标准溶液滴定生成的 I_2，以淀粉为指示剂，反应方程式为

$$I_2 + 2S_2O_3^{2-} = 2I^- + S_4O_6^{2-}$$

由所消耗的 $Na_2S_2O_3$ 标准溶液的体积和浓度计算配合物中铜的含量。

由于 CuI 沉淀表面吸附 I_2，会使分析结果偏低，为了减少 CuI 对 I_2 的吸附，可在大部分 I_2 被 $Na_2S_2O_3$ 溶液滴定后，加入 NH_4SCN，使 CuI 转化为溶解度更小的 CuSCN 沉淀，反应方程式为

$$CuI + NH_4SCN = CuSCN\downarrow + NH_4I$$

CuSCN 吸附 I_2 较少，使被吸附的部分 I_2 释放出来，可以提高结果的准确度。

溶液 pH 值一般应控制在 3.0～4.0。酸度过低时，Cu^{2+} 水解，使反应不完全，结果偏低，且反应速度慢，终点拖长；酸度过高时，则 I^- 被空气中的氧气氧化为 I_2，Cu^{2+} 催化该反应，使结果偏高。

(2) $Na_2S_2O_3$ 标准溶液的标定

采用氧化还原滴定法中的碘量法标定硫代硫酸钠的浓度。

$Na_2S_2O_3$ 溶液采用 $K_2Cr_2O_7$（$KBrO_3$、KIO_3）基准物质间接滴定，即较强的氧化剂 $K_2Cr_2O_7$ 在酸性溶液中，先与还原剂 KI 反应析出 I_2，离子方程式为

$$Cr_2O_7^{2-} + 6I^- + 14H^+ = 3I_2 + 2Cr^{3+} + 7H_2O$$

析出 I_2 应用碘量法标定硫代硫酸钠的浓度，即在中性或弱酸性介质中，硫代硫酸钠标准溶液与单质碘定量反应，以淀粉为指示剂，滴定至溶液的蓝色刚好消失即为终点。反应方程式为

$$I_2 + 2Na_2S_2O_3 = 2NaI + Na_2S_4O_6$$

2. 反-二甘氨酸合铜(Ⅱ)制备

利用顺式、反式两种配合物在水中的溶解度的不同，不同的温度下可以互相转化，由顺式配合物生成反式配合物，这两种异构体的颜色不同。

$$gly\left[\begin{matrix} N & & N \\ & Cu & \\ O & & O \end{matrix}\right]gly \xrightarrow{\text{加热回流}} gly\left[\begin{matrix} N & & O \\ & Cu & \\ O & & N \end{matrix}\right]gly$$

（顺式）　　　　　　　　　　（反式）

【实验物品】

cis-$Cu(gly)_2 \cdot xH_2O$中铜含量的测定

1．仪器和材料

烘箱，电子天平，称量瓶，烧杯（100 mL、250 mL），容量瓶（100 mL、500 mL、2 000 mL），吸耳球，移液管（20 mL，2 支），移液管架，锥形瓶（250 mL），滴定管（25 mL），滴定台，高型烧杯（150 mL），量筒（10 mL、25 mL、100 mL）。

2．试剂

$K_2Cr_2O_7$标准溶液（500 mL 容量瓶，自配），甘氨酸合铜（自制），$Na_2S_2O_3$溶液（0.01 $mol \cdot L^{-1}$，待标定，标定方法自行设计），H_2SO_4（1 $mol \cdot L^{-1}$），淀粉溶液（1%），NH_4SCN溶液（10%）。

反-二甘氨酸合铜（Ⅱ）制备

1．仪器和材料

加热装置，烧杯（100 mL），布氏漏斗，抽滤瓶。

2．试剂

1∶3 乙醇水溶液，乙醇。

【实验步骤】

cis-$Cu(gly)_2 \cdot xH_2O$中铜含量的测定

1．0.01 $mol \cdot L^{-1}$标准重铬酸钾溶液的配制

用差减法准确称取干燥的（150～180 ℃烘 2 h）分析纯$K_2Cr_2O_7$固体 0.22～0.26 g（±0.000 1 g）于 100 mL 的烧杯中，加 50 mL 蒸馏水使之溶解，定量转移至 500 mL 容量瓶中，用蒸馏水稀释至刻度，摇匀。计算标准重铬酸钾溶液的物质的量浓度。

2．0.01 $mol \cdot L^{-1}$标准硫代硫酸钠溶液的标定

用移液管准确移取 20 mL 标准$K_2Cr_2O_7$溶液，置于 250 mL 锥形瓶中，加入 1 g KI 固体，3 mL 1 $mol \cdot L^{-1}$ H_2SO_4，摇匀后加塞或盖上表面皿，放置暗处 5 min。待反应完全后，用蒸馏水稀释至 50 mL。用硫代硫酸钠溶液滴定，当溶液由棕色转变为淡黄色至草绿色时，加入 1 mL 淀粉溶液，继续滴定至溶液由蓝色变为浅绿色，即为终点，记下消耗的$Na_2S_2O_3$溶液体积，平行标定三份。计算$Na_2S_2O_3$溶液的物质的量浓度和相对平均偏差。

3．铜含量的测定

称取 0.20～0.21 g（±0.000 1 g）样品，置于 250 mL 烧杯中，加入 50 mL 水和 3 mL

1 mol·L^{-1} H_2SO_4 溶解，转入 100 mL 容量瓶中，以水稀释至刻度。移取 20.00 mL 此液于 250 mL 锥形瓶中，加入 1 g KI 和 50 mL 水，以 $Na_2S_2O_3$ 标准溶液滴定，当红棕色变成浅黄色时，加入 3 mL 硫氰酸铵溶液和 1 mL 淀粉溶液，此时溶液颜色加深，继续以 $Na_2S_2O_3$ 标准溶液滴定至溶液蓝色恰好褪去，30 s 溶液不返蓝时记录 $Na_2S_2O_3$ 标准溶液体积读数。平行滴定二至三份。计算 *cis*-Cu(gly)$_2$·$x$$H_2O$ 中铜的含量，并计算 x 值。

注意事项：

(1) 置换滴定法

$K_2Cr_2O_7$ 与 KI 反应需控制一定酸度：酸度过低则反应慢，增大 I_2 挥发的概率；酸度过高则 KI 可能会被空气中的 O_2 氧化成 I_2。

由于重铬酸钾与碘化钾之间反应速度较慢，故加入 H_2SO_4 后静置 5 min，再进行确定。

加入 NH_4SCN 后，要剧烈摇晃。

(2) 碘量法

① 标定：用固定质量称量法或差减法称 $K_2Cr_2O_7$ 后，标定 3 次硫代硫酸钠溶液。

② 测定：含量测定也必须做 3 次平行实验，且 $\Delta V \leqslant 0.1$ mL。

③ 碘量法属于氧化还原滴定，直接碘量法利用 I_2 的氧化性进行滴定，间接碘量法利用 I^- 的还原性进行滴定。

④ 避光反应，加盖表面皿。溶液析出碘后，用硫代硫酸钠液滴定的方法，受光线的影响较大，光线促进空气对碘化钾的氧化，表现为在较强的光线下有较大的空白值，因此滴定时应尽量避光。

⑤ 滴定初始，轻摇，防 I_2 挥发；加入淀粉后剧烈摇动，破坏包合物。

⑥ 淀粉指示剂必须在将近终点时加入，否则淀粉会吸附 I_2 分子，影响测定。

反-二甘氨酸合铜(Ⅱ)的制备

将剩余的顺式配合物置于 100 mL 小烧杯中，加入尽可能少的水，用小火直接加热至膏状，在不断搅拌下，会迅速变成鳞片状化合物，继续加热几分钟后停止加热，并在搅拌下加入 100 mL 水，立即抽滤。此时在水中溶解度大的顺式配合物基本全部溶解，在滤纸上将得到蓝紫色鳞片状反式配合物，先用水洗，再用乙醇洗，自然干燥。

注意：反式-二甘氨酸合铜(Ⅱ)配合物结晶颗粒细小呈膏状，减压抽滤较困难，因此制备时一次不要过滤太多。

【思考题】

(1) 采用 $K_2Cr_2O_7$ 作基准物质标定 $Na_2S_2O_3$ 溶液时，为何要加入 KI 和酸液？

(2) 如何控制体系 pH，pH 值过高或过低有什么影响？

(3) 滴定前为什么加水稀释？淀粉能否早加？

(4) 解释硫酸四氨合铜溶液中加入酸后的现象。

(5) 在测定含铜量时，近终点时为什么要加硫氰酸铵？如果酸化后立即加入硫氰酸铵溶液，会产生什么影响？如不加，对结果有什么影响？

(6) 给出计算 Cu(gly)$_2$·$x$$H_2O$ 中铜含量的表达式。以你自己的数据，根据铜的百分含量，计算甘氨酸合铜(Ⅱ)晶体中带有几个结晶水？查阅有关资料，应该有几个结晶水？

实验知识拓展

甘氨酸铜 $Cu(gly)_2 \cdot xH_2O$，英文名称：Copper Glycine，分子量：229.68，蓝色针状晶体，加热至130 ℃脱水，228 ℃分解，不溶于烃类、醚类和酮类，微溶于乙醇，溶于水。由铜盐与甘氨酸作用而得，用于医药、电镀等。

铜是人体内一种重要的微量元素，研究氨基酸合铜，有助于了解生物体铜离子和蛋白质间的键合作用，为探索金属离子在生物体内的代谢及其生物效应提供基础，并可用来进行生物模拟。

氨基酸合铜作为一种高效、低毒、低残留的杀菌剂，近年来，在防治一些农作物病虫害中已收到了显著效果。

实验29 钴的配合物 $[Co(NH_3)_4CO_3]_2SO_4 \cdot 3H_2O$ 及 $[Co(NH_3)_4(H_2O)_2]_2(SO_4)_3 \cdot 3H_2O$ 的合成和红外光谱表征①

【实验目的】

(1) 掌握制备金属配合物最常用的方法——水溶液中的取代反应和氧化还原反应。
(2) 熟练掌握无机化合物合成的实验操作技能。
(3) 学习Co(Ⅱ)和Co(Ⅲ)离子性质。
(4) 了解红外光谱表征配合物结构的原理，推断配合物的组成。

【预习内容】

(1) 配合物的制备方法，配合物反应类型，配合物晶体场理论。
(2) Co(Ⅱ)和Co(Ⅲ)离子性质，H_2O_2 性质。
(3) 红外光谱分析原理及方法。

【实验原理】

本实验由Co(Ⅱ)的硫酸盐来制备两种钴的配合物，其原理用反应方程式简单表示为

---

① 余明华. 仪器分析[M]. 北京：高等教育出版社，1993.
陈培榕，邓勃. 现代仪器分析实验与技术[M]. 北京：清华大学出版社，1999.

$Co(H_2O)_6^{2+} + OH^- \longrightarrow Co(OH)_2 \downarrow$

$Co(OH)_2 + NH_3 \cdot H_2O \longrightarrow Co(NH_3)_6^{2+} + H_2O$

$Co(NH_3)_6^{2+} + H_2O_2 \longrightarrow Co(NH_3)_6^{3+} + H_2O$ （$H_2O_2 \longrightarrow H_2O + O_2$ 钴离子催化）

$Co(NH_3)_6^{3+} + CO_3^{2-} \longrightarrow [Co(NH_3)_4CO_3]^+$

$[Co(NH_3)_4CO_3]^+ + H^+ \longrightarrow [Co(NH_3)_4(H_2O)_2]^{3+} + H_2O + CO_2 \uparrow$

用红外光谱来研究这两种钴的配合物的配位情况，从而确定它们的结构。

当配体与金属形成配合物时，由于配位键的形成，不仅引起了金属离子与配位原子间的振动，而且还影响配体中原来基团的特征频率。目前通常利用配合物的形成而影响配体基团的特征频率变化，判断一些酸根基团是否作为配体参与配位，甚至还可以判断基团中的何种原子参与配位。例如 NO_2^- 离子以 N 原子配位时，$M \longleftarrow N\begin{smallmatrix}\diagup O\\ \diagdown O\end{smallmatrix}$，其中二个 N—O 键是等价的，应出现一个 N—O 特征吸收峰，而以 O 原子配位时，M—O—N═O，则两个 N—O 不再等价，应出现二个 N—O 特征吸收峰，这样可以从它们的红外谱图来识别其键合异构体。

【实验物品】

1. 仪器

台秤，加热装置，抽滤装置，真空干燥器，红外光谱仪，玻璃棒，烧杯(250 mL、100 mL)，量筒(50 mL、20 mL、10 mL)，冰块。

2. 试剂

$(NH_4)_2CO_3$(s)，$CoSO_4 \cdot 7H_2O$(s)，Na_2SO_4(s)，Na_2CO_3(s)，浓氨水，30% H_2O_2，95%乙醇，1∶1 乙醇，H_2SO_4(2.5 mol·L^{-1})。

【实验步骤】

1. Co(Ⅲ)配合物的制备

(1) $[Co(NH_3)_4(CO_3)]_2SO_4 \cdot 3H_2O$ 的制备

称量 7 g 碳酸铵，放入 250 mL 烧杯中，加入 20 mL 蒸馏水溶解，然后在通风橱中加入 20 mL 的浓氨水。在另一个 250 mL 的烧杯中加入 5 g $CoSO_4 \cdot 7H_2O$，用 10 mL 蒸馏水溶解。把第一个烧杯中的溶液倒入第二个烧杯中，慢慢地搅拌，先得到蓝紫色的 $Co(OH)_2$ 沉淀，然后沉淀溶解，得到蓝紫色的溶液。向该溶液中加入 3 mL 30%的过氧化氢溶液，溶液中产生气泡，颜色变成灰紫色。加热浓缩该溶液，慢慢地加入 2 g 碳酸铵固体，不要使溶液沸腾。当溶液的体积已减到 30 mL 时，迅速趁热减压过滤暗紫色溶液，并且迅速把滤液转移置 100 mL 烧杯中，在冰浴中冷却，形成紫红色晶体，减压过滤，用 5 mL 的冰蒸馏水洗涤晶体，再用乙醇洗涤。在真空干燥器中干燥产物，称重，以 $CoSO_4 \cdot 7H_2O$ 为基准，计算产率。

(2) $[Co(NH_3)_4(H_2O)_2]_2(SO_4)_3 \cdot 3H_2O$ 的制备

取 1 g 步骤(1)的产物，放在 250 mL 的烧杯中，加入 30 mL 的蒸馏水，配成溶液，一边搅拌，一边加入 3.5 mL 2.5 $mol \cdot L^{-1}$ 的硫酸溶液，溶液中产生气泡，分批加入 30 mL 的乙醇，沉淀出产物。减压过滤，用 1∶1 的乙醇水溶液洗涤 3 次，每次用 10 mL 乙醇洗涤，然后放入真空干燥器中干燥。称重并计算产率。

2. Co 的配合物的红外光谱表征

把合成的两种 Co 的配合物与 Na_2SO_4 和 Na_2CO_3 固体分别进行红外光谱分析，从获得的红外光谱图中，推测出两种钴配合物的结构式。

注意事项：

(a) 加入浓氨水应在通风橱中进行。

(b) 加入过氧化氢时注意操作安全。

(c) 注意控制操作速度：浓缩溶液中慢慢地加入碳酸铵固体，迅速趁热减压过滤暗紫色溶液。

(d) 红外光谱需分析 4 种物质。

【思考题】

(1) Co^{2+} 离子和$[Co(NH_3)_6]^{3+}$ 离子在水中都非常稳定，说明理由。

(2) 在$[Co(NH_3)_4(CO_3)]_2SO_4 \cdot 3H_2O$ 制备时，加热浓缩过程中要慢慢地加入 2 g 碳酸铵固体，不要使溶液沸腾，试解释原因。

(3) 在下列钴的配合物中，CO_3^{2-} 属于单齿配体，还是双齿配体？

① $[Co(NH_3)_4(CO_3)]^+$ 和$[Co(NH_3)_5(CO_3)]^+$；

② $Pt(NH_3)_2CO_3$ 和 $Pt(NH_3)_3CO_3$。

(4) 由测定的两种配合物的红外光谱图，标识并解释谱图中的主要特征吸收峰。

(5) 由红外光谱图推测配离子结构式。

(6) 自由的 CO_3^{2-} 的 C—O 键的红外光谱伸缩频率 ν_{co} 与 CO_3^{2-} 作为单齿配体时的 ν'_{co} 和作为双齿配体时的 ν''_{co} 是否一致？为什么？

实验 30　碘酸钙的制备及其溶度积常数的测定①

【实验目的】

(1) 了解复分解反应制备无机化合物的一般原理和步骤。

① 张军，罗爱斌，李海汾. 化学奥林匹克实验教程[M]. 长沙：湖南师范大学出版社，2003.

(2) 熟练掌握碘量法的原理和操作步骤。

(3) 了解钙的常见分析方法,掌握返滴定法测定钙的基本原理。

【预习内容】

(1) 说明碘应取大块还是小块为好?最好采用何措施?

(2) 碘量法测定碘酸根含量时,加入 KI 的作用是什么?

(3) 制备碘酸钙时,为什么要保持水浴温度为 85 ℃,温度过高或过低对反应有何影响?

【实验原理】

1. 碘酸钙的制备原理

碘在酸性条件下被氯酸钾氧化成碘酸氢钾($KIO_3 \cdot HIO_3$),经 KOH 中和后,与 $CaCl_2$ 发生复分解反应生成 $Ca(IO_3)_2$,反应方程式为

$$2KClO_3 + HCl + I_2 = KIO_3 \cdot HIO_3 + Cl_2 \uparrow + KCl$$

$$KIO_3 \cdot HIO_3 + KOH = 2KIO_3 + H_2O$$

$$2KIO_3 + CaCl_2 = Ca(IO_3)_2 \downarrow + 2KCl$$

表 9.2 为反应物中 KIO_3、KCl、$KClO_3$ 和 $Ca(IO_3)_2$ 在不同温度下的溶解度。

表 9.2 KIO_3、KCl、$KClO_3$、$Ca(IO_3)_2$ 在不同温度下的溶解度 (g/100 g 水)

T/℃	0	10	20	40	60	80
KIO_3	4.60	6.27	8.08	12.63	18.31	24.82
KCl	28.18	31.22	34.26	40.12	45.84	51.30
$KClO_3$	0.76	1.06	1.68	3.73	7.30	13.41
$Ca(IO_3)_2$	0.12	0.19	0.24	0.52	0.65	0.66

表 9.3 为 $Ca(IO_3)_2$ 不同存在状态下的分子量及其稳定温度区域。

表 9.3 碘酸钙的存在形态

$Ca(IO_3)_2$ 存在形态	$Ca(IO_3)_2$	$Ca(IO_3)_2 \cdot H_2O$	$Ca(IO_3)_2 \cdot 6H_2O$
分子量	389.88	407.90	497.90
稳定的温度区域	>57.5 ℃	32~57.5 ℃	<32 ℃

2. 碘酸钙纯度及溶度积常数的测定

(1) 碘酸根离子浓度的测定

利用碘酸钙饱和溶液中的碘酸根离子在酸性条件下与过量的碘化钾反应,以标准硫代硫酸钠溶液滴定反应所产生的碘,根据所消耗的硫代硫酸钠的量,即可计算出碘酸根离子的浓度,从而计算出碘酸钙的纯度。离子方程式为

$$IO_3^- + 5I^- + 5H^+ = 3I_2 + 3H_2O$$

$$2S_2O_3^{2-} + I_2 = S_4O_6^{2-} + 2I^-$$

(2) 钙离子浓度的测定及 K_{sp}的计算

采用返滴定法测定产品中 Ca^{2+} 的含量。在待测溶液中先加入一定量的过量的 EDTA 标准溶液($H_2Y_2^{2-}$),使 Ca^{2+} 完全生成 CaY^{2-},再用 Mg 标准溶液滴定剩余的 EDTA。氨性缓冲溶液调节体系 pH≈10,以铬黑 T 为指示剂,当溶液由蓝色变为紫红色为滴定终点,即可计算钙离子的浓度,从而计算产品纯度及碘酸钙的溶度积常数 K_{sp}。反应方程式和物质的稳定常数如表 9.4 所示。

表 9.4 返滴定法测钙含量的方程式及主要物质的稳定常数

反应方程式	稳定常数
$Ca^{2+} + H_2Y^{2-} = CaY^{2-} + 2H^+$	$\lg k_{CaY} = 10.24$
$Mg^{2+} + H_2Y^{2-} = MgY^{2-} + 2H^+$	$\lg k_{MgY} = 8.25$
$Ca^{2+} + EBT = CaEBT$	$\lg k_{CaEBT} = 3.80$
$Mg^{2+} + EBT = MgEBT$	$\lg k_{MgEBT} = 5.40$

【实验物品】

1. 仪器

圆底烧瓶(100 mL),球形冷凝管,量筒(10 mL、50 mL),水浴锅,磁力搅拌器,烧杯(100 mL),布氏漏斗,抽滤瓶,循环水泵,移液管(20 mL),碘量瓶(250 mL),滴定管(25 mL),容量瓶(250 mL),pH 试纸。

2. 试剂

I_2(s),KI(s),$KClO_3$(s),30% KOH 溶液,无水乙醇,KIO_3 标准溶液,NaOH(0.10 mol·L^{-1}),HCl(6.0 mol·L^{-1}),H_2SO_4(1 mol·L^{-1}),$CaCl_2$(1 mol·L^{-1}),高氯酸溶液(体积比 1∶1),KIO_3标准溶液(0.015 mol·L^{-1}),$Na_2S_2O_3$标准溶液(0.1 mol·L^{-1}),0.5%淀粉溶液,NaOH(0.10 mol·L^{-1}),EDTA 标准溶液(0.04 mol·L^{-1}),氨性缓冲溶液(pH≈10),Mg 标准溶液(0.02 mol·L^{-1}),铬黑 T 指示剂。

【实验步骤】

1. 碘酸钙的制备

在 100 mL 圆底烧瓶中依次加入 2.20 g I_2,2.00 g $KClO_3$ 和 45 mL 蒸馏水,并滴加 6 mol·L^{-1}的盐酸调节体系 pH≈1。放入搅拌磁子,装上球形冷凝管,将烧瓶置于 85 ℃水浴锅内反应,直至溶液变为无色。

将反应液转移至烧杯中,滴加 30% KOH 溶液,调节体系 pH≈10。再于搅拌下滴加 10 mL 1 mol·L^{-1}的 $CaCl_2$ 溶液,得到白色沉淀,冰水浴中冷却,抽滤,依次用少量冰蒸馏水和无水乙醇洗涤产品,抽干、称量、计算产率。

2．产品纯度及溶度积常数的测定

（1）硫代硫酸钠标准溶液的标定

移取20.00 mL碘酸钾标准溶液于250 mL碘量瓶中，加入1.6 g KI，4 mL 1 mol·L^{-1}的H_2SO_4，盖上瓶塞，暗处放置3 min，加入25 mL蒸馏水，用硫代硫酸钠标准液滴定至浅黄色。加入1 mL 0.5%淀粉溶液，继续滴定至蓝色消失为终点。平行滴定三份，计算硫代硫酸钠溶液的浓度。

（2）碘酸根离子浓度的测定

准确称取0.7 g自制的碘酸钙（精确至±0.000 1 g），置于100 mL烧杯中，加入20 mL高氯酸溶液，微热使试样溶解，冷却后转移至250 mL容量瓶中，用水稀释至刻度，摇匀。

移取试液20.00 mL置于250 mL碘量瓶中，加入30 mL水，2 mL高氯酸溶液和2 g KI，盖上瓶塞，暗处放置3 min，加入50 mL蒸馏水，用$Na_2S_2O_3$标准液滴定至浅黄色。加入1 mL 0.5%淀粉溶液，继续滴定至蓝色消失为终点，平行滴定三份，计算样品中碘酸钙的质量分数。

（3）钙含量及K_{sp}的测定

称取2份0.18～0.20 g样品（精确至±0.000 1 g）置于250 mL锥形瓶中，加入8 mL 0.10 mol·L^{-1}的NaOH溶液。加入20.00 mL EDTA标准溶液，溶解后，加入10 mL氨性缓冲溶液（pH≈10）和0.1 g固体铬黑T指示剂，以Mg标准溶液滴定至紫红色为终点，计算Ca的质量分数及K_{sp}。

【思考题】

（1）用配位滴定法测定钙含量时，样品的称量范围是怎样确定的？请以计算说明（使用滴定管的规格为25 mL）。

（2）配位滴定法测定钙含量时，为什么要先加0.10 mol·L^{-1}的NaOH溶液？加入8 mL 0.10 mol·L^{-1}的NaOH溶液是如何估算得到的？

（3）配位滴定法测定钙含量时，为什么要控制体系pH值？

（4）返滴定法测定钙含量时，是否有其他缓冲液可替代氨性缓冲溶液？

实验31　石墨烯薄膜的制备

【实验目的】

（1）了解石墨烯的结构和性质。

（2）熟悉氧化石墨烯的制备方法。

【实验原理】

石墨烯是单原子层的石墨，于2004年由英国曼彻斯特大学的安德烈·盖姆教授和康斯坦丁·诺沃肖洛夫教授首次制备，他们也因此荣获了2010年诺贝尔物理奖。石墨烯自发现以来，迅速成为物理学和材料学的热门研究对象。它是目前世界上最薄的材料，也是有史以来被证实的最结实的材料，其强度高达130 GPa，是钢的100多倍，其断裂强度达到了惊人的42 $N \cdot M^{-1}$。此外，石墨烯具有100倍于商用硅片的高载流子迁移率，是一种透明、具有优异导电性能的物质。用其制备的单电子晶体管的稳定性能要显著高于采用硅材料制备的集成电路晶体管，未来有望替代硅用于超级计算机的生产。目前石墨烯的制备方法主要有以下三种：

(1) 胶带折叠法

胶带折叠法是制备石墨烯的最原始方法，是2004年由安德烈·盖姆教授和康斯坦丁·诺沃肖洛夫发明。该法虽然非常简单，但需要非凡持久的机械操作能力，而且得到的石墨烯的尺寸也有限。

(2) 气相沉积法

气相沉积法是利用含碳的气氛在高温管式炉内，在金属表面上沉积生长得到大面积的石墨烯。此法制备的石墨烯质量较高，但是原材料较贵，仪器操作复杂，成本昂贵。

(3) 湿化学法

湿化学法是利用强氧化剂将石墨层结构破坏，进行羟基、羧基等亲水改性，进而破坏石墨层间的范德华作用，再通过超声分散得到单层氧化型石墨烯。进一步将其还原并稳定分散于溶液中即可得到纳米石墨烯溶胶(图9.2)。此法简单、便捷，目前用于大量制备石墨烯。但由于氧化的破坏作用，得到的石墨烯缺陷较多，电学性能较差。

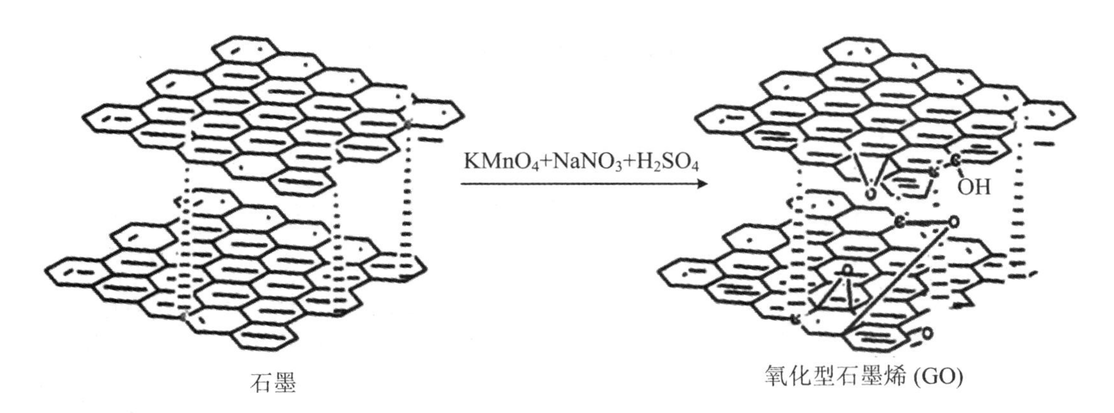

图9.2 湿化学法制备氧化石墨烯原理

本实验即采用湿化学法制备石墨烯，并期望得到透明导电的薄膜材料。氧化型石墨的制备早在1958年就被Hummers教授报道，因此也称作Hummers法，基本原理如下：

廉价的石墨粉在强氧化剂作用下，其内部的石墨层结构被破坏，使得石墨层间的作用力急剧减弱，最后在超声作用下均匀分散，得到棕色胶体溶液。

制得的氧化型石墨烯溶液在 60 ℃水浴中加热几分钟，由于热流作用，氧化型石墨烯能够在空气和水界面上形成致密的薄膜。然后将该薄膜小心转移至柔软透明的 PET 塑料衬底上，再通过合适的还原方法，将氧化型石墨烯还原成石墨烯，即可得到柔软、透明的石墨烯薄膜。图 9.3 为氧化型石墨烯和还原型石墨烯在塑料衬底上的图片。

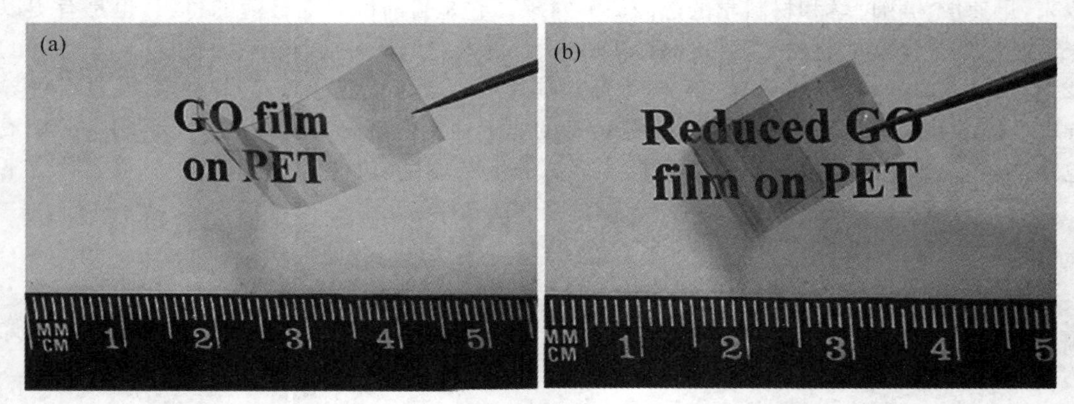

图 9.3　氧化型石墨烯在塑料衬底上(a)和还原型石墨烯在塑料衬底上(b)

【实验物品】

1. 仪器和材料

烧杯(50 mL、250 mL)，磁力搅拌器，水浴锅，量筒(10mL、25 mL、100 mL)，布氏漏斗，抽滤瓶，循环水泵，欧姆表。

2. 试剂

石墨粉，硝酸钠(s)，高锰酸钾(s)，浓硫酸，H_2O_2(30%)，PET 薄膜，氢碘酸(55%)。

【实验步骤】

(1) 称取 0.5 g 石墨粉和 0.25 g 硝酸钠于 50 mL 烧杯中，将烧杯置于冰浴中，搅拌下缓慢滴加 12 mL 浓硫酸。

(2) 往上述体系中分批加入 1.5 g 高锰酸钾，继续保持 30 min，体系逐渐变黏稠。

注意：高锰酸钾的加入速度要缓慢，尽量勿使混合溶液的温度超过 20 ℃，以防反应过于剧烈。

(3) 将上述混合体系转移至 250 mL 烧杯中，缓慢加入 80 mL 蒸馏水，得到棕黄色浑浊液，最后加入 2 mL 30%的 H_2O_2 终止反应。

(4) 减压抽滤，并用大量蒸馏水清洗滤渣，以除去残余的酸和金属离子。取部分残渣，加入适量蒸馏水，超声分散 30 min，得到棕色溶液，即氧化型石墨烯。

(5) 将氧化型石墨烯分散液于 60 ℃水浴中，加热片刻，即可观察到在空气和水的界面处形成一薄膜。将PET衬底浸入该溶液中,提拉,即可将氧化石墨烯薄膜转移至PET衬底上。再将该衬底于80℃烘箱中干燥1 h,即得到棕黄色的PET氧化型石墨烯薄膜。

(6) 将上述PET氧化型石墨烯薄膜浸入100℃的氢碘酸溶液中,保持30 s,再用乙醇冲洗,即得到具有导电性能、透明、柔软的石墨烯——PET薄膜。

(7) 用欧姆表测定石墨烯(PET薄膜的电阻)。

实验知识拓展①

(1) 石墨烯的概述

石墨烯是一种二维平面六边形蜂窝网状结构的单层碳原子薄膜,因其内部无缺陷、体积微小、量子尺寸等独特的空间结构特性,而具有许多独特的物理、化学性能。如:电子在石墨烯中传输的阻力很小,具有良好的电子传输性质,其电子迁移率比硅高100倍;石墨烯是目前已知的强度最高的物质;同时石墨烯特有的能带结构使其空穴和电子相互分离,导致了一些新的电子传导现象的产生,如量子干涉效应、室温量子霍尔效应、不规则量子霍尔效应等。

(2) 石墨烯的结构

单层石墨烯是单原子层紧密堆积的二维晶体结构,其中碳原子以六元环形式周期性排列于石墨烯平面内(图9.4)。每个碳原子通过三个σ键与临近的三个碳原子相连,碳原子的2s轨道与$2p_x$和$2p_y$轨道的电子在与平面垂直的方向形成了π轨道,由于π轨道电子受到的束缚力比较弱,因此它可以在石墨烯晶体平面内自由移动,从而使石墨烯具有良好的导电性。

图9.4 石墨烯结构示意图

① http://baike.baidu.com/view/1744041.html.
张文毓. 石墨烯应用研究进展综述[J]. 新材料产业,2011,7:57~59.
Hummer W S, Offeman R E. Prepartion of graphite oxide[J]. J. Am. Chem. Soc., 1958, 80:1339.

实验 32　柠檬酸法制备固体燃料电池 SDC 粉体

【实验目的】

(1) 了解固体燃料电池的概念。
(2) 掌握复合粉体的制备方法。

【预习问答】

(1) 为何要往反应体系中加入氨水?
(2) 滴加完氨水后继续搅拌 30 min 的目的是什么?

【实验原理】

固体氧化物燃料电池(solid oxide fuel cell,SOFC)属于第四代燃料电池,是一种在中高温下将储存在燃料和氧化剂中的化学能直接转化成电能的全固态化学发电装置(图 9.5)。SOFC 的最大特点是能量转化效率不受"卡诺循环"的限制,高达 60%~80%,因此其使用效率是普通内燃机的 2~3 倍。此外,它还具有燃料适应性广、模块化组装、零污染、低噪音、比功率高等优点,可以直接使用氢气、一氧化碳、天然气、液化气以及煤气等多种碳氢燃料。迄今,SOFC 作为一类新型高效的洁净能源,已得到了广泛应用。例如,SOFC 可作为大型集中供电、中型分电和小型家用热电联供等领域的固定电站,还可作为船舶、车辆等的移动电源。

固体氧化物燃料电池的原理是一种电化学装置,其组成部分为:电解质(electrolyte)、阳极或燃料极(anode/fuel electrode)、阴极或空气极(cathode/air electrode)和连接体(interconnect)或双极板(bipolar separator)。

氧化钐掺杂的氧化铈 $Ce_{0.8}Sm_{0.2}O_{1.9}$(Sm 取代 Ce 20% 的位置,Sm-doped-Ce,简称 SDC),是中温固体氧化物燃料电池(IT-SOFC,工作温度 400~700 ℃)的电解质材料,实验室中主要采用柠檬酸法、甘氨酸法和固相法制备。本实验中我们采用柠檬酸法制备 SDC 粉体。该粉体具有活性高、易于烧结、中温工作时导电性能佳、稳定性高的特点。

在反应中,柠檬酸作为燃料,硝酸盐作为氧化物。当柠檬酸与金属离子络合后,对其加热,会形成凝胶,进一步加热得到凝胶,最后发生自燃,生成黄白色粉体。在 600 ℃ 预烧 2 h 成相。再利用 X 射线衍射、热分析、透射电镜等手段对产品理化性能进行表征。图 9.6 为柠檬酸和柠檬酸与金属离子形成络合物的结构式。

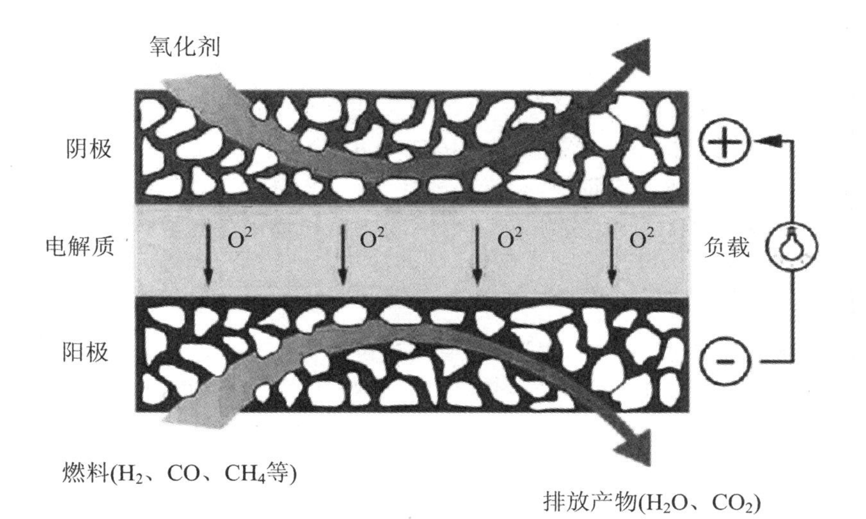

图 9.5　固体氧化物燃料电池工作原理示意图

```
        H2C — COOH
          |
HO  —   HC — COOH
          |
        H2C — COOH
            (a)

                     O
                     ‖
O          O — C — CH2 — ---------
  ↘      ↙      CH2 — C — O —
    M                |    ‖
  ↗      ↖           |    O
O          O — CH
                 |
               H2C — C — O ------M
                     ‖
                     O
            (b)
```

图 9.6　柠檬酸(a)柠檬酸与金属络合物(b)的结构式

【实验物品】

1. 仪器

烧杯(100 mL),量筒(25 mL),滴管,蒸发皿,pH 试纸。

2. 试剂

Sm_2O_3(s),$Ce(NO_3)_3 \cdot 6H_2O$(s),柠檬酸,浓氨水,浓硝酸。

【实验步骤】

1. 燃料电池 SDC 粉体的制备

(1) 称取 0.44 g Sm_2O_3加入 5 mL 浓硝酸中,搅拌使其完全溶解,再加入 20 mL 蒸馏水。

(2) 称取 4.34 g $Ce(NO_3)_3 \cdot 6H_2O$ 加入上述溶液中,搅拌至完全溶解。

(3) 往步骤(2)所得溶液中加入 5.8 g 柠檬酸,搅拌至固体完全溶解,然后缓慢滴加浓氨水,并不断搅拌,直至体系 pH 值为 7～8,继续搅拌 30 min。

(4) 将上述体系转移至蒸发皿中,小火加热并不断搅拌。溶液逐渐变黏稠,形成胶体状,最后发生板结。此时用玻璃棒轻轻一点即可发生自燃,最终得到黄白色粉体。收集粉体,在 600 ℃煅烧,即可获得最终所需的燃料电池 SDC 粉体。

2. 燃料电池 SDC 粉体的表征

通过 X 射线衍射(XRD)、热分析仪(TG－DSC)、扫描电镜(SEM)表征粉体结构(见245 页彩图 1)。

注意事项:

(a) 加入浓硝酸和浓氨水的实验操作在通风橱内进行。

(b) 燃烧反应的火焰温度对产物的性质有较大影响。火焰温度越高,产物的结晶程度越好,晶体尺寸也越大,但也容易发生烧结,降低粉体的比表面积,易于团聚。因此需要选择合适的燃料以获取粒度小、团聚弱的粉体。一般认为,采用柠檬酸作燃料制备得到的样品粒度较为均匀,在烧结前后都能保持良好的分散度。

【思考题】

(1) 滴加氨水的过程中有什么现象发生?分别生成什么物质?

(2) 若在体系浓缩过程中出现浑浊,试说明是何原因造成的,该采取什么措施?

(3) 能否用其他物质代替柠檬酸?试举例。

实验知识拓展[①]

(1) 燃料电池

1839 年,英国的 William R. Grove 发明了燃料电池,并用这种以铂黑为电极催化剂的氢氧燃料电池(图 9.7)点亮了伦敦讲演厅的照明灯,随之揭开了燃料电池研究的序幕。20 世纪 50 年代,燃料电池的研究有了实质性的进展,英国剑桥大学的 Bacon 用高压氢氧制成了具有实际功率水平的燃料电池。60 年代,这种电池成功应用于阿波罗登月飞船。到了 80 年代,各种小功率电池在航天、军事、交通等各个领域得到了广泛应用。

依据燃料电池电解质的不同,可将其分为质子交换膜燃料电池、甲醇燃料电池、碱性燃料电池、磷酸燃料电池、熔融碳酸盐燃料电池、固态氧化物燃料电池。

(2) 锂离子电池

锂离子电池是在锂电池的基础上发展起来的一种新型电池。与传统的化学电源如碱性锌锰电池和铅酸电池等相比,锂离子电池具有高电压、高比能量、低自放电率、无记忆效应等优点,因此广泛应用于光电、信息、交通、国防军事等领域。

锂离子电池的主要组成部分为正极、负极、电解液、电极基材、隔离膜等。其工作原理(图 9.8)与其他二次电池一样,即通过放电过程将电池的化学能转化为电能输出外电路,然

① 焦伟明,陈哲,尹懿,等.高性能锂离子电池电极材料研究[J].能源与环境,2011,2:34～36.
黄晓梅.燃料电池的研究与应用[J].湘电培训与教学,2007,1:46～48.

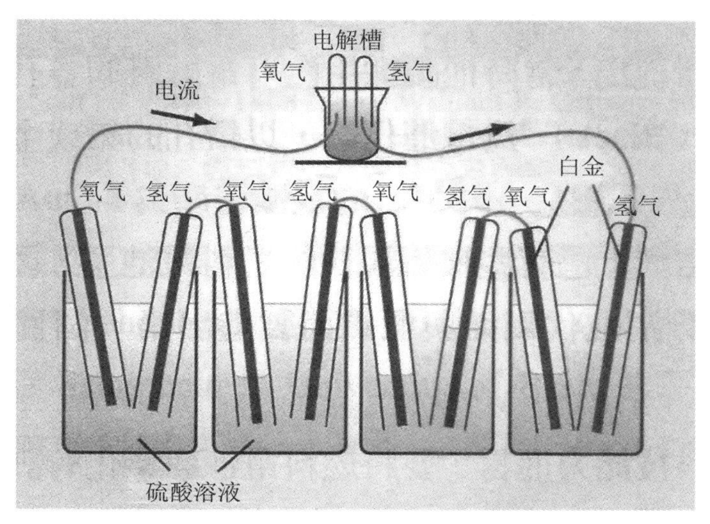

图 9.7 William R. Grove 爵士进行的气体电池实验

后通过充电过程借助外电源反向通电,使锂离子电池恢复到原来的状态。具体表现为:

充电时,锂离子从正极脱嵌,经过电解质嵌入负极碳层的微孔结构中。嵌入的锂离子越多,充电容量越高。反应方程式为

$$LiCoO_2 \longrightarrow Li_{1-x}CoO_2 + xLi + xe$$

放电时,嵌在负极碳层中的锂离子脱出,又运动回正极。回正极的锂离子越多,放电容量越高。

$$Li_{1-x}CoO_2 + xLi + xe \longrightarrow LiCoO_2$$

从充放电反应的可逆性看,锂离子电池是一种理想的可逆反应电池。其大致的工作原理如图 9.8 所示。

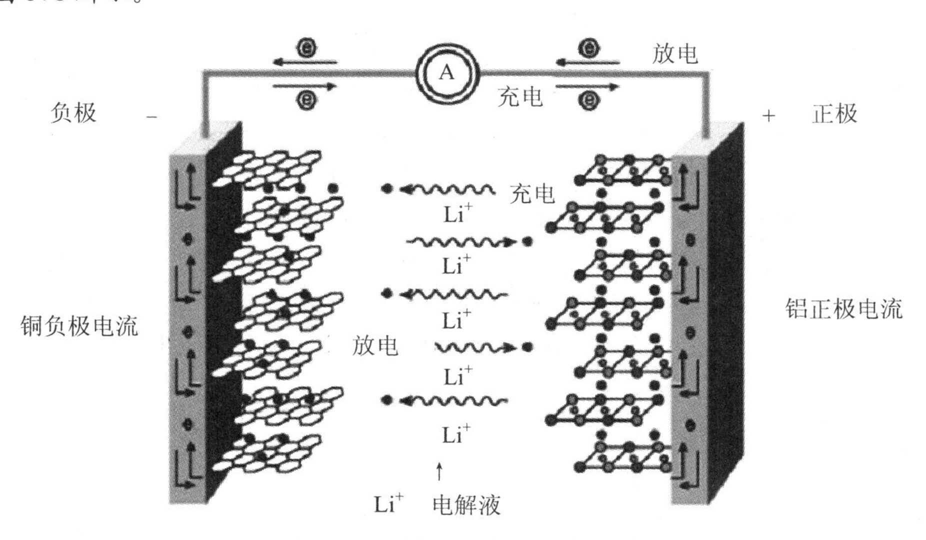

图 9.8 锂离子电池工作原理示意图

实验 33 可逆温致变色材料的制备①

【实验目的】

(1) 了解温致变色材料的种类和应用。
(2) 了解温致变色材料的制备方法。
(3) 了解温致变色机理及影响因素。

【实验原理】

温致变色材料是指在温度高于或低于某个特定温度区间发生颜色变化的材料。其中，颜色随温度连续变化的材料称为连续温致变色材料，而只在某一特定温度下发生颜色改变的材料称为不连续温致变色材料；能够随温度升降，反复发生颜色变化的材料称为可逆温致变色材料，而随温度改变只能发生一次颜色变化的材料称为不可逆温致变色材料。

自 20 世纪 80 年代以来，温致变色材料已广泛应用于航天航空、能源化工、日用食品以及科研等各领域，至今已成功开发出多种温致变色材料，如超温报警涂料、温致变色油墨、温致变色瓷釉、传真纸等。由此可见，研究和开发温致变色材料具有重要的经济和社会意义。

温致变色的机理较为复杂，其中无机氧化物的温致变色多与晶体结构的变化有关；无机配合物则与配位结构或水合程度有关；另外，有机分子的异构化也可以引起温致变色。

本实验制备了温致变色材料四氯化铜二乙基铵盐$[(CH_3CH_2)_2NH_2]_2CuCl_4$，并研究其在不同温度下的变色情况。其原理为：室温下，四个 Cl^- 位于 Cu^{2+} 的四周，形成平面四边形结构，而二乙基铵离子则位于$[CuCl_4]^{2-}$配离子的外围；随着温度的逐渐升高，分子内振动加剧，使得 N—H…Cl 的氢键发生改变，其结构就从扭曲的平面四边形转变为扭曲的四面体结构，颜色也就相应地由亮绿色转变为黄色。可见配合物结构变化是引起其颜色变化的重要因素之一。四氯化铜二乙基铵盐在不同温度下的几何结构示意图如图 9.9 所示。

---

① 沈建中. 普通化学实验[M]. 上海：复旦大学出版社，2007.
孙宾宾，傅正生，陈洁. 光致变色材料在军事领域的应用[J]. 陕西国防工业职业技术学院学报，2007，17(1)：38～40.
徐娜，沈晓冬，崔升. 电致变色材料的研究进展及发展前景[J]. 稀有金属，2010，34(4)：610～617.

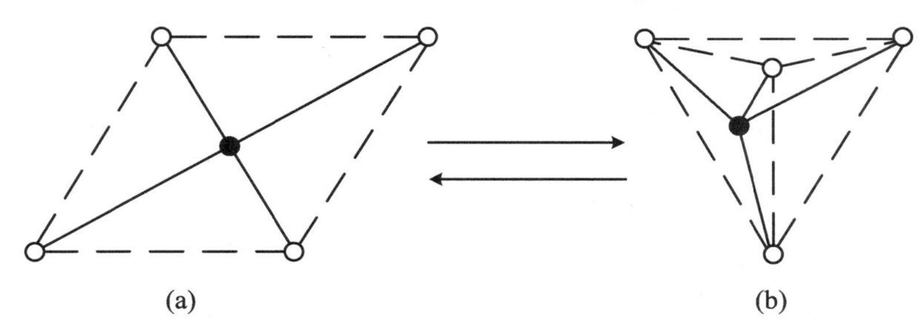

图9.9 $[(CH_3CH_2)_2NH_2]_2CuCl_4$ 在低温和高温条件下的几何结构

(a) 低温、平行四边形、亮绿色；(b) 高温、扭曲四面体、黄褐色

● 代表 Cu^{2+} ○代表 Cl^-

【实验物品】

1. 仪器

锥形瓶(50 mL)，量筒(10 mL、25 mL)，布氏漏斗，抽滤瓶，温度计，循环水泵。

2. 试剂

盐酸二乙胺$[CH_3(CH_2)_2NH_2Cl]$，无水氯化铜(s)，异丙醇，无水乙醇，3A分子筛，凡士林。

【实验步骤】

1. 温致变色材料的制备

称取3.2 g盐酸二乙胺，溶于装有15 mL异丙醇的50 mL锥形瓶中。另称取1.7 g无水氯化铜于另一个50 mL锥形瓶，加入3 mL无水乙醇，微热使其全部溶解。将两个锥形瓶内的溶液混合，加入3粒活化的3A分子筛，促进晶体的形成。将锥形瓶置于冰水中冷却，析出亮绿色针状结晶。迅速抽滤，并用少量异丙醇洗涤沉淀，将产品四氯化铜二乙基胺盐放入干燥器中保存。

注意事项：

(a) 本实验所制备的配合物遇水易分解，所用的器皿均应干燥无水。

(b) 加热溶解时勿用水浴，以防水蒸气进入反应溶液从而影响产品结晶。

(c) 在冰水中冷却结晶时，应用塞子将锥形瓶瓶口塞住，防止水蒸气进入。

(d) 四氯化铜二乙基铵盐极易吸潮自溶，因此抽滤时动作要迅速，并且尽量在干燥条件下进行。

2. 温致变色现象的观察

取少量产品装入一端封口的毛细管中敦实，并用凡士林将毛细管管口堵住，以防样品吸潮。用橡皮筋将此毛细管固定在温度计上，使样品部位靠近温度计下端水银泡。将带有毛细管的温度计置于水浴中缓慢加热，观察现象，并记录其变色的温度范围。再从热水中取出毛细管，观察样品颜色随温度下降的变化，并记录变色温度范围。

【思考题】

(1) 简述你所知的温致变色材料在日常生活及科研领域的应用。

(2) 查阅资料,简述温致变色的基本原理。

实验知识拓展

世界正因为有了颜色而五光十色,生活正因为有了颜色而变得多姿多彩,这一切都来自于大自然的馈赠和人类的聪明才智。随着科技的飞速发展,人类已经能够应用多种方式来表现颜色、应用颜色,其中变色材料的研制和应用给我们带来耳目一新的“多彩”生活,更在生产、国防、日用化工等多个领域大放异彩。目前对变色材料的开发研制主要集中在以下四方面:光致变色材料、电致变色材料、温致变色材料、压致变色材料。

(1) 光致变色材料

光致变色材料是指物质在受到一定波长的光的照射下,可进行特定的化学反应,获得产物。由于结构的改变导致其吸收光谱发生明显的变化,而在另一波长的光的作用下,又能恢复到原来的结构。

(2) 电致变色材料

电致变色材料是指材料能够在外电场或电流作用下发生可逆的色彩变化。其原理为材料在电化学作用下发生电子与离子的注入与抽出,使其价态和化学组分发生改变,从而导致材料的反射与透射性能改变,在外观性能上表现为颜色和透明度的可逆变化。

(3) 温致变色材料

温致变色材料是指在温度高于或低于某个特定温度区间发生颜色变化的材料。自20世纪80年代以来,温致变色材料已广泛应用到航天航空,能源化工,日用食品以及科研等各领域,至今已成功开发出多种温致变色材料。如将温致变色材料涂在木材、纸张、陶瓷、金属等基材上,可以制作成热变色家具、茶具、玩具。

(4) 压致变色材料

压致变色材料是指颜色随压力变化而发生改变的材料。压致变色现象已成功应用于航天航空领域。如:美国研制出一种压敏涂料,将其均匀地涂抹在机翼表面,根据各部位颜色变化即可全方位地监测各部位的压力。此外,在食品塑料包装封口采用压敏材料,也可有效地检查包装袋的密封情况,从而保证食品质量。

实验34 葡萄糖酸锌的制备及成分分析

【实验目的】

(1) 了解锌的生物意义和葡萄糖酸锌的制备方法。

(2) 熟练掌握蒸发、浓缩、过滤、重结晶、滴定等操作。

(3) 掌握络合滴定法的原理及基本操作。

【预习内容】

(1) 在葡萄糖酸锌的制备过程中,反应温度为什么必须控制在80～90 ℃?

(2) 在沉淀与结晶葡萄糖酸锌时,加入95%乙醇的作用是什么?

【实验原理】

葡萄糖酸锌为白色结晶或颗粒状粉末,无味,溶于水,易溶于沸水,15 ℃时饱和溶液的浓度为25%(质量分数),不溶于乙醇、氯仿和乙醚。葡萄糖酸锌作为一种常见的补锌食品添加剂,具有见效快、吸收好、副作用小、使用方便等特点,其生物利用率为硫酸锌的1.6倍,其制备方法主要有以下三种:

(1) 生物法与化学法联用

以葡萄糖为原料,用黑曲霉菌等使葡萄糖氧化生成葡萄糖酸,再通过化学方法制备葡萄糖酸锌。

(2) 化学直接合成法

以葡萄糖酸钙和硫酸锌(或硝酸锌)在一定条件下发生复分解反应,通过净化处理,得到葡萄糖酸锌。其反应方程式为

$$Ca(C_6H_{11}O_7)_2 + ZnSO_4 \longrightarrow Zn(C_6H_{11}O_7)_2 + CaSO_4 \downarrow$$

(3) 化学间接合成法

以葡萄糖酸钙为原料,经阳离子交换树脂制备得到葡萄糖酸,再与氧化锌反应得到葡萄糖酸锌。

本实验分别采用化学直接合成法和间接合成法制备葡萄糖酸锌,并通过红外对产品结构进行定性表征。采用EDTA配位滴定法和比浊法对产品进行定量表征,并比较两种方法制得的产物中锌和硫酸根的含量。

在pH≈10的溶液中,铬黑T(EBT)与Zn^{2+}形成较稳定的酒红色螯合物(Zn-EBT),而EDTA与Zn^{2+}能形成更为稳定的无色螯合物。因此,滴定至终点时,铬黑T便被EDTA从Zn-EBT中置换出来,游离的铬黑T在pH≈10的溶液中呈现蓝色,指示终点。反应方程式为

$$\text{Zn-EBT(酒红色)} + \text{EDTA} \longrightarrow \text{Zn-EDTA} + \text{EBT(蓝色)}$$

【实验物品】

1. 仪器和材料

烧杯(100 mL),量筒(50 mL),蒸发皿,布氏漏斗,抽滤瓶,锥形瓶(250 mL),离子交换柱,容量瓶(100 mL),磁力搅拌器,滴定管,移液管(25 mL),比色管(25 mL),循环水泵,显微熔点仪,红外光谱仪,pH试纸。

2. 试剂

葡萄糖酸钙(s)，$ZnSO_4 \cdot 7H_2O$(s)，ZnO(s)，硫酸(0.05 $mol \cdot L^{-1}$)，95%乙醇，强酸性苯乙烯阳离子交换树脂(001×7)，氨性缓冲溶液(pH≈10)，乙二胺四乙酸二钠盐(简称EDTA，0.05 $mol \cdot L^{-1}$)，Zn 粒，活性炭，氨水(1 ∶ 1)，25% $BaCl_2$ 溶液，HCl(6 $mol \cdot L^{-1}$)，标准 K_2SO_4 溶液(SO_4^{2-} 含量 100 $mg \cdot L^{-1}$)，铬黑 T 指示剂。

【实验步骤】

1. 化学直接合成法制备葡萄糖酸锌

称取 7.2 g $ZnSO_4 \cdot 7H_2O$ 于 100 mL 烧杯中，加入 45 mL 蒸馏水，搅拌下加热至 80～90 ℃，使其完全溶解，然后将烧杯保持在 90 ℃水浴恒温，不断搅拌下逐渐加入 10.8 g 葡萄糖酸钙，保持恒温 20 min。趁热抽滤，滤液移至蒸发皿中，蒸发浓缩至黏稠状，冷却至室温后加入 20 mL 95%乙醇，并不断搅拌，此时有大量的胶状葡萄糖酸锌析出，静置，倾斜分离除去乙醇，然后往胶状沉淀中再加入 20 mL 95%乙醇，充分搅拌后，沉淀逐渐转变成晶体状，抽滤至干，即得粗产品(母液回收)，称重并计算粗产率。

往粗产品中加入 20 mL 蒸馏水，加热至溶解，趁热抽滤，滤液冷却至室温，加入 20 mL 95%乙醇，充分搅拌，结晶析出后，抽滤至干，即得提纯后的产品。产品于 50 ℃烘干，称重，并计算产率。

2. 化学间接合成法制备葡萄糖酸锌

(1) 葡萄糖酸的制备

量取 50 mL 蒸馏水于 100 mL 烧杯中，缓慢加入 2.7 mL 0.05 $mol \cdot L^{-1}$的 H_2SO_4，搅拌下分批加入 22.4 g 葡萄糖酸钙，于 90 ℃水浴中反应 1 h，趁热过滤除去 $CaSO_4$。滤液冷却后，以 2 $mL \cdot min^{-1}$的速度通过强酸性苯乙烯阳离子交换树脂，得到无色高纯的葡萄糖酸溶液。

(2) 葡萄糖酸锌的制备

取上述制得的葡萄糖醛溶液，分批加入 2.0 g ZnO，于 60 ℃水浴中搅拌反应 2 h，控制 pH≈6。过滤，滤液浓缩至原体积的 1/3。加入 10 mL 95%乙醇，冷却至 0 ℃，即得到白色晶状的葡萄糖酸锌。产物干燥，称重。

3. 葡萄糖酸锌的表征

(1) 样品熔点的测定

用显微熔点仪测定合成产物的熔点。

(2) 样品红外吸收光谱的表征

用压片法测定合成产物的红外吸收光谱，特征谱带为：

—OH 伸缩振动　　3 200～3 500 cm^{-1}

—COO—伸缩振动　　1 589 cm^{-1}，1 447 cm^{-1}，1 400 cm^{-1}

(3) 样品中锌含量的测定

采用直接法和间接法制得的产品中锌含量的测定均按照下述步骤进行：

准确称取 1.6 g(精确至±0.000 1 g)葡萄糖酸锌，溶解后，转移至 100 mL 容量瓶中，定容。移取25.00 mL溶液于250 mL锥形瓶中,加入10 mL氨性缓冲溶液、4滴铬黑T指示剂,然后用0.05 mol·L^{-1}的EDTA标准溶液滴定,滴至溶液由酒红色刚好转变成纯蓝色时即为滴定终点。平行滴定三份,记录所用EDTA标准溶液的体积,然后按下式计算样品中Zn的含量

$$w(\mathrm{Zn})=\frac{c_{\mathrm{EDTA}}\times V_{\mathrm{EDTA}}\times 65\times 4}{W_s\times 1\,000}\times 100\%$$

式中,W_s为称取样品的质量(g)。

(4) 样品中硫酸盐的检验

直接法和间接法制得的产品中锌含量的测定均按照下述步骤进行:

取0.5 g样品,加入20 mL蒸馏水溶解,若有不溶物,应过滤除去。将溶液转移至25 mL比色管中,加入2 mL稀盐酸,并用蒸馏水稀释至刻度,摇匀,即得样品溶液。另取标准K_2SO_4溶液2.5 mL,置于25 mL比色管中,加入2 mL稀盐酸,再用蒸馏水稀释至刻度,摇匀,即得对照溶液。在样品溶液和对照溶液中,分别加入2 mL 25% $BaCl_2$溶液,用水稀释至25 mL,充分摇匀,静置10 min,由比色管上方朝下观察,并进行比较。

【思考题】

(1) 根据葡萄糖酸锌的实验结果,比较直接法和间接法制备葡萄糖酸锌的优缺点。

(2) 配位满足时,为什么要用缓冲溶液?

(3) 使用铬黑T指手剂为什么要在pH=10的缓冲溶液中进行?

实验35 纳米氧化锌的制备及其光催化性能研究[①]

【实验目的】

(1) 掌握纳米材料的相关背景知识,如纳米材料的性质,其与常规块体材料的差异、制备方法的特殊性等。

(2) 了解表征纳米材料的常用手段(X射线衍射分析、透射电子显微镜、扫描电子显微镜、紫外可见吸收光谱、室温荧光光谱等)以及用这些表征手段能够获取何信息。

---

① 安崇伟,郭艳丽,王晶禹.纳米氧化锌的制备和表面改性技术进展[J].应用化工,2005,34(3):141~144.
王孝华,聂明.纳米氧化锌制备的新进展[J].化工新型材料,2011,39(3):16~19.
田静博,刘琳,钱建华,等.纳米氧化锌的制备技术与应用研究进展[J].化学工业与工程技术,2008,29(2):46~49.

【实验原理】

纳米氧化锌(ZnO)是指晶粒尺寸在1～100 nm的ZnO微粒,由于粒子尺寸小、比表面大,使其具有一般粒度的ZnO所不具备的表面效应、体积效应、量子尺寸效应和宏观隧道效应等。ZnO在催化、光学、磁性等方面展现出许多特异功能,特别是它的防紫外辐射及其在紫外区对有机物的催化降解作用,使其在陶瓷、化工、电子、光学、生物、医药等众多领域得到广泛应用。

本实验采用直接沉淀法制备纳米ZnO,即往可溶性锌盐溶液中加入沉淀剂,将锌的沉淀物从溶液中分离出,再将阴离子洗去,经分离、干燥、热解得到纳米ZnO。再利用紫外分光光度计进一步考察产物对有机物(甲基橙)的光催化降解性能。

【实验物品】

1．仪器

烧杯(250 mL),移液枪,量筒(100 mL),试管,磁力搅拌器,离心机,马弗炉,紫外-可见分光光度计,比色皿。

2．试剂

$ZnSO_4$(0.5 mol·L^{-1}),Na_2CO_3(0.5 mol·L^{-1}),甲基橙(1.0×10^{-4} mol·L^{-1})。

【实验步骤】

1．纳米氧化锌的制备

取100 mL 0.5 mol·L^{-1} $ZnSO_4$溶液置于250 mL烧杯中,缓慢加入100 mL 0.5 mol·L^{-1} Na_2CO_3溶液,于30 ℃水浴中搅拌、熟化1 h后冷却、分离沉淀,洗涤沉淀直至溶液中无SO_4^{2-}检出为止。将洗净的沉淀置于80 ℃恒温干燥箱中干燥5 h,得到纳米ZnO前驱体。于800 ℃的马弗炉中煅烧该前驱体8 h,即可得到纳米ZnO。

2．纳米氧化锌的表征

(1) 产品纯度测定

根据X射线衍射结果初步判断产物纯度。

(2) 产品形貌研究

通过透射电子显微镜、扫描电子显微镜观察产物粒径及形貌,记录试样的主要形貌及粒径大小等信息。

(3) 产品性质表征

① 对产物纳米ZnO进行固体紫外漫反射光谱测试,从光谱的吸收边计算氧化锌的能隙(E_g),与块体氧化锌(E_g=3.1 eV)进行对比,研究产物的量子效应。

② 对产物纳米ZnO进行室温荧光光谱测试,从光谱的对应信息中获取试样是否存在晶体缺陷等相关信息。

3. 纳米氧化锌的光催化性能表征

选取甲基橙作为有机污染物模型，考察纳米氧化锌对其的光催化降解行为。取100 mL 1.0×10^{-4} mol·L^{-1}甲基橙溶液于250 mL烧杯中，加入50 mg制备的纳米ZnO，避光搅拌30 min，使之达到吸附平衡。取5 mL溶液置于离心管中，离心除去ZnO，吸取上层清液于1 cm比色皿中，在520 nm波长处测定溶液吸光度A_0(此吸光度对应于c_0)。然后将此装置放在太阳光下进行光催化反应(持续搅拌)并开始计时，每隔15 min用移液枪吸取5 mL试样，按照上述步骤离心、测定吸光度A_i(此吸光度对应于c_i)，光催化反应2 h后停止实验，以c_i/c_0为纵坐标，反应时间为横坐标作图，研究所制备ZnO的光催化性能。

实验知识拓展

纳米氧化锌是一种新型高功能精细无机产品，由于颗粒尺寸的细微化，比表面积急剧增加，使得纳米ZnO产生了其本体块状材料所不具备的表面效应、小尺寸效应和宏观量子隧道效应等。因此，纳米ZnO在磁、光、电、化学、物理学等方面具有一般的块体氧化锌产品所无法比拟的特殊性能和新用途，在橡胶、涂料、油墨、颜填料、催化剂、高档化妆品以及医药等领域展示出广阔的应用前景。目前，纳米ZnO的制备方法主要有物理法和化学法。

1. 物理法

物理法是采用特殊的机械粉碎、电火花爆炸等技术，将普通级别的ZnO粉碎至超细。此法虽然工艺简单，但具有能耗大、产品纯度低、粒度分布不均匀、研磨介质的尺寸和进料的细度影响粉碎效能等缺点，并且难以得到尺度在1～100 nm的粉体，限制了其在工业上的使用。

2. 化学法

化学法是在控制条件下，从原子或分子的成核、生成或凝聚成具有一定尺寸和形状的粒子。常见的化学合成方法有液相法、气相法和固相法。

(1) 液相法

液相法操作简单易行、成本低廉、产物纯度高，但洗涤沉淀中的阴离子较困难，且生成的产品粒径分布较宽。其中，液相法又包括以下几种制备方式：

① 直接沉淀法

该法主要是通过往可溶性锌盐中加入沉淀剂，使锌的沉淀物从溶液中析出，并将阴离子洗去，经分离、干燥、热解得到纳米ZnO。常见的沉淀剂为碳酸铵、氨水、草酸铵。直接沉淀法操作简单易行，对设备技术要求不太苛刻，产物纯度高，不易引入其他杂质，成本较低。但该法缺点是洗涤沉淀中的阴离子较困难，且生成的产品粒子粒径分布较宽。

② 均匀沉淀法

该法主要是利用沉淀剂的缓慢分解，与溶液中的构晶离子结合，从而使沉淀缓慢均匀的生成。加入的沉淀剂不是立刻与被沉淀组分发生反应，而是通过化学反应使沉淀剂在整个溶液中缓慢地生成。

③ 溶胶-凝胶法

该法主要是利用锌的金属盐或醇盐为原料，在有机介质中进行水解、缩聚反应，使溶液经溶胶凝胶化过程得到凝胶。凝胶经干燥、煅烧成粉体。溶胶-凝胶法具有操作方便、污染小、生产周期短、产物均匀度高、分散性好等优点，但原料成本昂贵，在高温下进行热处理时有团聚现象。

④ 水热法

该法是在高温高压下，在水溶液或蒸气等流体中进行有关反应，再经分离或热处理得到纳米颗粒。水热法制备的纳米粉体具有较好的性能，粉体晶粒发育完全，粒径小且分布均匀，团聚程度小。但水热法所用的高温高压合成设备昂贵，操作要求较高。

(2) 气相法

气相法制备的纳米粉体均匀、细度可控，借助一定的技术手段可以得到表面修饰的稳定性良好的纳米材料。气相法主要包括以下几种制备方式：

① 激光诱导化学气相沉淀法

该法是在空气氛围中用激光束直接照射锌片表面，经加热、汽化、蒸发、氧化等过程制备得到纳米 ZnO 粉末。该法具有能量转换效率高、可精确控制等优点。但成本高、产率低、电能消耗大，难以实现工业化生产。

② 化学气相氧化法

化学气相氧化法是利用锌粉为原料，O_2 为氧源，在高温下，以 O_2 为载体进行的氧化反应。

③ 喷雾高温分解法

喷雾高温分解法是将锌盐的水溶液经雾化为气溶胶液滴，再经蒸发、干燥、热解、烧结等过程得到产物粒子。

(3) 固相法

固相法是将金属盐或金属氧化物按一定比例充分混合，研磨后进行煅烧，通过发生固相反应直接制得纳米粉末。固相法制备具有设备简单、操作安全、工艺流程短等优点。其缺点在于制备过程中易引入杂质，产品纯度低，颗粒不均匀。根据使用原料的不同，固相法主要包括碳酸锌法、氢氧化锌法、草酸锌法等。

实验 36　银纳米片的合成及紫外可见光谱分析①

【实验目的】

(1) 掌握纳米粒子合成的基本实验操作。

① Gabriella S M, Chad A M. Rapid Thermal Synthesis of Silver Nanoprisms with Chemically Tailorable Thickness [J]. Advanced Material, 2005, 17(4): 412～415.

赖文忠，赵威，杨容，等. 用双还原法制备三角形银纳米片及其光学性能[J]. 物理化学学报，2010，26(4)：1177～183.

何爱山，云志. 低温苯胺化学还原法合成三角形银纳米片[J]. 南京工业大学学报，2010，32(1)：98～101.

(2) 了解金属纳米粒子的形貌与其表面等离子体共振吸收峰位置的关系。
(3) 学习通过紫外-可见吸收光谱表征纳米粒子的方法。

【预习内容】

(1) 实验所用各种试剂在合成反应中所起的作用是什么?
(2) $NaBH_4$ 的加入量对 Ag 粒子形貌有什么影响?

【实验原理】

1. 纳米粒子的特性

当一种材料粒子的尺寸不断减小时,材料的一些性质(如比表面积)会随之发生连续变化。而当粒子的尺寸减小到纳米尺度时,某些性质会发生急剧改变,使纳米材料具有传统材料所不具备的奇异或反常的理化特性,这种现象被称为纳米效应。例如,当粒径减小至几纳米时,Au 粒子变为半导体,而 Ag 粒子表现为近似绝缘体;化学惰性的 Pt、Au 等金属达到纳米尺度后可作为活性极高的催化剂;铁磁性物质进入纳米尺度后表现出超顺磁性,可用于核磁共振成像。

2. 影响纳米粒子生长的因素

纳米粒子的生长过程可分为成核、成长和熟化三个阶段。在成核阶段,溶液中物质的浓度远远大于其溶解度,形成晶核析出;在成长阶段,浓度仍大于溶解度,溶质继续析出,在已存在的晶核基础上继续长大;在熟化阶段,物质的浓度等于溶解度,不再发生净生长,体系中较小较不稳定的粒子逐渐萎缩,而较大较稳定的粒子相应长大。

由于纳米粒表面原子所占比例很高,较不稳定,容易结合长大,因此在合成时往往需要加入表面活性剂。活性剂分子与表面原子结合后,能有效降低纳米粒子的表面能,阻止其进一步长大,从而起到控制粒子尺度的作用。某些活性剂分子还能与纳米粒子的特定晶面紧密结合,从而起到调控纳米粒子形貌的作用。

此外,试剂的选择、反应温度、试剂加入速度、光照等诸多因素都会影响到纳米粒子的合成。因此,纳米材料的合成不仅是一种技术更是一门艺术。

3. 表面等离子体共振原理及其与纳米粒形貌的关系

等离子体是含有足够数量的自由带电粒子,有较大的电导率,其运动主要受电磁力支配的物质状态。等离子体是物质的第四态,即电离了的"气体",它呈现出高度激发的不稳定态,其中包括离子(具有不同符号和电荷)、电子、原子和分子。

金属可以看成是由正离子构成的规则晶格以及在晶格中自由流动的电子构成,从某种角度看类似于等离子体。表面等离子体共振是金属表面电子在光的照射下与光波之间产生的共振现象。晶格中自由流动的电子在电磁波的作用下,处于正电背景的电子向正电区域移动,因此形成了电子密度的局部不均。此时,由于电子密度的不均,又会引起电子间的库仑排斥以及原子核的吸引,使电子向相反方向移动,形成了电子在电磁波作用下的纵向振荡。当这些电子的振荡频率与电磁波的振荡频率相当时,便会产生共振,即为表面等离子体共振(图 9.10)。

当金属纳米粒子发生等离子体共振时,与其表面振动频率相当的光,会被共振吸收而转化成振动能量。金属纳米粒子的胶体溶液会因为这种局域表面等离子体共振吸收而呈现出一定的颜色。金属纳米粒的局域表面等离子体共振决定于纳米粒的形状、大小、表面介电常数等。因此,对于不同大小、形状和材料的金属纳米粒子,由于具有不同的表面等离子体共振特性吸收性质,其胶体溶液便可呈现出各种不同的颜色。对于已知体系,可以根据颜色变化来判断纳米粒子的形貌,并且颜色越纯(吸收峰越窄)说明得到的样品形貌越均一。

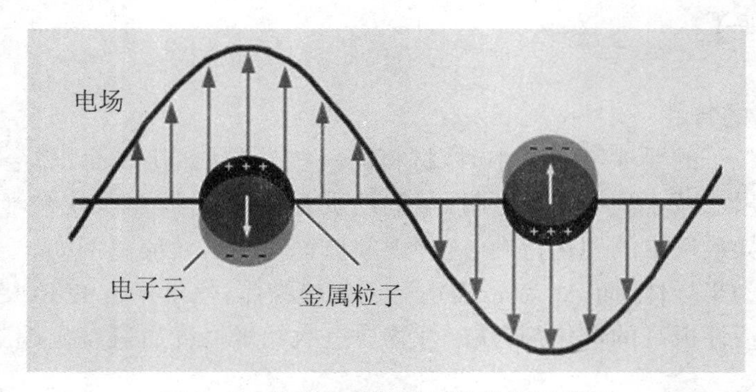

图 9.10　金属表面等离子体共振示意图

本实验采用液相还原法,即在硼氢化钠的还原作用下,以聚乙烯吡咯烷酮(PVP)和柠檬酸三钠为保护剂,制备得到边长为 30～40 nm,厚度为几纳米的三角形银纳米片。并运用紫外-可见分光光度计对产品进行表征,结果表明随着硼氢化钠量的增加,纳米片的厚度不断减小(由约 7 nm 减至 4 nm),对应的吸收峰位置也发生红移,见图 9.11 和 9.12。

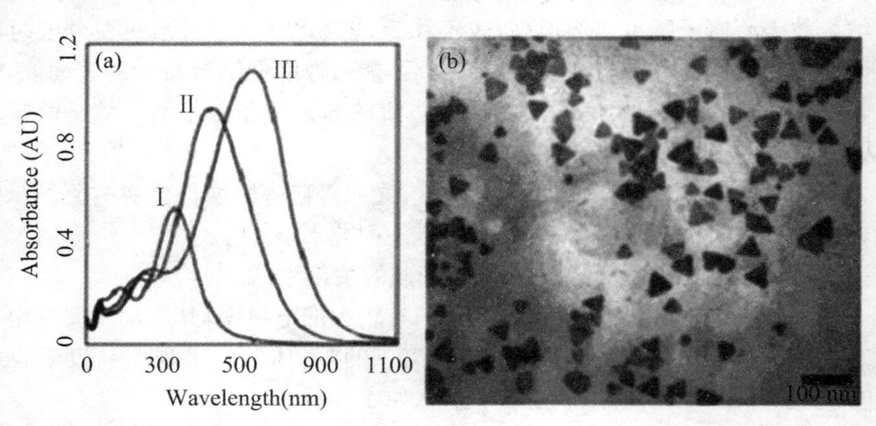

图 9.11　不同样品的紫外-可见吸收谱(a)和第Ⅲ实验组样品的透射电镜照片(b)

Ⅰ～Ⅲ实验组所对应的 $NaBH_4$ 用量为 0.1 mL、0.15 mL、0.2 mL

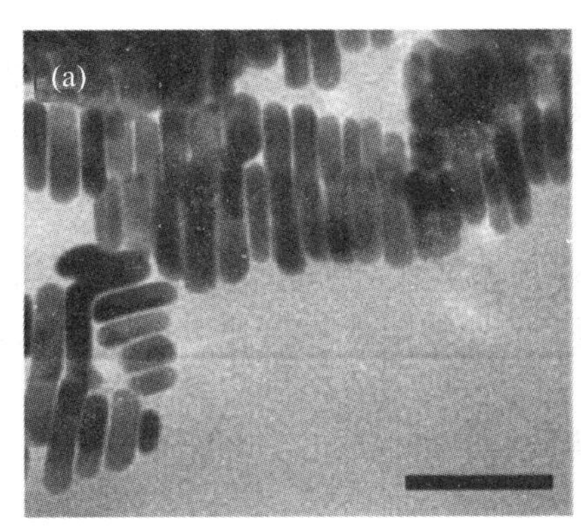

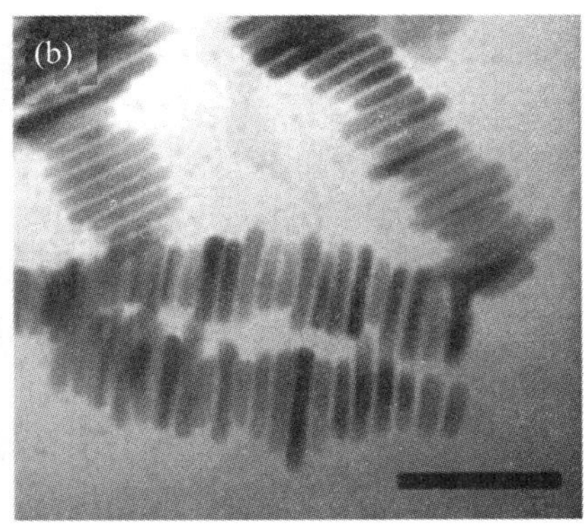

图 9.12 Ⅰ实验组和Ⅳ实验组样品侧面的透射电镜照片

标尺为 50 nm

【实验物品】

1. 仪器和材料

烧杯，锥形瓶（100 mL），移液枪，磁力搅拌器，紫外-可见分光光度计。

2. 试剂

$AgNO_3$(s)，$NaBH_4$(s)，柠檬酸三钠(s)、30% H_2O_2，聚乙烯吡咯烷酮（PVP）。

【实验步骤】

1. 溶液的配制

分别配制 30 mmol·L^{-1}的柠檬酸三钠水溶液和 0.18 mol·L^{-1}（单体浓度）的 PVP 水溶液。

采用分步稀释法配制 0.1 mmol·L^{-1} $AgNO_3$溶液 25 mL。

最后用冰蒸馏水配制 0.1 mol·L^{-1} $NaBH_4$ 水溶液（防止 $NaBH_4$ 较快分解），立即进行下述步骤。

2. 合成银纳米片

平行移取 25 mL $AgNO_3$溶液分置于三个 100 mL 的锥形瓶中，搅拌下加入 1.5 mL 柠檬酸三钠、1.5 mL PVP 水溶液和 0.1 mL 30% H_2O_2，充分搅匀后，往上述三个锥形瓶中分别滴加 0.1 mL、0.15 mL、0.25 mL 的 $NaBH_4$ 冰水溶液，仔细观察并记录溶液颜色变化情况，等待 30 min 溶液颜色稳定后再停止搅拌。

3. 紫外-可见吸收光谱测量

用分光光度计对上述制备的溶液进行紫外-可见吸收光谱测量。

不同反应条件制备的银纳米片形貌及对应颜色可见 245 页彩图 2。

【思考题】

(1) 计算一次合成得到的 Ag 粒子的质量。你认为如果要实际应用,这样的量是否够?若不够有何解决方法?

(2) 估算得到的 Ag 粒的表面积以及暴露在表面的 Ag 原子个数,计算表面暴露的 Ag 所占比例(按三角形边长为 40 nm,厚度为 5 nm 计算,Ag 原子半径为 1.75 Å,密度为 $10.5\ g \cdot mL^{-1}$)。

(3) 计算所加入的表面活性剂(柠檬酸三钠和 $0.18\ mol \cdot L^{-1}$ 的 PVP 溶液)与 Ag 以及表面暴露的 Ag 的摩尔比。

实验知识拓展

纳米贵金属材料由于具有一些相对于块体材料而言更加独特的电学、光学、化学性质等特性,在微电子、光电子、催化、信息储存、表面增强效应等方面具有重要用途,近十几年来已成为人们关注的热点。其中,纳米银具有良好的电导性和热导性,以及在不同环境下的高度稳定性,成为目前材料学研究的重点,广泛应用于分子诊断、催化、电子生物、传感、抗菌等领域。

随着纳米器件的日趋微型化和复杂化,人们对纳米材料的形貌多元化提出了更高的要求。按照纳米粒子的维度,可将纳米银分为一维、二维和三维纳米粒子。例如:纳米片和纳米盘等就属于二维金属纳米银,由于其特殊的表面等离子共振性能,使它们呈现出与球形粒子及体相材料截然不同的光学性质,在表面增强拉曼光谱、金属增强荧光光谱、红外热疗、生物标记等领域具有较大的应用价值。目前,纳米银的主要制备方法有液相法、固相法和气相法。而对于二维纳米银片,其制备方法主要有:热转化法、光诱导法、模板法和溶液法等。其中,热转化法、光诱导法和模板法操作较为复杂,产率较低,而溶液法具有产率高、成本低、操作简便等优点,是制备纳米银片最常用的方法。

附　　录

附录 1　不同温度下纯水的蒸气压

温度/℃	蒸气压/Pa	温度/℃	蒸气压/Pa	温度/℃	蒸气压/Pa	温度/℃	蒸气压/Pa
−15.0	191.5	14.0	1 598.1	43.0	8 639.0	72.0	33 943.0
−14.0	208.0	15.0	1 704.9	44.0	9 101.0	73.0	35 423.0
−13.0	225.5	16.0	1 817.7	45.0	9 583.2	74.0	36 956.0
−12.0	244.5	17.0	1 937.2	46.0	10 086.0	75.0	38 543.0
−11.0	264.9	18.0	2 063.4	47.0	10 612.0	76.0	40 183.0
−10.0	286.5	19.0	2 196.7	48.0	11 163.0	77.0	41 916.0
−9.0	310.1	20.0	2 337.8	49.0	11 735.0	78.0	43 636.0
−8.0	335.2	21.0	2 486.6	50.0	12 333.0	79.0	45 462.0
−7.0	362.0	22.0	2 643.5	51.0	12 959.0	80.0	47 342.0
−6.0	390.8	23.0	2 808.8	52.0	13 611.0	81.0	49 289.0
−5.0	421.7	24.0	2 983.3	53.0	14 292.0	82.0	51 315.0
−4.0	454.6	25.0	3 167.2	54.0	15 000.0	83.0	53 408.0
−3.0	489.7	26.0	3 360.9	55.0	15 737.0	84.0	55 568.0
−2.0	527.4	27.0	3 564.9	56.0	16 505.0	85.0	57 808.0
−1.0	567.7	28.0	3 779.5	57.0	17 308.0	86.0	60 114.0
0.0	610.5	29.0	4 005.4	58.0	18 142.0	87.0	62 488.0
1.0	656.7	30.0	4 242.8	59.0	19 012.0	88.0	64 941.0
2.0	705.8	31.0	4 492.4	60.0	19 916.0	89.0	67 474.0
3.0	757.9	32.0	4 754.7	61.0	20 856.0	90.0	70 095.0
4.0	813.4	33.0	5 053.1	62.0	21 834.0	91.0	72 800.0
5.0	872.3	34.0	5 319.3	63.0	22 849.0	92.0	75 592.0
6.0	935.0	35.0	5 489.5	64.0	23 906.0	93.0	78 473.0
7.0	1 001.6	36.0	5 941.2	65.0	25 003.0	94.0	81 338.0
8.0	1 072.6	37.0	6 275.1	66.0	26 143.0	95.0	84 513.0
9.0	1 147.8	38.0	6 625.0	67.0	27 326.0	96.0	87 675.0
10.0	1 227.8	39.0	6 986.3	68.0	28 554.0	97.0	90 935.0
11.0	1 312.0	40.0	7 375.9	69.0	29 828.0	98.0	94 295.0
12.0	1 402.3	41.0	7 778.0	70.0	31 157.0	99.0	97 770.0
13.0	1 497.3	42.0	8 199.0	71.0	32 517.0	100.0	101 324.0

附录2 弱碱在水中的离解常数

弱酸或弱碱	分子式	K_a	pK_a
砷酸	H_3AsO_4	$6.3\times10^{-3}(K_{a1})$ $1.0\times10^{-7}(K_{a2})$ $3.2\times10^{-12}(K_{a3})$	2.20 7.00 11.50
亚砷酸	$HAsO_2$	6.0×10^{-10}	9.22
硼酸	H_3BO_3	5.8×10^{-10}	9.24
焦硼酸	$H_2B_4O_7$	$1.0\times10^{-4}(K_{a1})$ $1.0\times10^{-9}(K_{a2})$	4 9
碳酸*	$H_2CO_3(CO_2+H_2O)$	$4.2\times10^{-7}(K_{a1})$ $5.6\times10^{-11}(K_{a2})$	6.38 10.25
氢氰酸	HCN	6.2×10^{-10}	9.21
铬酸	H_2CrO_4	$1.8\times10^{-1}(K_{a1})$ $3.2\times10^{-7}(K_{a2})$	0.74 6.50
氢氟酸	HF	6.6×10^{-4}	3.18
亚硝酸	HNO_2	5.1×10^{-4}	3.29
过氧化氢	H_2O_2	1.8×10^{-12}	11.75
磷酸	H_3PO_4	$7.6\times10^{-3}(K_{a1})$ $6.3\times10^{-3}(K_{a2})$ $4.4\times10^{-13}(K_{a3})$	2.12 7.2 12.36
焦磷酸	$H_4P_2O_7$	$3.0\times10^{-2}(K_{a1})$ $4.4\times10^{-3}(K_{a2})$ $2.5\times10^{-7}(K_{a3})$ $5.6\times10^{-10}(K_{a4})$	1.52 2.36 6.60 9.25
亚磷酸	H_3PO_3	$5.0\times10^{-2}(K_{a1})$ $2.5\times10^{-7}(K_{a2})$	1.30 6.60
氢硫酸	H_2S	$1.3\times10^{-7}(K_{a1})$ $7.1\times10^{-15}(K_{a2})$	6.88 14.15
硫酸	H_2SO_4	$1.0\times10^{-2}(K_{a1})$	1.99
亚硫酸	$H_2SO_3(SO_2+H_2O)$	$1.3\times10^{-2}(K_{a1})$ $6.3\times10^{-8}(K_{a2})$	1.90 7.20

续表

弱酸或弱碱	分子式	K_a	pK_a
偏硅酸	H_2SiO_3	$1.7\times10^{-10}(K_{a1})$ $1.6\times10^{-12}(K_{a2})$	9.77 11.8
甲酸	HCOOH	1.8×10^{-4}	3.74
乙酸	CH_3COOH	1.8×10^{-5}	4.74
一氯乙酸	$CH_2ClCOOH$	1.4×10^{-3}	2.86
二氯乙酸	$CHCl_2COOH$	5.0×10^{-2}	1.30
三氯乙酸	CCl_3COOH	0.23	0.64
氨基乙酸盐	$^{+}NH_3CH_2COOH^{-}$ $^{+}NH_3CH_2COO^{-}$	$4.5\times10^{-3}(K_{a1})$ $2.5\times10^{-10}(K_{a2})$	2.35 9.60
抗坏血酸	O=C—C(OH)=C(OH)—CH—（C与CH之间以—O—相连） —CHOH—CH_2OH	$5.0\times10^{-5}(K_{a1})$ $1.5\times10^{-10}(K_{a2})$	4.30 9.82
乳酸	$CH_3CHOHCOOH$	1.4×10^{-4}	3.86
苯甲酸	C_6H_5COOH	6.2×10^{-5}	4.21
草酸	$H_2C_2O_4$	$5.9\times10^{-2}(K_{a1})$ $6.4\times10^{-5}(K_{a2})$	1.22 4.19
d-酒石酸	CH(OH)COOH | CH(OH)COOH	$9.1\times10^{-4}(K_{a1})$ $4.3\times10^{-5}(K_{a2})$	3.04 4.37
邻-苯二甲酸	$C_6H_4(COOH)_2$（苯环邻位两个—COOH）	$1.1\times10^{-3}(K_{a1})$ $3.9\times10^{-6}(K_{a2})$	2.95 5.41
柠檬酸	CH_2COOH | CH(OH)COOH | CH_2COOH	$7.4\times10^{-4}(K_{a1})$ $1.7\times10^{-5}(K_{a2})$ $4.0\times10^{-7}(K_{a3})$	3.13 4.76 6.40
苯酚	C_6H_5OH	1.1×10^{-10}	9.95
乙二胺四乙酸	H_6-$EDTA^{2+}$ H_5-$EDTA^{+}$ H_4-EDTA H_3-$EDTA^{-}$ H_2-$EDTA^{2-}$ H-$EDTA^{3-}$	$0.1(K_{a1})$ $3\times10^{-2}(K_{a2})$ $1\times10^{-2}(K_{a3})$ $2.1\times10^{-3}(K_{a4})$ $6.9\times10^{-7}(K_{a5})$ $5.5\times10^{-11}(K_{a6})$	0.9 1.6 2.0 2.67 6.17 10.26
氨水	$NH_3\cdot H_2O$	1.8×10^{-5}	4.74

续表

弱酸或弱碱	分子式	K_a	pK_a
联氨	H_2NNH_2	$3.0\times10^{-6}(K_{b1})$ $1.7\times10^{-5}(K_{b2})$	5.52 14.12
羟胺	NH_2OH	9.1×10^{-6}	8.04
甲胺	CH_3NH_2	4.2×10^{-4}	3.38
乙胺	$C_2H_5NH_2$	5.6×10^{-4}	3.25
二甲胺	$(CH_3)_2NH$	1.2×10^{-4}	3.93
二乙胺	$(C_2H_5)_2NH$	1.3×10^{-3}	2.89
乙醇胺	$HOCH_2CH_2NH_2$	3.2×10^{-5}	4.50
三乙醇胺	$(HOCH_2CH_2)_3N$	5.8×10^{-7}	6.24
六次甲基四胺	$(CH_2)_6N_4$	1.4×10^{-9}	8.85
乙二胺	$H_2NHC_2CH_2NH_2$	$8.5\times10^{-5}(K_{b1})$ $7.1\times10^{-8}(K_{b2})$	4.07 7.15
吡啶	N	1.7×10^{-5}	8.77

* 如不计水合 CO_2，H_2CO_3 的 $pK_{a1}=3.76$。

附录 3　配合物的稳定常数

金属离子	I	n	$\lg\beta_n$
氨配合物			
Ag^+	0.5	1,2	3.24;7.05
Cd^{2+}	2	1,…,6	2.65;4.75;6.19;7.12;6.80;5.14
Co^{2+}	2	1,…,6	2.11;3.74;4.79;5.55;5.73;5.11
Co^{3+}	2	1,…,6	6.7;14.0;20.1;25.7;30.8;35.2
Cu^+	2	1,2	5.93;10.86
Cu^{2+}	2	1,…,5	4.31;7.98;11.02;13.32;12.86
Ni^{2+}	2	1,…,6	2.08;5.04;6.77;6.96;8.17;8.74
Zn^{2+}	2	1,…,4	2.37;4.61;7.01;9.06

续表

金属离子	I	n	$\lg \beta_n$
溴配合物			
Ag^+	0	1,…,4	4.38;7.33;8.00;8.73
Bi^{3+}	2.3	1,…,6	4.03;5.55;5.89;7.82;—;9.70
Cd^{2+}	3	1,…,4	1.75;2.34;3.32;3.70
Cu^+	0	2	5.89
Hg^{2+}	0.5	1,…,4	9.05;17.32;19.74;21.00
氯配合物			
Ag^+	0	1,…,4	3.04;5.04;5.04;5.30
Hg^{2+}	0.5	1,…,4	6.74;13.22;14.07;15.07
Sn^{2+}	0	1,…,4	1.51;2.24;2.03;1.48
Sb^{3+}	4	1,…,6	2.26;3.49;4.18;4.72;4.72;4.11
氰配合物			
Ag^+	0	1,…,4	—;21.1;21.7;20.6
Cd^{2+}	3	1,…,4	5.48;10.60;15.23;18.78
Co^{2+}		6	19.09
Cu^+	0	1,…,4	—;24.0;28.59;30.3
Fe^{2+}	0	6	35
Fe^{3+}	0	6	42
Hg^{2+}	0	4	41.4
Ni^{2+}	0.1	4	31.3
Zn^{2+}	0.1	4	16.7
氟配合物			
Al^{3+}	0.5	1,…,6	6.13;11.15;15.00;17.75;19.37;19.18
Fe^{3+}	0.5	1,…,6	5.28;9.30;12.06;—;15.77;—
Th^{4+}	0.5	1,…,3	7.65;13.46;17.97
TiO_2^{2+}	3	1,…,4	5.4;9.8;13.7;18.0
ZrO_2^{2+}	2	1,…,3	8.80;16.12;21.94
碘配合物			
Ag^+	0	1,…,3	6.58;11.74;13.68
Bi^{3+}	2	1,…,6	3.63;—;—;14.95;16.80;18.80
Cd^{2+}	0	1,…,4	2.10;3.43;4.49;5.41
Pb^{2+}	0	1,…,4	2.00;3.15;3.92;4.47
Hg^{2+}	0.5	1,…,4	12.87;23.82;27.60;29.83

续表

金属离子	I	n	$\lg\beta_n$
磷酸配合物			
Ca^{2+}	0.2	CaHL	1.7
Mg^{2+}	0.2	MgHL	1.9
Mn^{2+}	0.2	MnHL	2.6
Fe^{3+}	0.66	FeHL	9.35
硫氰酸配合物			
Ag^{+}	2.2	1,…,4	—;7.57;9.08;10.08
Au^{+}	0	1,…,4	—;23;—42
Co^{2+}	1	1	1.0
Cu^{+}	5	1,…,4	—;11.00;10.90;10.48
Fe^{3+}	0.5	1.2	2.95;3.36
Hg^{2+}	1	1,…,4	—;17.47;—21.23
硫代硫酸配合物			
Ag^{+}	0	1,…,3	8.82;13.46;14.15
Cu^{+}	0.8	1,2,3	10.35;12.27;13.71
Hg^{2+}	0	1,…,4	—;29.86;32.26;33.61
Pb^{2+}	0	1,3	5.1;6.4
乙酰丙酮配合物			
Al^{3+}	0	1,2,3	8.60;15.5;21.30
Cu^{2+}	0	1,2	8.27;16.34
Fe^{2+}	0	1,2	5.07;8.67
Fe^{3+}	0	1,2,3	11.4;22.1;26.7
Ni^{2+}	0	1,2,3	6.06;10.77;13.09
Zn^{2+}	0	1,2	4.98;8.81
柠檬酸配合物			
Ag^{+}	0	Ag_2HL	7.1
		AlHL	7.0
Al^{3+}	0.5	AlL	20.0
		AlOHL	30.6
		CaH_3L	10.9
Ca^{2+}	0.5	CaH_2L	8.4
		CaHL	3.5

续表

金属离子	I	n	$\lg \beta_n$
		CdH_2L	7.9
Cd^{2+}	0.5	CdHL	4.0
		CdL	11.3
		CoH_2L	8.9
Co^{2+}	0.5	CoHL	4.4
		CoL	12.5
		CuH_3L	12.0
Cu^{2+}	0.5	CuHL	6.0
		CuL	18.0
	0	FeH_2L	7.3
Fe^{2+}	0.5	FeHL	3.1
		FeL	15.5
		FeH_2L	12.2
Fe^{3+}	0.5	FeHL	10.9
		FeL	25.0
		NiH_2L	9.0
Ni^{2+}	0.5	NiHL	4.8
		NiL	14.3
		PbH_2L	11.2
Pb^{2+}	0.5	PbHl	5.2
		PbL	12.3
		ZnH_2L	8.7
Zn^{2+}	0.5	ZnHL	4.5
		ZNL	11.4
草酸配合物			
Al^{3+}	0	1,2,3,	7.26;13.0;16.3
Cd^{2+}	0.5	1,2	2.9;4.7
		CoHL	5.5
Co^{2+}	0.5	CoH_2L	10.6
	0	1,2,3	4.79;6.7;9.7
Co^{3+}		3	≈20
		CuHL	6.25
Cu^{2+}	0.5	1,2	4.5;8.9
Fe^{2+}		1,2,3	2.9;4.52;5.22
Fe^{3+}	0.5～1	1,2,3	9.4;16.2;20.2
Mg^{2+}	0	1,2	2.76;4.38
Mn^{3+}	0.1	1,2,3	9.98;16.57;19.42
Ni^{2+}	2	1,2,3	5.3;7.64;8.5
Th^{4+}	0.1	4	24.5
TiO^{2+}	0.1	1,2	6.6;9.9
	2	ZnH_2L	5.6
Zn^{2+}	0.5	1,2,3	4.89;7.60;8.15

续表

金属离子	I	n	$\lg\beta_n$
磺基水杨酸配合物			
Al^{3+}	0.1	1,2,3	13.2;22.83;28.89
Cd^{2+}	0.25	1,2	16.68;29.08
Co^{2+}	0.1	1,2	6.13;9.82
Cr^{3+}	0.1	1	9.56
Cu^{2+}	0.1	1,2	9.52;16.45
Fe^{2+}	0.1～0.5	1,2	5.90;9.90
Fe^{3+}	0.25	1,2,3	14.64;25.18;32.12
Nn^{2+}	0.1	1,2	5.24;8.24
Ni^{2+}	0.1	1,2	6.24;10.24
Zn^{2+}	0.1	1,2	6.05;10.65
酒石酸配合物			
Bi^{3+}	0	3	8.30
Ca^{2+}	0.5	CaHL	4.85
	0	1,2	2.98;9.01
Cd^{2+}	0.5	1	2.8
Cu^{2+}	1	1,…,4	3.2;11.4;4.78;6.51
Fe^{3+}	0	3	7.49
		MgHL	4.65
Mg^{2+}	0.5	1	1.2
	0	1,2,3	3.78;—;4.7
Pb^{2+}	0.5	ZnHL	4.5
Zn^{2+}		1,2	2.4;8.32
乙二胺配合物			
Ag^{+}	0.1	1,2	4.70;7.70
Cd^{2+}	0.5	1,2,3	5.47;10.09;12.09
Co^{2+}	1	1,2,3	5.91;10.64;13.94
Co^{3+}	1	1,2,3	18.70;34.90;48.69
Cu^{+}		2	10.8
Cu^{2+}	1	1,2,3	10.67;20.00;21.0
Fe^{2+}	1.4	1,2,3	4.34;7.65;9.70
Hg^{2+}	0.1	1,2	14.3;23.3
Mn^{2+}	1	1,2,3	2.73;4.49;5.67
Ni^{2+}	1	1,2,3	7.52;13.08;18.06
Zn^{2+}	1	1,2,3	5.77;10.83;14.11

续表

金属离子	I	n	$\lg\beta_n$
硫脲配合物			
Ag^+	0.03	1,2	7.4;13.1
Bi^{3+}		6	11.9
Cu^+	0.1	3,4	13;15.4
Hg^{2+}		2,3,4	22.1;24.7;26.8
氢氧基配合物			
Al^{2+}	2	4	33.3
		$Al_6(OH)_{15}^{3-}$	163
Bi^{3+}	3	1	12.4
		$Bi_6(OH)_{12}^{6-}$	168.3
Cd^{2+}	3	1,…4	4.3;7.7;10.3;12.0
Co^{2+}	0.1	1,3	5.1;—;10.2
Cr^{3+}	0.1	1,2	10.2;18.3
Fe^{2+}	1	1	4.5
Fe^{3+}	3	1,2	11.0;21.7
		$Fe_2(OH)_2^{4-}$	25.1
Hg^{2+}	0.5	2	21.7
Mg^{2+}	0	1	2.6
Mn^{2+}	0.1	1	3.4
Ni^{2+}	0.1	1	4.6
Pb^{2+}	0.3	1,2,3	6.2;10.3;13.3
Si^{2+}	3	1	10.1
Th^{4+}	1	1	9.7
TH^{3+}	0.5	1	11.8
TiO^{2+}	1	1	13.7
VO^{2+}	3	1	8.0
Zn^{2+}		1,…,4	4.4;10.1;14.2;15.5

注:① β_n为配合物的积累稳定常数,即

$$\beta_n = k_1 \times k_2 \times k_3 \times \cdots \times k_n$$

$$\lg\beta_n = \lg k_1 + \lg k_2 + \lg k_3 + \cdots + \lg k_n$$

例如Ag^+与NH_3的配合物

$$\lg\beta_1 = 3.24 \quad 即 \quad \lg k_1 = 3.24$$

$$\lg\beta_2 = 7.05 \quad 即 \quad \lg k_1 = 3.24, \quad \lg k_2 = 3.81$$

② 酸式、碱式配合物及多核氢氧基络合物的化学式表明于 n 栏中。

附录4 标准电极电位表

半反应	$E^{\ominus}$(V)
F_2(气) + $2H^+ + 2e \rightleftharpoons 2HF$	3.06
$O_3 + 2H^+ + 2e \rightleftharpoons O_2 + 2H_2O$	2.07
$S_2O_8^{2-} + 2e \rightleftharpoons 2SO_4^{2-}$	2.01
$H_2O_2 + 2H^+ + 2e \rightleftharpoons 2H_2O$	1.77
$MnO_4^- + 4H^+ + 3e \rightleftharpoons MnO_2$(固) + $2H_2O$	1.695
PbO_2(固) + $SO_4^{2-} + 4H^+ + 2e \rightleftharpoons PbSO_4$(固) + $2H_2O$	1.685
$HClO_2 + H^+ + e \rightleftharpoons HClO + H_2O$	1.64
$HClO + H^+ + e \rightleftharpoons \frac{1}{2}Cl_2 + H_2O$	1.63
$Ce^{4+} + e \rightleftharpoons Ce^{3+}$	1.61
$H_5IO_6 + H^+ + 2e \rightleftharpoons IO_3^- + 3H_2O$	1.60
$HBrO + H^+ + e \rightleftharpoons \frac{1}{2}Br_2 + H_2O$	1.59
$BrO_3^- + 6H^+ + 5e \rightleftharpoons \frac{1}{2}Br_2 + 3H_2O$	1.52
$MnO_4^- + 8H^+ + 5e \rightleftharpoons Mn^{2+} + 4H_2O$	1.51
Au(Ⅲ) + 3e $\rightleftharpoons$ Au	1.50
$HClO + H^+ + 2e \rightleftharpoons Cl^- + H_2O$	1.49
$ClO_3^- + 6H^+ + 5e \rightleftharpoons \frac{1}{2}Cl_2 + 3H_2O$	1.47
PbO_2(固) + $4H^+ + 2e \rightleftharpoons Pb^{2+} + 2H_2O$	1.455
$HIO + H^+ + e \rightleftharpoons \frac{1}{2}I_2 + H_2O$	1.45
$ClO_3^- + 6H^+ + 6e \rightleftharpoons Cl^- + 3H_2O$	1.45
$BrO_3^- + 6H^+ + 6e \rightleftharpoons Br^- + 3H_2O$	1.44
Au(Ⅲ) + 2e $\rightleftharpoons$ Au(Ⅰ)	1.41
Cl_2(气) + $2e \rightleftharpoons 2Cl$	1.3595
$ClO_4^- + 8H^+ + 7e \rightleftharpoons \frac{1}{2}Cl_2 + 4H_2O$	1.34
$Cr_2O_7^{2-} + 14H^+ + 6e \rightleftharpoons 2Cr^{3+} + 7H_2O$	1.33

续表

半反应	$E^{\ominus}$(V)
MnO_2(固)$+4H^+ +2e$ ══ $Mn^{2+} +2H_2O$	1.23
O_2(气)$+4H^+ +4e$ ══ $2H_2O$	1.229
$IO_3^- +6H^+ +5e$ ══ $\frac{1}{2}I_2 +3H_2O$	1.20
$ClO_4^- +2H^+ +2e$ ══ $ClO_3^- +H_2O$	1.19
Br_2(水)$+2e$ ══ $2Br^-$	1.087
$NO_2 +H^+ +e$ ══ HNO_2	1.07
$Br_3^- +2e$ ══ $3Br^-$	1.05
$HNO_2 +H^+ +e$ ══ NO(气)$+H_2O$	1.00
$VO_2^+ +2H^+ +e$ ══ $VO^{2+} +H_2O$	1.00
$HIO+H^+ +2e$ ══ $I^- +H_2O$	0.99
$NO_3^- +3H^+ +2e$ ══ $HNO_2 +H_2O$	0.94
$ClO^- +H_2O+2e$ ══ $Cl^- +2OH^-$	0.89
$H_2O_2 +2e$ ══ $2OH^-$	0.88
$Cu^{2+} +I^- +e$ ══ CuI(固)	0.86
$Hg^{2+} +2e$ ══ Hg	0.845
$NO_3^- +2H^+ +e$ ══ $NO_2 +H_2O$	0.80
$Ag^+ +e$ ══ Ag	0.799 5
$Hg_2{}^{2+} +2e$ ══ $2Hg$	0.793
$Fe^{3+} +e$ ══ Fe^{2+}	0.771
$BrO^- +H_2O+2e$ ══ $Br^- +2OH^-$	0.76
O_2(气)$+2H^+ +2e$ ══ H_2O_2	0.682
$AsO_8^- +2H_2O+3e$ ══ $As+4OH^-$	0.68
$2HgCl_2 +2e$ ══ Hg_2Cl_2(固)$+2Cl^-$	0.63
Hg_2SO_4(固)$+2e$ ══ $2Hg+SO_4^{2-}$	0.615 1
$MnO_4^- +2H_2O+3e$ ══ $MnO_2 +4OH^-$	0.588
$MnO_4^- +e$ ══ MnO_4^{2-}	0.564
$H_3AsO_4 +2H^+ +2e$ ══ $HAsO_2 +2H_2O$	0.559
$I_3^- +2e$ ══ $3I^-$	0.545
I_2(固)$+2e$ ══ $2I^-$	0.534 5
Mo(Ⅵ)$+e$ ══ Mo(Ⅴ)	0.53
$Cu^+ +e$ ══ Cu	0.52
$4SO_2$(水)$+4H^+ +6e$ ══ $S_4O_6^{2-} +2H_2O$	0.51

续表

半反应	$E^{\ominus}$（V）
$HgCl_4^{2-}+2e$ ══ $Hg+4Cl^-$	0.48
$2SO_2$（水）$+2H^++4e$ ══ $S_2O_3^{2-}+H_2O$	0.40
$Fe(CN)_6^{3-}+e$ ══ $Fe(CN)_6^{4-}$	0.36
$Cu^{2+}+2e$ ══ Cu	0.337
$VO^{2+}+2H^++2e$ ══ $V^{3+}+H_2O$	0.337
BiO^++2H^++3e ══ $Bi+H_2O$	0.32
Hg_2Cl_2（固）$+2e$ ══ $2Hg+2Cl^-$	0.267 6
$HAsO_2+3H^++3e$ ══ $As+2H_2O$	0.248
$AgCl$（固）$+e$ ══ $Ag+Cl^-$	0.222 3
SbO^++2H^++3e ══ $Sb+H_2O$	0.212
$SO_4^{2-}+4H^++2e$ ══ SO_2（水）$+H_2O$	0.17
$Cu^{2+}+e$ ══ Cu^-	0.519
$Sn^{4+}+2e$ ══ Sn^{2+}	0.154
$S+2H^++2e$ ══ H_2S（气）	0.141
Hg_2Br_2+2e ══ $2Hg+2Br^-$	0.139 5
$TiO^{2+}+2H^++e$ ══ $Ti^{3+}+H_2O$	0.1
$S_4O_6^{2-}+2e$ ══ $2S_2O_3^{2-}$	0.08
$AgBr$（固）$+e$ ══ $Ag+Br^-$	0.071
$2H^++2e$ ══ H_2	0.000
O_2+H_2O+2e ══ $HO_2^-+OH^-$	−0.067
$TiOCl^++2H^++3Cl^-+e$ ══ $TiCl_4^-+H_2O$	−0.09
$Pb^{2+}+2e$ ══ Pb	−0.126
$Sn^{2+}+2e$ ══ Sn	−0.136
AgI（固）$+e$ ══ $Ag+I^-$	−0.152
$Ni^{2+}+2e$ ══ Ni	−0.246
$H_3PO_4+2H^++2e$ ══ $H_3PO_3+H_2O$	−0.276
$Co^{2+}+2e$ ══ Co	−0.277
Tl^++e ══ Tl	−0.336 0
$In^{3+}+3e$ ══ In	−0.345
$PbSO_4$（固）$+2e$ ══ $Pb+SO_4^{2-}$	0.355 3
$SeO_3^{2-}+3H_2O+4e$ ══ $Se+6OH^-$	−0.366
$As+3H^++3e$ ══ AsH_3	−0.38
$Se+2H^++2e$ ══ H_2Se	−0.40

续表

半反应	$E^{\ominus}$(V)
$Cd^{2+} + 2e = Cd$	−0.403
$Cr^{3+} + e = Cr^{2+}$	−0.41
$Fe^{2+} + 2e = Fe$	−0.440
$S + 2e = S^{2-}$	−0.48
$2CO_2 + 2H^+ + 2e = H_2C_2O_4$	−0.49
$H_3PO_3 + 2H^+ + 2e = H_3PO_2 + H_2O$	−0.50
$Sb + 3H^+ + 3e = SbH_3$	−0.51
$HPbO_2^- + H_2O + 2e = Pb + 3OH^-$	−0.54
$Ga^{3+} + 3e = Ga$	−0.56
$TeO_3^{2-} + 3H_2O + 4e = Te + 6OH^-$	−0.57
$2SO_3^{2-} + 3H_2O + 4e = S_2O_3^{2-} + 6OH^-$	−0.58
$SO_3^{2-} + 3H_2O + 4e = S + 6OH^-$	−0.66
$AsO_4^{3-} + 2H_2O + 2e = AsO_2^- + 4OH^-$	−0.67
Ag_2S(固)$ + 2e = 2Ag + S^{2-}$	−0.69
$Zn^{2+} + 2e = Zn$	−0.763
$2H_2O + 2e = H_2 + 2OH^-$	−8.28
$Cr^{2+} + 2e = Cr$	−0.91
$HSnO_2^- + H_2O + 2e = Sn^- + 3OH^-$	−0.91
$Se + 2e = Se^{2-}$	−0.92
$Sn(OH)_6^{2-} + 2e = HSnO_2^- + H_2O + 3OH^-$	−0.93
$CNO^- + H_2O + 2e = Cn^- + 2OH^-$	−0.97
$Mn^{2+} + 2e = Mn$	−1.182
$ZnO_2^{2-} + 2H_2O + 2e = Zn + 4OH^-$	−1.216
$Al^{3+} + 3e = Al$	−1.66
$H_2AlO_3^- + H_2O + 3e = Al + 4OH^-$	−2.35
$Mg^{2+} + 2e = Mg$	−2.37
$Na^+ + e = Na$	−2.71
$Ca^{2+} + 2e = Ca$	−2.87
$Sr^{2+} + 2e = Sr$	−2.89
$Ba^{2+} + 2e = Ba$	−2.90
$K^+ + e = K$	−2.925
$Li^+ + e = Li$	−3.042

附录5 微溶化合物的溶度积

化合物	K_{sp}	pK_{sp}	化合物	K_{sp}	pK_{sp}
Ag_3AsO_4	$1.\times10^{-22}$	22.0	$Cd_2[Fe(CN)_6]$	3.2×10^{-17}	16.49
$AgBr$	5.0×10^{-13}	12.30	$Cd(OH)_2$ 新析出	2.5×10^{-14}	13.60
Ag_2CO_3	8.1×10^{-12}	11.09	$CdC_2O_4\cdot3H_2O$	9.1×10^{-8}	7.04
$AgCl$	1.8×10^{-10}	9.75	CdS	8×10^{-27}	26.1
Ag_2CrO_4	2.0×10^{-12}	11.71	$CoCO_3$	1.4×10^{-13}	12.84
$AgCN$	1.2×10^{-16}	15.92	$Co_2[Fe(CN)_6]$	1.8×10^{-15}	14.74
$AgOH$	2.0×10^{-8}	7.71	$Co(OH)_2$ 新析出	2×10^{-15}	14.7
AgI	9.3×10^{-17}	16.03	$Co(OH)_3$	2×10^{-44}	43.7
$Ag_2C_2O_4$	3.5×10^{-11}	10.46	$Co[Hg(SCN)_4]$	1.5×10^{-6}	5.82
Ag_3PO_4	1.4×10^{-16}	15.84	α-CoS	4×10^{-21}	20.4
Ag_2SO_4	1.4×10^{-5}	4.48	β-CoS	2×10^{-23}	24.7
Ag_2S	$2.\times10^{-49}$	48.7	$Co_3(PO_4)_2$	2×10^{-35}	34.7
$AgSCN$	1.0×10^{-12}	12.00	$Cr(OH)_3$	6×10^{-31}	30.2
$Al(OH)_3$ 无定形	1.3×10^{-33}	32.9	$CuBr$	5.2×10^{-9}	8.28
As_2S_3[①]	2.1×10^{-22}	21.68	$CuCl$	1.2×10^{-6}	5.92
BaC_2O_3	5.1×10^{-9}	8.29	$CuCN$	3.2×10^{-20}	19.49
$BaCrO_4$	1.2×10^{-10}	9.93	CuI	1.1×10^{-12}	11.96
BaF_2	1×10^{-6}	6.0	$CuOH$	1×10^{-14}	14.0
$BaC_2O_4\cdot H_2O$	2.3×10^{-8}	7.64	Cu_2S	2×10^{-48}	47.7
$BaSO_4$	1.1×10^{-10}	9.96	$CuSCN$	4.8×10^{-15}	14.32
$Bi(OH)_2$	4×10^{-31}	30.4	$CuCO_3$	1.4×10^{-10}	9.86
$BiOOH$[②]	4×10^{-10}	9.4	$Cu(OH)_2$	2.2×10^{-20}	19.66
BiI_3	8.1×10^{-19}	18.09	CuS	6×10^{-36}	35.2
$BiOCl$	1.8×10^{-31}	30.75	$FeCO_3$	3.2×10^{-11}	10.50
$BiPO_4$	1.3×10^{-23}	22.89	$Fe(OH)_2$	8×10^{-16}	15.1
Bi_2S_3	1×10^{-97}	97.0	FeS	6×10^{-15}	17.2
$CaCO_3$	2.9×10^{-9}	8.54	$Fe(OH)_3$	4×10^{-38}	37.4
CaF_2	2.7×10^{-11}	10.57	$FePO_4$	1.3×10^{-22}	21.89

续表

$CaC_2O_4 \cdot H_2O$	2.0×10^{-9}	8.70	$Hg_2Br_2$③	5.8×10^{-23}	22.24
$Ca_3(PO_4)_2$	2.0×10^{-29}	28.70	Hg_2CO_3	8.9×10^{-17}	16.05
$CaSO_4$	9.1×10^{-6}	5.04	Hg_2Cl_2	1.3×10^{-18}	17.88
$CaWO_4$	8.7×10^{-9}	8.06	$Hg_2(OH)_2$	2×10^{-24}	23.7
$CdCO_3$	5.2×10^{-12}	11.23	Hg_2I_2	4.5×10^{-28}	28.35
Hg_2SO_4	7.4×10^{-7}	6.13	PbI_2	7.1×10^{-9}	8.15
Hg_2S	1×10^{-47}	47.0	$PbMoO_4$	1×10^{-13}	13.0
$Hg(OH)_2$	3.0×10^{-26}	25.52	$Pb_3(PO_4)_2$	8.0×10^{-43}	42.10
HgS(红色)	4×10^{-53}	52.4	$PbSO_4$	1.6×10^{-8}	7.79
HgS(黑色)	2×10^{-52}	51.7	PbS	1.3×10^{-26}	27.9
$MgNH_4PO_4$	2×10^{-13}	12.7	$Pb(OH)_4$	3×10^{-66}	66.5
$MgCO_3$	3.5×10^{-8}	7.46	$Sb(OH)_2$	4×10^{-42}	41.4
MgF_2	6.4×10^{-9}	8.19	Sb_2S_3	2×10^{-93}	92.8
$Mg(OH)_2$	1.8×10^{-11}	10.74	$Sn(OH)_2$	1.4×10^{-28}	27.85
$MgCO_3$	1.8×10^{-11}	10.74	SnS	1×10^{-25}	25.0
$Mn(OH)_2$	1.9×10^{-13}	12.72	$Sn(OH)_4$	1×10^{-56}	56.0
MnS 无定形	2×10^{-10}	9.7	SnS_2	2×10^{-27}	26.7
MnS 晶形	2×10^{-13}	12.7	$SrCO_3$	1.1×10^{-10}	9.96
$NiCO_3$	6.6×10^{-9}	8.18	$SrCrO_4$	2.2×10^{-5}	4.65
$Ni(OH)_2$ 新析出	2×10^{-15}	14.7	SrF_2	2.4×10^{-9}	8.61
$Ni_3(PO_4)_2$	5×10^{-31}	30.3	$SrC_2O_4 \cdot H_2O$	1.6×10^{-7}	6.80
α-NiS	3×10^{-19}	18.5	$Sr_3(PO_4)_2$	4.1×10^{-28}	27.38
β-NiS	1×10^{-24}	24.0	Sr_3SO_4	3.2×10^{-7}	6.49
γ-NiS	2×10^{-36}	25.7	$Ti(OH)_3$	1×10^{-40}	40.0
$PbCO_3$	7.4×10^{-14}	13.13	$TiO(OH)_2$④	1×10^{-29}	29.0
$PbCl_2$	1.6×10^{-5}	4.79	$ZnCO_3$	1.4×10^{-11}	10.84
PbClF	2.4×10^{-9}	8.65	$Zn_2[Fe(CN)_6]$	4.1×10^{-16}	15.39
$PbCrO_4$	2.8×10^{-13}	12.55	$Zn(OH)_2$	1.2×10^{-17}	16.92
PbF_2	2.7×10^{-8}	7.57	$Zn_3(PO_4)_2$	9.1×10^{-33}	32.04
$Pb(OH)_2$	1.2×10^{-15}	14.93	ZnS	2×10^{-22}	21.7

注：① $As_2S_3 + 4H_2O \longrightarrow 2HAsO_2 + 3H_2S$；

② BiOOH：$K_{sp} = [BiO^+][OH^-]$；

③ $(Hg_2)_mX_n$：$K_{sp} = [Hg_2^{2+}]^m[X^{2-m/n}]^n$；

④ $TiO(OH)_2$：$K_{sp} = [TiO^{2+}][OH^-]^2$。

附录6 常见化合物的分子量

化合物	分子量	化合物	分子量
$AgBr$	187.78	$Ca(OH)_2$	74.09
$AgCl$	143.32	$CaSO_4$	136.14
$AgCN$	133.84	$Ca_3(PO_4)_2$	310.18
Ag_2CrO_4	331.73	$Ce(SO_4)_2$	332.24
AgI	234.77	$Ce(SO_4)_2 \cdot 2(NH_4)_2SO_4 \cdot 2H_2O$	632.54
$AgNO_3$	169.87	CH_3COOH	60.05
$AgSCN$	169.95	CH_3OH	32.04
Al_2O_3	101.96	$CH_3 \cdot CO \cdot CH_3$	58.08
$Al_2(SO_4)_3$	342.15	$C_6H_5 \cdot COOH$	122.12
As_2O_3	197.84	$C_6H_4 \cdot COOH \cdot COOK$	204.23
As_2O_5	229.84	$CH_3 \cdot COONa$	82.03
$BaCO_3$	197.35	C_6H_5OH	94.11
BaC_2O_4	225.36	$(C_9H_7N)_3H_3(PO_4 \cdot 12MoO_3)$（磷钼酸喹啉）	2212.74
$BaCl_2$	208.25	CCl_4	153.81
$BaCl_2 \cdot 2H_2O$	244.28	CO_2	44.01
$BaCrO_4$	253.33	Cr_2O_3	151.99
BaO	153.34	$Cu(C_2H_3O_2)_2 \cdot 3Cu(AsO_2)_2$	1013.80
$Ba(OH)_2$	171.36	CuO	79.54
$BaSO_4$	233.40	Cu_2O	143.09
$CaCO_3$	100.09	$CuSCN$	121.62
CaC_2O_4	128.10	$CuSO_4$	159.60
$CaCl_2$	110.99	$CuSO_4 \cdot 5H_2O$	249.68
$CaCl_2 \cdot H_2O$	129.00	$FeCl_3$	162.21
CaF_2	78.08	$FeCl_3 \cdot 6H_2O$	270.30
$Ca(NO_3)_2$	164.09	FeO	71.85
CaO	56.08	Fe_2O_3	159.69

续表

化合物	分子量	化合物	分子量
Fe_3O_4	231.54	$KBrO_3$	167.01
$FeSO_4 \cdot H_2O$	169.96	KCN	65.12
$FeSO_4 \cdot 7H_2O$	278.01	K_2CO_3	138.21
$Fe_2(SO_4)_3$	399.87	KCl	74.56
$FeSO_4 \cdot (NH_4)_2SO_4 \cdot 6H_2O$	392.13	$KClO_3$	122.55
H_3BO_3	61.83	$KClO_4$	138.55
HBr	80.91	K_2CrO_4	194.20
$H_2C_4H_4O_6$(酒石酸)	150.09	$K_2Cr_2O_7$	294.19
HCN	27.03	$KHC_2O_4 \cdot H_2C_2O_4 \cdot 2H_2O$	254.19
H_2CO_3	62.03	$KHC_2O_4 \cdot H_2O$	146.14
$H_2C_2O_4$	90.04	KI	166.01
$H_2C_2O_4 \cdot 2H_2O$	126.07	KIO_3	214.00
HCOOH	46.03	$KIO_3 \cdot HIO_3$	389.92
HCl	36.46	$KMnO_4$	158.04
$HClO_4$	100.46	KNO_2	85.10
HF	20.01	K_2O	92.20
HI	127.91	KOH	56.11
HNO_2	47.01	KSCN	97.18
HNO_3	63.01	K_2SO_4	174.26
H_2O	18.02	$MgCO_3$	84.32
H_2O_2	34.02	$MgCl_2$	95.21
H_3PO_4	98.00	$MgNH_4PO_4$	137.33
H_2S	34.08	MgO	40.31
H_2SO_3	82.08	$Mg_2P_2O_7$	222.60
H_2SO_4	98.08	MnO	70.94
$HgCl_2$	271.50	MnO_2	86.94
Hg_2Cl_2	472.09	$Na_2B_4O_7$	201.22
$KAl(SO_4)_2 \cdot 12H_2O$	474.38	$Na_2B_4O_7 \cdot 10H_2O$	381.37
$KB(C_6H_5)_4$	358.38	$NaBiO_3$	279.97
KBr	119.01	NaBr	102.90

续表

化合物	分子量	化合物	分子量
$NaCN$	49.01	$NH_4Fe(SO_4)_2 \cdot 12H_2O$	482.19
Na_2CO_3	105.99	$(NH_4)_2HPO_4$	132.05
$Na_2C_2O_4$	134.00	$(NH_4)_3PO_4 \cdot 12MoO_3$	1876.53
$NaCl$	58.44	$(NH_4)_2SO_4$	132.14
$NaHCO_3$	84.01	$NiC_8H_{14}O_4N_4$（丁二酮肟镍）	288.93
NaH_2PO_4	119.98	P_2O_5	141.95
Na_2HPO_4	141.96	$PbCrO_4$	323.18
$Na_2H_2Y \cdot 2H_2O$(EDTA 二钠盐)	372.26	PbO	223.19
NaI	149.89	PbO_2	239.19
$NaNO_2$	69.00	Pb_3O_4	685.57
Na_2O	61.98	$PbSO_4$	303.25
$NaOH$	40.01	SO_2	64.06
Na_3PO_4	163.94	SO_3	80.06
Na_2S	78.04	Sb_2O_3	291.50
$Na_2S \cdot 9H_2O$	240.18	SiF_4	104.08
Na_2SO_3	126.04	SiO_2	60.08
Na_2SO_4	142.04	$SnCO_3$	147.63
$Na_2SO_4 \cdot 10H_2O$	322.20	$SnCl_2$	189.60
$Na_2S_2O_3$	158.10	SnO_2	150.69
$Na_2S_2O_3 \cdot 5H_2O$	248.18	TiO_2	79.90
Na_2SiF_6	188.06	WO_3	231.85
NH_3	17.03	$ZnCl_2$	136.29
NH_4Cl	53.49	ZnO	81.37
$(NH_4)_2C_2O_4 \cdot H_2O$	142.11	$Zn_2P_2O_7$	304.70
$NH_3 \cdot H_2O$	35.05	$ZnSO_4$	161.43

附录 7　国际相对原子量表(1995 年)

元素		相对原子质量	元素		相对原子质量	元素		相对原子质量
符号	名称		符号	名称		符号	名称	
Ag	银	107.87	Hf	铪	178.49	Rb	铷	85.468
Al	铝	26.982	Hg	汞	200.59	Re	铼	186.21
Ar	氩	39.948	Ho	钬	164.93	Rh	铑	102.91
As	砷	74.922	I	碘	126.90	Ru	钌	101.07
Au	金	196.97	In	铟	114.82	S	硫	32.066
B	硼	10.811	Ir	铱	192.22	Sb	锑	121.76
Ba	钡	137.33	K	钾	39.098	Sc	钪	44.956
Bi	铋	208.98	Kr	氪	83.80	Se	硒	78.96
Br	溴	79.904	La	镧	138.91	Si	硅	28.086
C	碳	12.011	Li	锂	6.941	Sm	钐	150.36
Ca	钙	40.078	Lu	镥	174.97	Sn	锡	118.71
Cd	镉	112.41	Mg	镁	24.305	Sr	锶	87.62
Ce	铈	140.12	Mn	锰	54.398	Ta	钽	180.95
Cl	氯	35.453	Mo	钼	95.94	Tb	铽	158.93
Co	钴	58.933	N	氮	14.007	Ti	钛	127.60
Cr	铬	51.996	Na	钠	22.99	Tl	铊	232.04
Cs	铯	132.91	Nb	铌	92.906	Tm	铥	238.38
Cu	铜	63.546	Nd	钕	144.24	U	铀	50.942
Dy	镝	162.50	Ni	镍	58.693	V	钒	183.85
Er	铒	167.26	Np	镎	237.05	W	钨	131.29
Eu	铕	151.96	O	氧	15.999	Y	钇	88.906
F	氟	18.998	Os	锇	190.23	Yb	镱	173.04
Fe	铁	55.845	P	磷	30.974	Zn	锌	65.39
Ga	镓	69.723	Pb	铅	207.2	Zr	锆	91.224
Gd	钆	157.25	Pd	钯	106.42			
Ce	锗	72.61	Pr	镨	140.91			
H	氢	1.0079	Pt	铂	195.08			
He	氦	4.0026	Ra	镭	226.03			

参 考 文 献

[1] 郑化桂.实验无机化学[M].合肥:中国科学技术大学出版社,2010.

[2] 金谷.分析化学实验[M].合肥:中国科学技术大学出版社,1988.

[3] 南京大学大学化学实验教学组.大学化学实验[M].北京:高等教育出版社,2010.

[4] 武汉大学化学系无机化学教研室.无机化学实验[M].武汉:武汉大学出版社,1997.

[5] 武汉大学化学与分子科学学院《无机及分析化学实验》编写组.无机及分析化学实验[M].武汉:武汉大学出版社,2001.

[6] 徐伟亮.基础化学实验[M].杭州:浙江大学出版社,2005.

[7] 沈建中.普通化学实验[M].上海:复旦大学出版社,2007.

[8] 辛剑,孟长功.基础化学实验[M].北京:高等教育出版社,2004.

[9] 大连理工大学无机化学教研室.无机化学实验[M].北京:高等教育出版社,2004.

[10] 徐家宁,门瑞芝,张寒琦.基础化学实验:上册[M].北京:高等教育出版社,2006.

[11] 周仕学,薛彦辉.普通化学实验[M].北京:化学工业出版社,2003.

[12] 陈同云.工科化学实验[M].北京:化学工业出版社,2003.

[13] 林深,王世铭.大学化学实验学习指导[M].北京:化学工业出版社,2009.

[14] 北京师范大学、华中师范大学、南京师范大学无机化学教研室.无机化学:上册,下册[M].北京:高等教育出版社,1992.

[15] 于涛.微型无机化学实验[M].北京:北京理工大学出版社,2004.

[16] 毛海荣.无机化学实验[M].上海:东南大学出版社,2006.

[17] 袁天佑,吴文伟,王清.无机化学实验[M].上海:华东理工大学出版社,2005.

[18] 江棂.工科化学[M].北京:化学工业出版社,2003.

彩图 1　燃料电池粉体 $Ce_{0.8}Sm_{0.2}O_{1.9}$ 实验照片

(a) 溶胶；(b) 凝胶；(c) 粉体自燃；(d) 蓬松的粉体

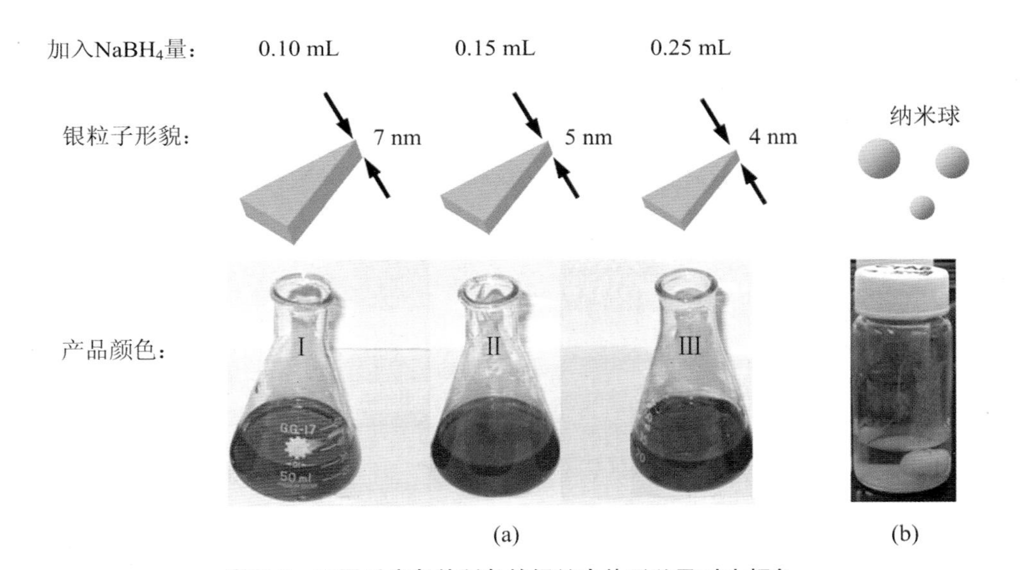

彩图 2　不同反应条件制备的银纳米片形貌及对应颜色

(a) 实验组Ⅰ，Ⅱ，Ⅲ均加入 1.5 mL 柠檬酸三钠水溶液、1.5 mL PVP 水溶液、0.1 mL 30% H_2O_2，同时分别加入体积不等的 $NaBH_4$ 冰水溶液；(b) 如果实验失败，则生成银纳米球，溶液为黄色